DER FLÜGELSCHLAG DES SCHMETTERLINGS

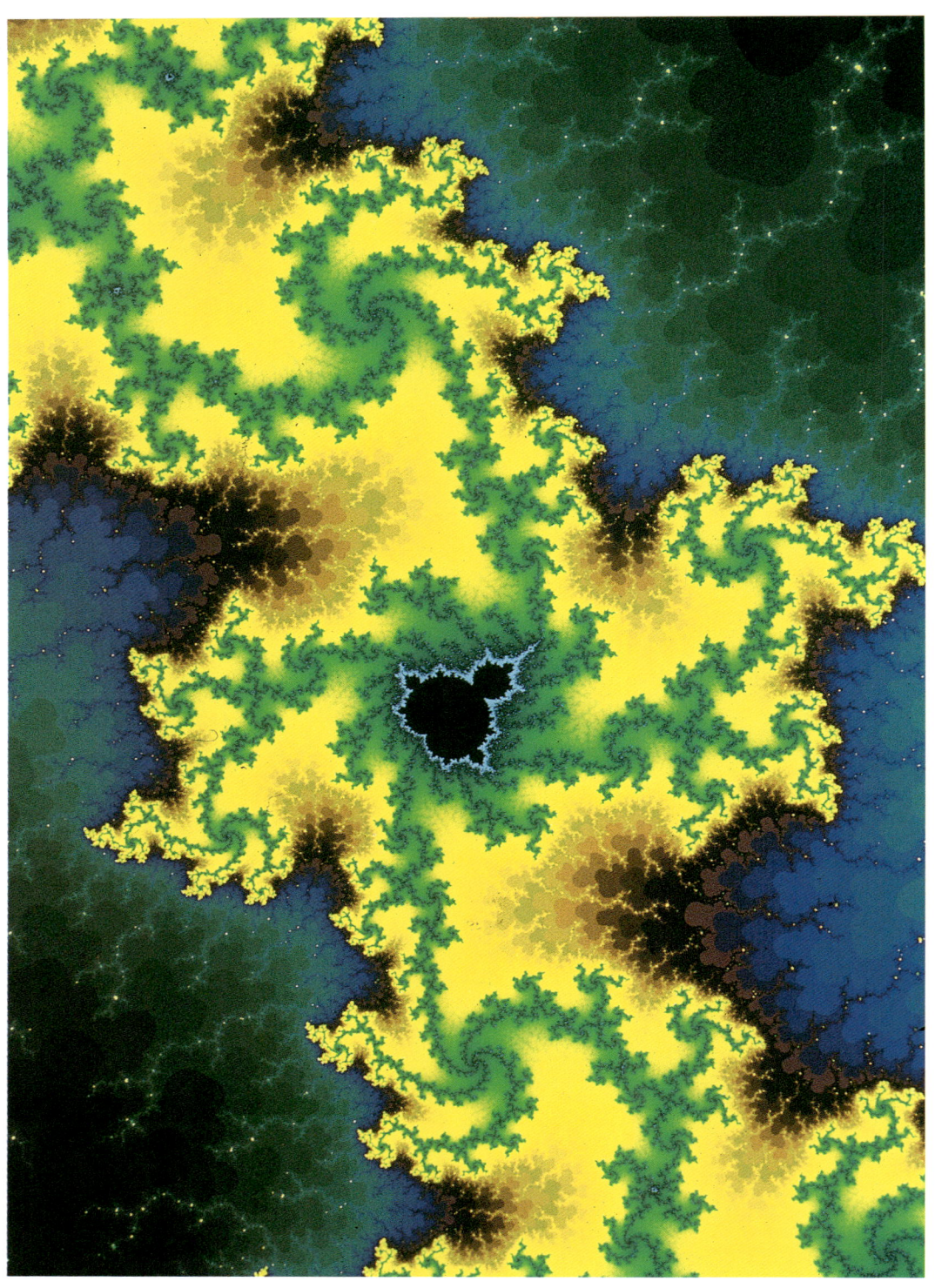

Das Apfelmännchen –
Urtyp selbstähnlicher Gebilde, der Fraktale

DER FLÜGELSCHLAG DES SCHMETTERLINGS

Ein neues Weltbild durch die Chaosforschung

Herausgegeben von

Reinhard Breuer

mit Beiträgen von

Reinhard Breuer · Martin Carrier / Jürgen Mittelstraß
Christoph Drösser · Barbara Heitger · Bernd-Olaf Küppers
Reinhard Löser · Franz Mechsner · Michael Mönninger
Peter H. Richter · Barbara Ritzert · Stephan Wehowsky

Deutsche Verlags-Anstalt
Stuttgart

Der Verlag dankt der Unternehmensgruppe
Heitkamp, die dieses Buch initiiert hat.

Die Deutsche Bibliothek – CIP-Einheitsaufnahme

Der Flügelschlag des Schmetterlings: ein neues Weltbild
durch die Chaosforschung / hrsg. von Reinhard Breuer.
Mit Beitr. von Martin Carrier ... –
Stuttgart: Deutsche Verlags-Anstalt, 1993
ISBN 3–421–02768–4
NE: Breuer, Reinhard [Hrsg.]; Carrier, Martin

© 1993 Unternehmensgruppe Heitkamp, Herne
© Deutsche Verlags-Anstalt GmbH, Stuttgart,
für die Buchhandelsausgabe
Alle Rechte vorbehalten
Gesamtbetreuung: MMB Agentur für Kommunikation GmbH, Bochum
Gesamtherstellung: westermann druck GmbH, Braunschweig

INHALT

VORWORT

„Chaos ist überall – und es funktioniert.“

Chaos, eigentlich ein Begriff aus der griechischen Mythologie, bezeichnete bis vor kurzem einen Zustand der Unordnung, des Verfalls und des Verendens. Seit etwa einem Jahrzehnt wechselt das Paradigma. Naturwissenschaftler begriffen zwei Dinge:
– die Zukunft ist prinzipiell nicht vorhersagbar, und
– die zuvor noch geschmähte Unordnung ist in Wahrheit die notwendige Basis der Kreativität.
Damit eröffnete sich eine neue Weltsicht: Nicht nur ist uns die Zukunft verborgen. Sie birgt auch völlig neue Möglichkeiten – mit Sicherheit. Zukunft ist *kreativ*.

Wir sind, nach zweitausend Jahren abendländischer Kultur, Erfinder (und Zeugen der Entstehung) eines neuen Mythos, bei dem sich der alte Begriff „Chaos“ revolutioniert. Dieses Buch soll zeigen, wie – vom zunächst strengen Ansatz der Physik ausgehend – sich das neue Paradigma in anderen Bereichen festgesetzt hat, sogar bis hin zu den „weichen“ Wirt-schaftswissenschaften – mit jetzt schon höchst fruchtbaren Ergebnissen. Die Chaosforschung wurde zur neuen Lehre der Kreativität.

Nach etwa einem Jahrzehnt oft auch modischer und noch öfter sogar überschwenglicher Sicht der Chaostheorie läßt sich jetzt mit einem zweiten Blick auf eine Reihe härterer Ergebnisse blicken. Sie strafen den ursprünglichen Ansatz nicht gerade Lügen. Sie zeigen, zum einen, aber doch viel realistischer, wo die neue Weltsicht heute mehr zu bieten hat als bloß einen neuen Wunderglauben.

Zum anderen: „Chaos“ ist in so vielen Bereichen zum magischen Anziehungspunkt geworden, daß wir es bereits mit einem Phänomen unserer Kultur zu tun haben – mit einer Denkfigur unserer Zeit, die mit dem zivilisatorischen Prozeß tiefer verwoben ist, als es ihr Ursprung ahnen ließ.

Das geht über die reine Mode hinaus. Nach über einem Jahrzehnt aktiver Chaosforschung würde sich kaum einer mehr damit befassen,

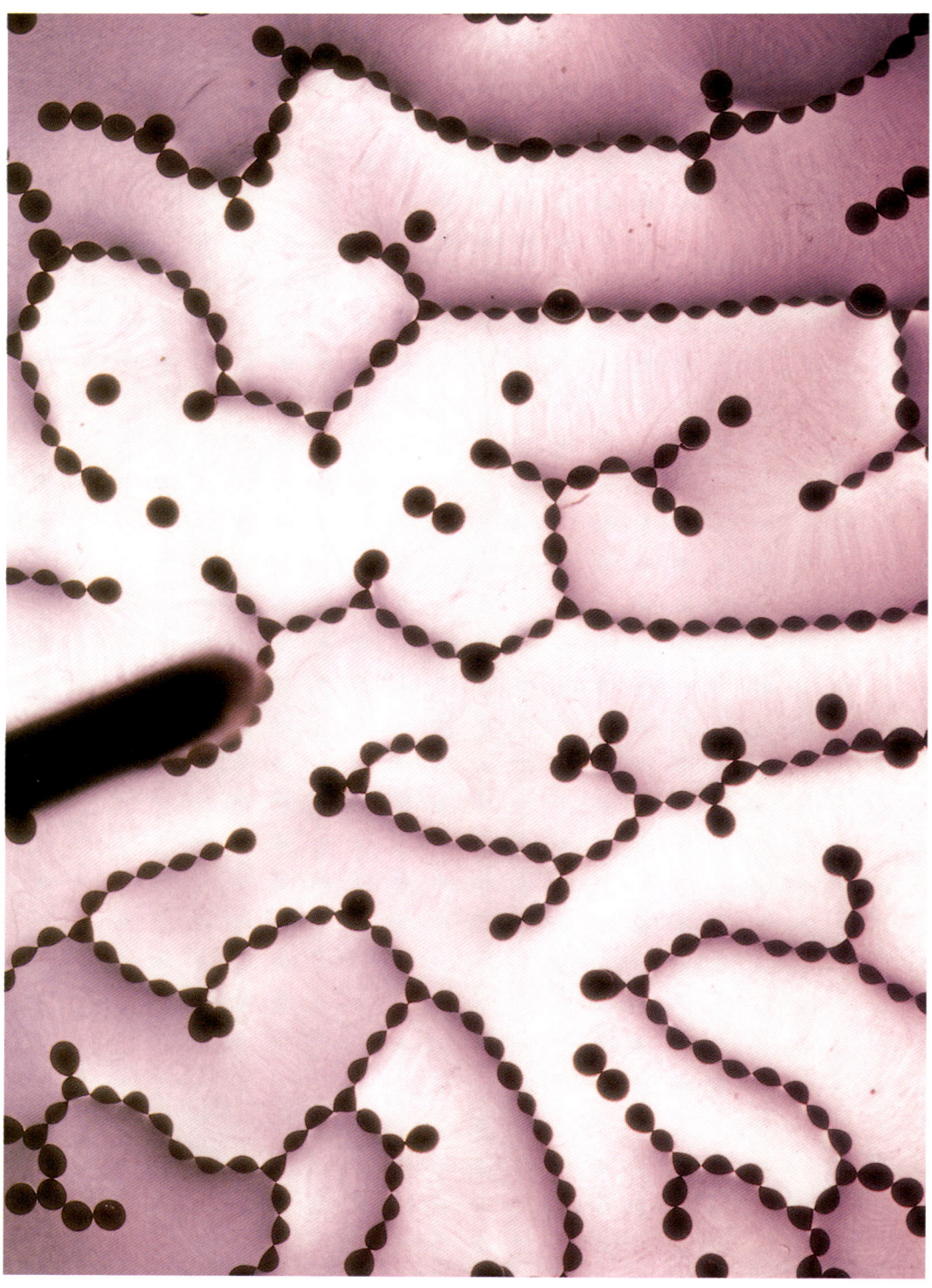

*Ordnung aus dem Chaos: Baumartig verzweigte Strukturen – sogenannte „Dendriten" –
erzeugt der Münchner Physiker Alfred Hübler, indem er Stahlkügelchen in einer Schale
verteilt und dann eine hohe elektrische Spannung anlegt.*

würde sie nicht produktive neue Ansätze für sein Fachgebiet bieten. Neben Physik und Mathematik sind es Themen aus Medizin, Gehirnforschung, Evolution und Geschichte, Management, Organisation von Fabriken, Entwicklung der Städte, Kriminalität und Gesellschaft, denen sich die Autoren unter dem Chaosaspekt zugewandt haben.

Deshalb habe ich mit diesem Buch versucht, Chaos als eine (mit-)bestimmende Metapher unserer Zeit in den Blick zu bekommen. Ich hoffe, daß damit einer der faszinierenden Kulturprozesse der Gegenwart sichtbar wird.

Reinhard Breuer

Folgende Seite:
Sobald die Gischt aufschäumt, wird die Ordnung der regelmäßig schwingenden
Wellen plötzlich zerstört, Chaos bricht aus – jedoch nicht willkürlich,
sondern nach erkennbaren Regeln.

Reinhard Breuer

AM RANDE DES CHAOS – EINLEITUNG IN EIN UNORDENTLICHES THEMA

Was ist Chaos? Vor zwanzig Jahren war es höchstens ein unordentliches Thema. Damals hätte sich ein Forscher dem Chaos höchstens mit der Absicht genähert, es als Störenfried aus dem Dunstkreis seiner Disziplin zu verjagen.

Das hat sich geändert. Heute sind Referenzen auf das Thema Chaos zum Party-Small Talk avanciert. Wer Chaos beim Namen nennt, verbucht die Anerkennung, auf der Höhe der Zeit zu sein. Er verspricht Insiderwissen aus Welten hoher Komplexität.

Verblüffend ist: Chaos ist Alltag – nicht nur umgangsprachlich, sondern auch im Sinn der Wissenschaft. Als Gegensatz zu „Kosmos" war Chaos schon in der antiken Vorstellungswelt definiert: als der mit ungeformtem Urstoff gefüllte Raum, der noch nicht die Gliederung der Welt enthielt.

Jeder kennt die Strandszene aus Urlaubstagen. Sobald die Gischt aufschäumt, wird die Ordnung der regelmäßig schwingenden Wellen, die der Sturm ans Land schleudert, plötzlich zerstört. Chaos bricht aus. Ähnliche Phänomene kennt jeder auch von aufsteigenden Rauchwirbeln, erblickt jeder Kaffeetrinker, der die Sahne etwas stürmisch in seine Tasse rührt. Solche Turbulenzen in Strömungen fressen Energie. Bis die Strömung turbulent, also chaotisch wird, durchläuft sie eine noch teilweise geordnete Zwischenphase: Abwechselnd nach links und rechts ausladend baut sie eine Kette von Wirbeln auf – eine sogenannte Kármànsche Wirbelstraße – Strömungschaos.

Verborgener schon die Unordnung unter Lebewesen. Seit 1896 treibt die „Zigeunermotte" in den Nordoststaaten der USA ihr Unwesen. Alljährlich entlaubt der aus Europa eingeschleppte Schädling mangels wirksamer Freßfeinde Tausende von Quadratkilometer Wald. Seine Population schwankt von Jahr zu Jahr in unvorhersagbaren Sprüngen – Wachstumschaos.

Doch wo bleibt die Welt der Ordnung? Auf einem Billardtisch rollt eine Kugel aus und bleibt, berechenbar ausgebremst durch Reibung, mitten auf dem grünen Feld liegen – Ordnung im Spiel. Ein Doppelpendel – das ist ein Pendel, das an einem anderen Pendel hängt – schwingt ein paarmal hin und her und hängt dann in der senkrechten Ruhelage – Ordnung im Experiment. Und am Himmel: Geleitet von den Gesetzen der Himmelsmechanik ziehen die Planeten seit Jahrmilliarden ihre Bahn um die Sonne – Ordnung im All.

Sowohl für das Chaos wie für die Ordnung hielt die Wissenschaft seit langem entsprechende Gesetze bereit: die „statistische Mechanik" für die Welt des Chaos, in der viele Objekte vom Zufall gesteuert zusammenwirken; und die „klassische Mechanik" für die Welt der Ordnung, bestückt mit wenigen Objekten, deren Zukunft determiniert, also beliebig weit vorhersagbar ist. Jede Situation schien ausschließlich in die eine oder andere Welt zu gehören: Eine Grenze zog sich durch die Welt der Phänomene.

Kein Wunder, daß die neue Erkenntnis vom Anfang des Jahrhundert bis Anfang der achtziger Jahre brauchte: Daß nämlich die beiden Welten gar nicht wirklich voneinander zu trennen sind. Die klassische Vorstellung – Determinismus gleich Ordnung – erwies sich als falsch. Vielmehr können auch deterministische mechanische Systeme ins Chaos

übergehen, selbst wenn sie – wie der Doppelpendel – sogar aus nur zwei Körpern bestehen.

Die zweite Überraschung: Der Übergang von der Ordnung ins Chaos scheint sich nach den gleichen wenigen Mustern zu vollziehen, die durchaus deterministisch, also vorhersagbar sind – gleich ob in der Meeresbrandung, im siedenden Wasser oder im Verhalten von Insektenpopulationen.

Und schließlich ist, drittens, festzustellen, daß all dies nicht erkannt worden wäre ohne die kräftige Hilfe der Computer. Erst durch raffinierte, durchaus eigenständige „Experimente" mit dem Computer, die dem Menschen die Rechenarbeit von Jahrzehnten in Minuten abnehmen, wurden Ideen umsetzbar, deren Bedeutung mit Papier und Bleistift nicht einmal erahnt werden konnte.

Damit eröffnete sich plötzlich ein Forschungsgebiet auf einem scheinbar schon längst abgegrasten Gelände: der schon im 17. Jahrhundert entwickelten klassischen Mechanik. Was darin den Menschen von Anbeginn als Gipfel göttlicher Ordnung galt, hatten Kepler, der die Ellipsennatur der Planetenbahnen erkannte, und Newton, der sie mit seinem Gravitationsgesetz erklärte, in die Sprache der Wissenschaft gekleidet. Ihr Triumph war es, das Verhalten der Himmelskörper, deren zukünftige Lage und Geschwindigkeit, vorausbestimmen zu können.

Dieses mechanistische Weltbild wurde schon im Jahr 1776 konsequent zu Ende gedacht: Einer „Intelligenz", so argumentierte damals der französische Mathematiker Pierre Simon de Laplace, „welche für einen Augenblick alle in der Natur wirkenden Kräfte sowie die gegenseitige Lage der sie zusammensetzenden Elemente kennen würde" – einer solchen Intelligenz wäre „nichts ungewiß". Diesem später so genannten „Laplaceschen Dämon" würden Zukunft wie Vergangenheit „offen vor Augen liegen".

Erst Anfang dieses Jahrhunderts wagte ein Landsmann und Kollege Laplaces an diesem Weltbild eines unerbittlichen, prädeterminierten Schicksals zu kratzen. „Es kann der Fall eintreten", schrieb im Jahre 1903 Henri Poincaré (1854–1912), „daß kleine Unterschiede in den Anfangsbedingungen große Unterschiede in den späteren Erscheinungen bedingen; ein kleiner Irrtum in den ersten kann einen außerordentlich großen Irrtum für die letzteren nach sich ziehen. Die Vorhersage wird unmöglich, und wir haben eine ‚zufällige Erscheinung'."

Poincaré war auf die Spuren des Chaos geraten, nachdem er 1889 die Stabilität der Planetenbahnen im Sonnensystem untersucht hatte und dabei zu ganz anderen Ergebnissen als seine Vorgänger wie etwa Laplace kam. (Poincaré reagierte damit auf eine Preisfrage, die Schwedens König Oskar II. im Jahr 1885 gestellt hatte.)

Die Vorgänger hatten stets angenommen, daß die winzigen gegenseitigen Bahnstörungen der Himmelskörper vernachlässigbar wären. Solche Störeinflüsse, hielt Poincaré dagegen, könnten sich jedoch gelegentlich, in kritischen Situationen, resonanzartig aufschaukeln und dadurch die Ellipsenbahn der Planeten drastisch verändern.

An diesem Punkt jedoch resignierte der Mathematiker ob seiner Entdeckung, die den unaufhaltsamen Zerfall des Sonnensystems nahelegte: „Diese Dinge sind so bizarr, daß ich es nicht aushalte, weiter darüber nachzudenken."

So hatte der Franzose zwar den goldenen Riecher gehabt, die fundamentale Bedeutung seiner Resultate blieb ihm aber verborgen. Denn er war auf der heißen Spur gewesen: auf dem Weg ins deterministische Chaos, der heute unter Fachleuten als „Poincaré-Szenario" firmiert. Er führt ins sogenannte *konservative Chaos*: Die Bewegungsenergie der Planeten ist in diesem Szenario erhalten („konserviert") und wird nicht durch Reibungsverluste gebremst.

Erst mit Computerhilfe konnte das Poincaré-Szenario zu Ende gerechnet und so seine Eigenheiten enthüllt werden: Ein kleiner Planet, der sich in der Schwerkraft zweier größerer Himmelskörper, etwa der Sonne und des Jupiters bewegt, läuft auf Bahnen, die geordnet, aber bei geänderten Bedingungen – etwa bei einer anderen Umlaufgeschwindigkeit – auch chaotisch sein können. Auf dem Weg zwischen Ordnung und Chaos gibt es charakteristische, immer wiederkehrende Übergänge: etwa „quasi-periodische" Bewegungen, durch die der kleine Planet bei jedem Umlauf nicht exakt, sondern nur beinahe in seine vorherige Position zurückkehrt. Er durchläuft dann eine sogenannte Rosettenbahn.

Ordnung und Chaos können im Poincaré-Szenario also koexistieren. Daß sich alle Körper im Sonnensystem exakt oder fast periodisch bewegen, scheint nach Sicht der Astronomen daher ein „Auswahleffekt" zu sein: Alle anderen Körper hat ein chaotisches Schicksal eben aus der Bahn geworfen, so daß sie heute von der kosmischen Bildfläche verschwunden sind.

Chaos im Poincaré-Szenario demonstriert auch das Doppel-Pendel. Daß dieses simple mechanische System – an einem Pendel wird ein zweites angehängt – nicht nur *auch*, sondern *vor allem* chaotische Bewegungen ausführt, widerlegt die verbreitete Ansicht, daß sich nur komplexe Systeme ins Chaos stürzen können.

Beide Pendel können frei um ihren Aufhängepunkt rotieren, und zwar – wie beim Poincaré-Szenario angenommen – ohne Reibung. Im Ruhezustand hängen beide Pendel einfach herab. Stößt man die aneinanderhängenden Pendel leicht an, so schaukeln sie schlackernd etwas hin und her wie ein Hampelmännchen. Das andere Extrem: Setzt man beide Pendel mit einem besonders kräftigen Schwung in Rotation, dann ist die Bewegung abermals regelmäßig. Wie eine sich überschlagende Schiffsschaukel rotieren beide Pendel dann gestreckt um den Aufhängepunkt.

Bei einem „mittelkräftigen" Schubs jedoch entwickelt sich Unvorhersagbares: Jedes Pendel muß sich, wenn es an seinen Scheitelpunkt gerät, wo es fast stillsteht, „entscheiden", ob es sich überschlägt oder wieder zurückfällt. Wild schaukelnd oder gerade noch überkippend drehen sich dann beide Pendel zugleich vorwärts und rückwärts umeinander – ein Fall von „Zwei-Körper-Chaos" in einem äußeren Kraftfeld, der Erdanziehung.

Der entscheidende Punkt: Bei einmal gemessener Position und Anstoßgeschwindigkeit der beiden Pendel ist schon nach wenigen der „wilden" Umdrehungen etwa die Lage des zweiten Pendels nicht mehr prognostizierbar. Sein Langzeitverhalten ist unvorhersagbar. Zu empfindlich reagiert das System auf kleinste Störungen. Selbst eng benachbarte Anfangssituationen führen rasch zu völlig getrennten Bahnen.

Neben diesem konservativen Chaos betrachten die Forscher eine zweite Gruppe von Prozessen, in denen Energie durch Reibung verlorengeht, das *dissipative Chaos*. Diese Systeme bleiben nur aktiv, wenn von außen ständig Energie nachgeschoben wird – beim Wetter ist es die Energiezufuhr aus der Sonneneinstrahlung. Sie werden daher, anders als die konservativen Systeme, auch „offene Systeme" genannt. Auch das Klima, das Leben auf der

Erde, der Mensch selbst sind Beispiele für „offene Systeme".

Als erster Forscher war der US-Meteorologe Edward Lorenz vom Massachusetts Institute of Technology im Jahr 1963 zufällig auf das dissipative Chaos gestoßen. Damals hatte er versucht, ein bestimmtes Wettermodell mit einem Computer zu simulieren. Eines Tages wollte er die Prozedur abkürzen und gab Zwischenergebnisse einer früheren Berechnung erneut ein. Als der Rechner seine Werte wieder auswarf, stimmten zwar die ersten Werte wie erwartet wieder mit den alten Ergebnissen überein. Aber wenig später schon konnte Lorenz keine Ähnlichkeit mit seinen früheren Zahlen finden.

Lorenz' geniale Einsicht war es, dieses erratische Verhalten seines Wettermodells nicht für eine Macke seines Computers zu halten. Anders als Poincaré geht er der Spur nach. Mathematisch hatte er eine „Rückkoppelung" beziehungsweise eine „Iteration" produziert: Das Ergebnis einer Berechnung wieder als Startwert einer neuen Rechenrunde mit der gleichen Formel zu benutzen. In der Instabilität solcher Rückkoppelungen erkannte er den fundamentalen Effekt: ähnlich wie beim Doppelpendel die empfindliche Abhängigkeit dynamischer, rückgekoppelter Systeme von den Anfangsbedingungen – eine Empfindlichkeit, die wiederum eine Eigenschaft „nichtlinearer Gleichungen" ist.

Dies war die Geburtsstunde des „Schmetterlingseffektes" von Lorenz. Da jede noch so kleine Störung unvorhersagbare Folgen haben kann, wäre es zumindest theoretisch möglich, daß auch der Flügelschlag eines Insektes im Golf von Mexiko zwei Wochen später ein kräftiges Sturmtief über Europa auslöst.

Die schon erwähnten „nichtlinearen Gleichungen" können schnell zu unvorhersagbarer Komplexität der Bewegung führen, aber nicht nur zu dem, was landläufig „Chaos" – die reine Zufälligkeit – genannt wird. Im Gegenteil: Prozesse, die nichtlinearen Gesetzen gehorchen, sind die eigentliche Quelle der Kreativität in der Natur. Siegfried Großmann, Physik-Professor an der Universiät Marburg und einer der Pioniere der modernen Chaos-Forschung, faßt die drei „charakteristischen Konsequenzen" der Nichtlinearität so zusammen:

1. Chaos: Unregelmäßiges und unvorhersagbares Verhalten tritt trotz deterministischer Naturgesetze ein.
2. Ordnung und Struktur: Beide entstehen in offenen Systemen fern vom thermodynamischen Gleichgewicht.
3. Selbstähnlichkeit: Diese geometrische Struktur, ein sogenanntes „Fraktal", bewirkt, daß sich gleichartige Muster bilden, die „in den verschiedenen Größen ineinandergeschachtelt" vorkommen.

Die Turbulenzen in der Kaffeetasse sind ein Fall für die Erforscher des Chaos in offenen Systemen. „Turbulente Strömungen können nur aufrechterhalten werden", erklärt Sieg-

Gesellschaftliche Instabilitäten – wie hier das jähe Ende der DDR – vorherzusagen,
ist ein Wunschziel mancher Chaosforscher.

fried Großmann, „wenn man ständig rührt, schert, oder", wie beim Wetter, „für ein Druckgefälle sorgt". Denn es handelt sich um „ein offenes System, durch das ununterbrochen Energie hindurchgeht".

Als physikalische Ursache für das irreguläre, chaotische, turbulente Strömen nennt der Marburger Physiker „den Sieg der trennenden Scherung über die glättende Zähigkeit". Und ausgerechnet dieses verwickelte Geschehen ist „eines der (wenigen) Beispiele, wo sich nach langer Forschung allmählich klärt, wie die Bewegungsgleichungen solche Selbstähnlichkeit bewirken".

Daß die Grundthesen der Chaoslehre auch Nichtphysiker zutiefst berührten, wird niemand mehr verwundern. Zentrale Bausteine des gängigen Weltbildes der Wissenschaft wurden damit auch für eine weitere Öffentlichkeit erkennbar in Frage gestellt, neue Perspektiven aufgeworfen. Die Ängste einer neuen Unsicherheit kreuzten sich mit den Versprechungen einer fundamental geforderten, gerade aus der Unsicherheit entspringenden Kreativität.

Kein Wunder daher auch, daß sich heute ein viel weiterer Überblick über „die Welt nach der Erfindung des Chaos" riskieren läßt. Es war mein Ziel, diesen Blick aus möglichst unterschiedlichen Richtungen auf ein neues Weltbild zu richten, das sich aus dem alten Verständnis der Welt allmählich herausschält. Forscher und Wissenschaftsjournalisten haben in diesem Buch dazu beigetragen, daß dabei keine wesentliche Perspektive verlorengeht.

Als erster berichtet Peter H. Richter von der Universität Bremen über den aktuellen Stand des *Chaos in der Physik*, zu dem er selbst beiträgt. Der Bremer Physiker, der einst bei dem Chemie-Nobelpreisträger Manfred Eigen in Göttingen arbeitete, schildert eingangs die Szene, in der Papst Johannes Paul II. im Jahr 1992 den versammelten Wissenschaftlern seiner Akademie und Gästen die Rehabilitierung Galileo Galileis verkündete. „Unnachahmlich die Mischung aus freundlich bescheidenem Gestus ... und sakralem Pathos", notiert Richter und fragt sich: „Ein historischer Moment oder bloß ein genial inszenierter Jux?"

Auch „Chaos" spielte eine Rolle bei der Tagung der Päpstlichen Akademie. Und für Galilei war die Zukunft genau so wenig vorhersagbar wie für uns, die wir nicht wissen können, „welches Weltverständnis im Jahre 2350 vorherrschen wird".

Die *gebrochenen Geometrien der Fraktale* sind dann das Thema Christoph Drössers. Der Hamburger Wissenschaftsjournalist wurde noch während seines Mathematikstudiums in Bonn vom Zauber der Chaosmathematik berührt. Während eines Vortrags des Bremer Mathematikers Heinz-Otto Peitgen war ihm, als hätte er bis dahin „die falschen Seminare belegt". Vor seinen Augen sah er zum erstenmal „experimentelle Mathematik", worin zwei Begriffe „wie Feuer und Wasser" aufeinandertrafen.

Ist es vermessen, daß im anschließenden Kapitel Bernd-Olaf Küppers – Physiker, Philosoph und, wie Peter Richter, aus der Eigen-Schule in Göttingen stammend – sich die Frage vorlegt: *Läßt sich das Weltgeschehen in Formeln fassen?* Um nichts weniger geht es als um die Frage, ob sich vielleicht einmal eine (mathematische) Theorie der Geschichte schreiben lassen wird. Zwei Dinge sind daran bemerkenswert: Einmal sind auch formale Modelle denkbar für einmalige, also geschichtliche Vorgänge – wie etwa die Entstehung des Lebens oder die Abläufe in sozialen Systemen. Zum anderen wird, geleitet durch die Lektionen aus den Theorien von Chaos und Selbstorganisation, die Rolle der „Randbedingungen" sichtbar, wie sie auf der Erde auch „menschliches Handeln kanalisieren" (Küppers). Gerade das menschliche Handeln, das ja mit der Idee der Willensfreiheit und der Freiheit zu willkürlichen Entscheidungen verknüpft ist, gewinnt in diesem Kontext neue Bedeutung.

Wo die Ideen der Menschen entstehen, weiß jeder: im Kopf natürlich. Aber wie schafft es das Gehirn, kreativ zu sein? Wenn die Chaostheorie vorhersagt, daß die Zukunft grundsätzlich kreativ ist, ist es dann nicht schon fast paradox, daß der Neurobiologe und Wissenschaftsautor Franz Mechsner berichten kann, wie chaotische Prozesse im Gehirn offenbar zur Kreativität des komplexesten Objektes im Universum beitragen? Es sieht so aus, als seien die Neurobiologen, Physiologen und Computerforscher inzwischen fast so weit, daß sie dem Gehirn einige seiner tieferen Geheimnisse entlocken können.

Vom *Chaos im Kopf* zum Chaos im restlichen Körper des Menschen ist es nur scheinbar ein kleiner Schritt. In Wahrheit steht die Frage *Wieviel Chaos braucht ein gesunder Mensch?* von Barbara Ritzert den Herzforschern und Hormonexperten näher als den reinen Gehirnspezialisten. „Auch chemische Reaktionen im Stoffwechsel und die Kommunikationssignale im Stoffwechsel können chaotisch schwanken", fand die studierte Biologin und Medizinjournalistin bei ihren Recherchen heraus.

Einer der von ihr befragten Professoren brachte es wohl auf den Punkt: „Der Mensch ist in seinem Leben unterwegs an den Grenzen von Phasen der Ordnung und Unordnung, zwischen Gesundsein und Kranksein." Aber als quintessentielle Weisheit entdeckte sie einen Spruch im „Bamberger Kodex" aus dem 8. Jahrhundert. Wir trügen alle zeitlebens mit uns „den Stachel des Todes", und befänden uns „in der Lage des Reisenden", der „allein von der Hoffnung lebt und sein Heil zu wirken hat unter Furcht und Zittern".

Weniger apokalyptisch, dafür aber sehr konkret sind die Fragen, denen die Wiener Unternehmensberaterin Barbara Heitger zum Aspekt *Management by Chaos* nachgeht. Manager

Die „Mandelbrot-Menge" ist zum Prototyp fraktaler Geometrie geworden.
Wie alle Muster am Rande zwischen Chaos und Ordnung ist sie selbstähnlich –
ihre Struktur gleicht sich im Großen wie im Kleinen.

sind, so zeigt sie, offenbar begierig nach neuen Ansätzen zur Restrukturierung ihrer Firmen, die oft vom raschen Wandel der Zeiten bedroht sind. Was können Unternehmen vom Beispiel der Selbstorganisation in der Natur lernen? Anwort: Entscheidungen auf die niedrigst mögliche Stufe der Hierarchie zu delegieren. Wie erlangen Unternehmen die enorme Flexibilität, die heute der Markt erfordert?

Daß das Chaos-Management die Grundzüge der physikalischen Theorie metaphorisch adaptiert, sollte dabei nicht abschrecken. Vielmehr scheint es, daß Betriebswirte und Unternehmensplaner die ersten wären, die einen modischen Schwindel über Bord werfen würden. Wo hart gerechnet wird, haben vermutlich nur gewinnbringende neue Konzepte eine Überlebenschance.

Wo Management in Fabriken mit der Geometrie der Fraktale zusammentrifft, entsteht *die fraktale Fabrik*. Auch dieses Konzept des Stuttgarter Produktions- und Automatisierungsforschers Hans-Jürgen Warnecke übernimmt die charakteristischen Elemente der Chaostheorie nur analog: Begriffe wie Selbststrukturierung, Selbstorganisation, Selbstoptimierung und Dynamik werden umgeschrieben und zum Konzept eines neuen Fabriktypus verdichtet. Wie der Technikjournalist und Physiker Reinhard Löser fand, bilden diese Elemente „quasi kleine, flexible Fabriken innerhalb größerer Fabriken, die sich

selbst organisieren und eigenverantwortlich entscheiden".

Ob das Chaos im Kopf mit dem *Chaos in der Stadt* zu tun hat? Michael Mönninger jedenfalls sieht die frühere „Naturhaftigkeit" der Stadt im Mittelalter als verloren an. Stattdessen quellen Mega-Städte wie Tokio amorph wie in einem „Rührei" über die Lande. Der Journalist der Frankfurter Allgemeinen Zeitung beobachtet und ist entsetzt: „Das Wirkliche ist das Surreale. In der verstädterten Welt kehrt eine andere, zweite Natur wieder: das absichtslose Zufallsprodukt im Zeichen des Chaos."

Vor dem Mißbrauch der Chaosidee warnt Mönninger. Ihm wäre dies „das Abdanken der Verantwortung". Er befürchtet sogar, daß „eine weitere Ausbreitung des populärwissenschaftlichen Chaos-Denkens auf soziale Prozesse verheerende Folgen" hätte. Er meint es wohl so, daß Städteplaner nur zu gerne vor einer postulierten, unbesiegbaren Chaos-Gesetzlichkeit kapitulieren würden: die Ohnmacht vor der Planlosigkeit.

Auf die Spur des gesellschaftlichen Chaos begibt sich im vorletzten Kapitel Stephan Wehowsky. Der in München lebende Philosoph und Journalist geht gleichfalls mit einer inneren Reserve an die allzu gefällige Weise vom Chaos in der Gesellschaft. „Haben die Theologen nicht schon immer gesagt, daß am Anfang das Chaos war?" fragt Wehowsky, der selbst Theologie studiert hat. Er spürt dem Phänomen auf mehreren Wegen nach. Einmal verfolgt er den

Verlauf winziger, scheinbar grotesker Zufälle, die Schicksale erzeugten und Geschichte machten: Im Falklandkrieg trifft eine Excocet-Rakete den britischen Zerstörer Sheffield. Volltreffer! Aber der Sprengkopf detoniert nicht. Stattdessen trifft die Rakete die Kombüse des Schiffes und in ihr die Fritteuse. Die Flammen des Raketenantriebs entzünden das Fritteusenöl, das wiederum setzt die Kombüse in Brand, wodurch schließlich doch noch das ganze Schiff in die Luft fliegt...

Der Einfluß winzigster Veränderungen mit gravierenden Folgen: Auch in der Gesellschaft eskalieren Prozesse, deren Ursachen durch kleinste Abweichungen neutralisiert worden wären. Trägt die Chaosmetapher auch hier? Chaosmechanismen als „Verstärker" des Unscheinbaren? Der zweite rote Faden, den Wehowsky aufnimmt, gilt der Kriminalität. Übernehmen mafiose Strukturen nicht haarklein die Strukturen der Gesellschaft, die sie schädigen? Ist dies nicht ein klarer Fall von „Selbstorganisation" – mit aller fatalen Naturwüchsigkeit in einem sozialen System?

Und wie steht es mit Krieg und Frieden? Solch ein Überproblem unseres „Weltdorfes" seit dem Ende des Kalten Krieges sollte nicht in Nebensätzen weggewischt werden. Spekulationen bieten sich an. Doch die Denkansätze, die Wehowsky uns hier bietet, werden uns noch lange Zeit verfolgen.

Den Schlußpunkt dieser „tour d'horizon à la chaos" setzen Jürgen Mittelstraß und Martin Carrier. Den beiden Wissenschaftsphilosophen von der Universität Konstanz hatte ich folgende Frage vorgelegt: Bietet Chaos eine Möglichkeit *zur Überwindung der Kluft zwischen den Zwei Kulturen?* Ende der fünfziger Jahre hatte der Engländer P. C. Snow die Gespaltenheit unserer Kultur zwischen den Geistes- und Naturwissenschaften diagnostiziert – ein Thema, das seither viele Intellektuelle auch unseres Landes beschäftigte.

„Gegenseitige Ignoranz und wechselseitige Verarmung" sehen auch Mittelstraß und Carrier als Folge dieser Kluft. Und in der Universalität des Chaosphänomens diagnostizieren sie eine Chance zur Überwindung des Zwei-Kulturen-Streites: „Im Chaos manifestiert sich beispielhaft die inhaltliche Einheit der Wissenschaft", notieren sie. Natur- und Geisteswissenschaften würden enger zusammenrücken, denn sie seien Ausdruck derselben Rationalität, die die moderne Welt erschaffen hat. Das Credo der Konstanzer Forscher lautet: „Wer diese Welt in Natur und Geist zerlegt, (...) hat sie schon verloren." Wenn der Paradigmenwechsel, wie er sich mit dem Chaosbegriff verknüpft, tatsächlich solche Auswirkungen zeitigt, dann treten wir in eine Phase, in der neben einer Reihe von produktiven Ansätzen auch alte Grabenkämpfe obsolet geworden sind.

Folgende Seite:
Schon der Flügelschlag eines Schmetterlings kann, so lehrt uns die Chaosforschung,
Wochen später ein Unwetter auslösen.
Instabilität gegen kleinste Störungen zeichnet Systeme wie das Wetter aus.

Peter H. Richter

PHYSIK
ZWISCHEN CHAOS UND ORDNUNG –
VON PENDELN UND PLANETEN

Wer als Naturwissenschaftler oder Techniker Forschung treibt, setzt als Bedingung ihrer Fortentwicklung voraus, daß die Welt nicht ein Chaos sei, sondern ein „Kosmos"; damit ist gemeint, daß eine Ordnung existiere und Naturgesetze, die erfaßt und untersucht werden können und die insofern eine Verwandtschaft mit dem Geist aufweisen." Mit diesem Gedanken, in französischer Sprache formuliert, beendete am 31. Oktober 1992 Papst Johannes Paul II. die Ansprache an seine Akademie, in der er den Versuch unternahm, das Verhältnis von Religion und Wissenschaft unserer Zeit gemäß zu definieren. Er verwies auf Albert Einstein, der sich über die Intelligibilität der Welt nie genug wundern konnte, und rehabilitierte – dreieinhalb Jahrhunderte nach dessen Tod – Galileo Galilei, dessen Prozeß von 1633 bis heute das Verhältnis der beiden so unterschiedlichen Welten des Geistes belastet.

Unnachahmlich die Mischung aus freundlich bescheidenem Gestus, in der der von Krankheit eben gene-

sene Heilige Vater diese Stellungnahme vortrug, und dem ihn umgebenden sakralen Pathos, das jedem einzelnen der in der Sala Regia versammelten Würdenträger aus Wissenschaft und Kirchenhierarchie ein Gefühl von Winzigkeit vermitteln mußte. Grandioses Schauspiel fernab der realen Welt von 1992: ein ernster historischer Moment oder bloß ein genial inszenierter Jux?

Vermutlich beides. Denn viel zu empfänglich ist unsere Seele für Irrationales, als daß man nicht mit dessen prägender Kraft rechnen müßte. Auch Galileo und Descartes konnten nicht rational begründen, wovon sie zutiefst durchdrungen waren. Daß die Natur in der Sprache der Mathematik geschrieben und somit dem denkenden Geist einsichtig sein sollte, war eine Wette auf die Zukunft. Erst die Erfolge des Unternehmens Wissenschaft, über mehrere Jahrhunderte akkumuliert, haben ihnen recht gegeben; absehen ließ sich die Entwicklung zu ihrer Zeit so wenig, wie wir heute sagen können, welches Weltverständnis im Jahre 2350 vorherrschen werde.

Nun also hat der Vatikan das Credo seiner einstigen Kontrahenten übernommen. Ist damit die Sache entschieden? Regen sich nicht gerade in dieser Zeit massive Zweifel an der Intelligibilität – und damit verbunden: der Beherrschbarkeit – der Natur?

Chaos – die ungenierte Umdeutung des überkommenen Begriffs

Nicht zufällig spielte das Thema „Chaos" eine wichtige Rolle auf der Tagung der Päpstlichen Akademie, die mit der erwähnten Audienz zu Ende ging. Heißt es doch allenthalben, die neue Chaostheorie bedrohe das überkommene Weltbild der Physik. Newton, Laplace und all die anderen großen Meister hätten die Welt viel zu einfach gesehen; das Nichtlineare, Komplexe, Nichtvorhersagbare sei das Normale. Ein neues Paradigma wissenschaftlicher Weltanschauung sei deswegen gefragt. Der Sachbüchermarkt quillt über mit Werken zahlreicher Autoren, die ihr Publikum in dieser Hinsicht zunächst einmal verunsichern, um dann jeweils eigene Perspektiven als Rettung aus geistiger Not anzubieten. Besonders gefragt scheinen diejenigen zu sein, die sich als Meister des Chaos darstellen. Auf ihnen ruhen die Hoffnungen derer, die sowieso schon immer unter chaotischen Verhältnissen litten – und sie lassen es

sich bezahlen: Zweieinhalbtausend Mark muß der Teilnehmer an einem zweitägigen Kurs über *Chaos und Management* schon hinlegen. Ist also die Kirche schon wieder in Gefahr, der Entwicklung der Wissenschaft hinterherzuhinken?

Um es vorwegzunehmen: Die Chaostheorie ist keine Lebenshilfe, und sie ist nicht so neu, wie viele meinen. Vor allem stellt sie die Grundlagen der alten Physik nicht in Frage, sondern baut auf ihnen auf. Sie setzt lediglich neue Akzente bei der Auswahl von Problemen. Kein ernstzunehmender Forscher wird den eingangs zitierten Text als obsolet ansehen: er müßte sonst die Möglichkeit von Naturwissenschaft überhaupt in Frage stellen.

Was also hat es mit dem Chaos auf sich? Man muß wissen, daß Jim Yorke, ein ungewöhnlich temperamentvoller Mathematiker an der Universität von Maryland, zunächst nur einen Spaß im Sinn hatte, als er den Begriff in die mathematische Literatur einführte. Er tat das mit der Überschrift eines Artikels, den er zusammen mit seinem Studenten Tien-Yien Li im Jahre 1975 verfaßte: „Period Three Implies Chaos" – zu deutsch: „Periode Drei impliziert Chaos". In dieser höchst technischen Arbeit beweist er einen Sachverhalt, der mit landläufigen Vorstellungen vom Begriff des Chaos nicht viel zu tun hat. Er untersucht die Eigenschaften von „Abbildungen eines Intervalls auf sich" unter immer wiederholter Anwendung und findet, daß man aus der Existenz einer Periode 3 auf die Existenz anderer Perioden und – für geeignete Anfangswerte – auf nichtperiodisches Verhalten schließen kann.

So etwas als *Chaos* zu bezeichnen, erinnert an die Wahl des Wortes *Quark* durch Murray Gell-Mann für die fundamentalen Bausteine der Materie. Namen sind Schall und Rauch, aber sie erregen, wenn sie gut gewählt sind, Aufmerksamkeit. Jim Yorke verspürte das spätestens, als der Herausgeber seines Artikels ihn zu überreden versuchte, das Wort Chaos doch aus dem Titel zu streichen. „Jetzt erst recht nicht", sagte ihm seine innere Stimme – und aus dem Jux wurde Ernst.

Unter Eingeweihten war der Terminus *Chaos* im Jahre 1975 geläufiger Jargon. Ich erinnere mich an eine Sommerschule in Aspen, Colorado, auf der große Aufregung herrschte, als George Oster, Steven Smale und andere über das „chaotische Verhalten" sogenannter Parabel-Abbildungen berichteten und es als Modell für Turbulenz ausgaben. Man nehme eine Zahl x zwischen 0 und 1 und bilde daraus eine neue Zahl x' gemäß der Regel

$$x \rightarrow x' = 4x(1-x) = 4x - 4x^2$$

[Wegen des Terms $4x^2$ sprechen die Mathematiker von einer Parabel.] Mit der Zahl x' verfahre man wieder genauso und treibe das Spiel ad infinitum – ein Kinderspiel für jeden programmierbaren Taschenrechner. Was heute vielen geläufig sein

dürfte, war 1975 eine Riesenüberraschung, auch wenn Edward N. Lorenz vom Massachusetts Institute of Technology schon 1963 am Fall eines mathematischen Klimamodells darauf hingewiesen hatte: die Folge der Zahlen x, x', ... weist keine erkennbare Regelmäßigkeit auf, sofern x nicht „zufällig" periodisch (zum Beispiel $0.75 \rightarrow 0.75$) oder präperiodisch (zum Beispiel $0.5 \rightarrow 1 \rightarrow 0 \rightarrow 0 \rightarrow 0$ ...) gewählt wurde. Die (prä-) periodischen Folgen fallen nicht sonderlich ins Gewicht, weil jede noch so kleine Abweichung von ihnen im Laufe der Zeit aufgebläht wird: Beispiel $0{,}49 \rightarrow 0{,}47 \rightarrow 0{,}61 \rightarrow 0{,}32$. Dieses Verhalten bezeichnen Physiker als die *empfindliche Abhängigkeit von den Anfangsbedingungen*.

Eben solches Verhalten wurde in Aspen *chaotisch* genannt. Man bezeichnete damit wohl auch die Verwirrung im eigenen Kopf, die aus der Diskrepanz von Einfachheit der Regel und Komplexität des Ablaufs resultierte. Alle fanden die Bezeichnung passend, aber niemand nahm sie wichtig – bis Jim Yorke die Erfahrung vom *nomen* als *omen* machte.

Seit 1975 wird also das ehrwürdige und bedeutungsgeladene Wort *Chaos* ungeniert als Bezeichnung für langfristig unregelmäßiges und insofern unvorhersagbares Verhalten verwendet. Das Erstaunliche ist, daß es in dieser verengten, aber präzisierten Bedeutung zuweilen ernster genommen wird als in der überkommenen. Es wirkt fast gespenstisch, wenn Otto Rössler (Universität Tübingen), der

Die Strömung flacher Gewässer schafft Verwirbelungen,
die nicht nur Chaosforscher anregte. Auch Verkehrsforschern diente sie als
mathematisches Vorbild für Staus und Stop-and-Go-Verkehr.

selbst einige wunderschöne chaotische Systeme entworfen hat, bei Anaxagoras und anderen alten Meistern nachschaut, inwieweit ihre Begriffe vom Chaos mit dem des Jim Yorke verwandt sind. Die Suggestivkraft der Magie des Wortes im spielerischen Umgang mit Begriffen und Ideen darf nicht unterschätzt werden; leicht ist eine Resonanz mit den Tiefen unseres Gemüts hergestellt (was mit *Quark* nicht ganz so einfach sein dürfte wie mit *Chaos*), und was als Scherz begann, entfaltet ungeahnte eigene Dynamik.

Eine Pointierung erfuhr der neue Begriff noch in der Kombination *deterministisches Chaos*. Damit wird hervorgehoben, daß nicht schon in den zugrundegelegten Regeln ein Element des Zufalls enthalten sein solle. Ob das für die Regeln zutrifft, die in der realen Welt Gültigkeit haben, ist eine ganz andere Frage. Ein Darwinist wäre schlecht beraten, den Zufall aus dem Baukasten seines Weltbilds zu eliminieren. Hermann Hakens *Synergetik* und das Brüsseler Konzept des Chemie-Nobelpreisträgers Ilya Progogine der *dissipativen Strukturen* leben von der Idee, daß Fluktuationen als stochastisches Element in jeder adäquaten Naturbeschreibung von Anfang an enthalten seien und im Verlauf eines Prozesses gewaltig verstärkt werden können.

Anfang der siebziger Jahre war es gängige Praxis, diese woher auch immer gegebenen Fluktuationen als den chaotischen Teil der Dynamik eines Systems zu bezeichnen. Das de-

terministische Chaos hat sich demgegenüber – jedenfalls für eine Weile – mit dem Anspruch durchgesetzt, die interessanteren Fragestellungen für die Forschung zu bieten – eine typische Insideransicht. Es spricht natürlich nichts dagegen (und ist gelegentlich sogar mit Erfolg versucht worden), die beiden Vorstellungen in einer Synthese zu vereinen. Die filigrane Reinheit der Strukturen des deterministischen Chaos wird dabei je nach Stärke der Fluktuationen „verschmiert", aber das könnte im konkreten Fall ja angemessen sein.

Heftiger als die meisten Mathematiker reagierten aber erst Physiker auf die Verheißung, aus einfachen Regeln komplexe Strukturen generieren zu können. Man stürzte sich auf die Arbeiten von Edward Lorenz und fand, daß sie tatsächlich das Verständnis turbulenter Strömungen fördern konnten. Man stöberte in alten Arbeiten des französischen Mathematikers Henri Poincaré (1854–1912) und des Amerikaners George D. Birkhoff (1884–1944) und entdeckte, daß diesen bereits vieles von dem vertraut war, was heute Chaos heißt. Physiker wie Maxwell, Duhem, Einstein, Born – sie alle wußten, daß die Natur selbst dann komplex sein kann, wenn sie einfachen Gesetzen folgt, auch ohne das Modewort „Chaos".

Nur wußten sie wenig Konkretes darüber. Denn es ist zweierlei: ein Gesetz zu formulieren – und auszuloten, was in ihm steckt. Es ist wahrscheinlich fair zu sagen, daß in der Ausbildung von Physikern und Mathematikern der Schwerpunkt auf der Herleitung von Gleichungen und einigen „leichten" Anwendungen lag und liegt, während die Vielfalt der möglichen Lösungen meist in Dunkel gehüllt bleibt.Wie konnte das auch anders sein, wenn – wie wir nun wissen – die Mehrzahl der Lösungen, da chaotisch, analytisch (das heißt als mathematische Formel geschlossen darstellbar) gar nicht faßbar ist?

Das Neue in unserer Epoche der Wissenschaftsgeschichte ist, daß wir mit elektronischen Computern auf Entdeckungsreise gehen können. Die *Theorie des Chaos* ist darum zunächst ein Sammeln von Beobachtungen im vorher unzugänglichen Reich der Lösungen einfacher Gleichungssysteme, vor allem dort, wo einfaches in komplexes Verhalten umschlägt. Ihre Faszination verdankt sie einigen aufregenden „universellen Szenarien", die dabei gefunden wurden, und den spektakulären Möglichkeiten, die die Computergraphik bietet, alte Ideen und neue Befunde ins Bild

zu setzen und so der Intuition nahezubringen. Die Aufgabe wird schließlich sein (und ist in einigen Fällen bereits gelöst), das Gefundene zu ordnen und zu verstehen.

Ganz im Sinne des Dictums am Anfang, das auch die Chaosforscher nicht beiseite schieben, wenngleich sie es auf eine neue Ebene beziehen: die Ebene der möglichen Entfaltungen von Natur- oder auch künstlichen Gesetzen; Platoniker würden diese Ebene das Reich der Ideen nennen. In diesem Reich gibt es nicht nur das eine Universum, in dem wir leben, sondern so viele, wie wir zum Beispiel als Lösungen von Einsteins Gravitationstheorie konstruieren können. Bislang waren das noch relativ einfache: sogenannte homogene und isotrope Modelle, deren Eigenschaften leicht zu diskutieren waren. Mehr und mehr greifen aber auch hier die Ideen des Chaos um sich, da Einsteins mathematische Gravitations-Gleichungen allemal reich genug an Komponenten und Nichtlinearitäten sind, um nichtperiodisches chaotisches Verhalten zu erlauben.

Ein Beispiel für Chaos, das von Galilei stammen könnte

Die zwei wohl bekanntesten Motive aus der Physik des Galileo Galilei sind die schiefe Ebene und die Wurfparabel. Galilei hätte sich also fragen können, wie es einem Massenpunkt ergeht, den man über einer schiefen Ebene loswirft und den Gesetzen des freien Falls und der elastischen Reflexion überläßt. Da die Rampe nicht unendlich lang sein kann, wollen wir sie vor einer senkrechten Wand enden lassen, an der ebenfalls elastisch reflektiert wird. Was wird passieren?

In einem realen Experiment wird der Ball natürlich – und sehr bald! – am tiefsten Punkt zwischen Wand und Rampe zur Ruhe kommen: als Folge der unvermeidlich immer vorhandenen Reibung. Galilei erkannte aber als erster, daß Reibung eher hinderlich für ein grundsätzliches Verständnis der Physik ist und daß man sich zuerst den Idealfall reibungsfreier Bewegung klarmachen solle. Dieser Gedanke, der die neue Physik von der des Aristoteles unterscheidet, war eine der Säulen, auf denen Newton sein Gebäude errichtete. In unserem Versuchsaufbau, den wir am Rechner durchspielen können, wird er erstaunlicherweise zum Chaos führen.

Lassen wir den Ball also für alle Zeiten zwischen Wand und schiefer Ebene hin und her und auf und nieder hüpfen und fragen wir, wie gut seine Bahn sich langfristig verfolgen läßt.

Wir beginnen mit einigen Beispielen. Abbildung 1a zeigt als besonders einfachen Fall eine *periodische Bahn*. Sie wird an zwei Punkten in sich zurück reflektiert: einmal am Ende ihres vertikalen Aufstiegs, zum andern unten, wo sie im rechten Winkel auf die Rampe trifft. Viele solche Situationen sind denkbar, erfordern aber offenbar eine sehr spezielle Auswahl der Anfangsbedingungen. Der einfachste derartige Fall ist das direkte Hin und Her zwischen Wand und Rampe wie in Abbildung 1b, jedoch mit jeweils rechten Auftreffwinkeln. Verfehlt man die genauen Anfangsbedingungen ein wenig, dann sieht

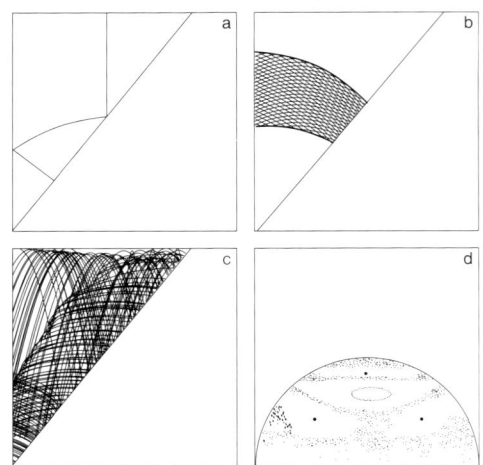

Abbildung 1

Ein Galileisches Chaos. Eine schiefe Ebene trifft auf eine senkrecht stehende Wand, mit der sie einen Winkel $\varphi = 40°$ bildet. Ein punktförmiger Ball hüpft ohne Reibungsverluste zwischen diesen Ebenen auf und ab, wobei er jedesmal einer Wurfparabel folgt. An den Wänden wird er elastisch reflektiert. Seine Bahn ist je nach Wahl der Anfangsbedingungen periodisch (a), quasiperiodisch (b) oder chaotisch (c). Das Wesentliche dieser drei typischen Bahnen wird im Poincaréschnitt (d) festgehalten, der das Verhalten aller möglichen Bahnen im Überblick zeigt. Aufgetragen werden jeweils für den Moment nach Reflexion an der schiefen Ebene die Komponenten $v_\parallel$ und $v_\perp$ des Geschwindigkeitsvektors. Bahn (a) entspricht den drei fetten Punkten; Bahn (b) erzeugt die gepunktete Linie im Zentrum; die chaotische Bahn (c) produziert die ausgedehnte Punktwolke.

die Bahn wie in Abbildung 1b aus: Sie pendelt um die periodische Bahn herum, ist aber selbst nicht mehr periodisch. Man nennt sie eine quasiperiodische Bahn und rechnet sie zu den regelmäßigen Bewegungstypen, die sich über beliebig lange Zeiten im Detail verfolgen lassen. Anders die Bahn der Abbildung 1c, die schon auf den ersten Blick *chaotisch* erscheint. In allen drei Fällen ist der Winkel zwischen Wand und Rampe $\theta = 40°$ und die Energie des Massenpunkts die gleiche. Der Unterschied liegt nur in den Anfangsbedingungen. Es wäre daher wünschenswert, eine Übersicht zu haben, die für alle möglichen Anfangsbedingungen erkennen läßt, ob die zugehörige Bahn periodisch, quasiperiodisch oder chaotisch sein wird. Das gelingt mit einem Verfahren, das Poincaré vor hundert Jahren vorschlug, das aber die moderne Computertechnik abwarten mußte, ehe es praktikabel wurde. Poincaré hat selbst nie die Bilder gesehen, die heute als *Poincaré-Schnitte* alle Abhandlungen zum Chaos zieren.

Sein Verfahren geht davon aus, daß man nicht die vollständigen Bahnen benötigt, um zu entscheiden, welchem Typ sie angehören. Es reicht ein geeignet gewählter „Schnitt". Im Fall unseres Galilei-Chaos kann man sich etwa auf die Momente konzentrieren, in denen die Bahn die Rampe verläßt. Sie kann das in unterschiedlichen Höhen tun und mit verschiedenen Geschwindigkeiten und Richtungen. Geben wir aber, wie üblich, die Energie vor, so besteht zwischen Höhe und Geschwindigkeit ein schon Galilei bekannter Zusammenhang. Deshalb ist eine Bahn eindeutig determiniert, wenn wir für den Augenblick nach Verlassen der schiefen Ebene Geschwindigkeit und Richtung angeben – oder, was auf dasselbe hinausläuft – die Komponenten $v_\parallel$ und $v_\perp$ des Geschwindigkeitsvektors parallel und senkrecht zur Rampe. Abbildung 1d zeigt eine solche Übersicht über alle möglichen Anfangssituationen auf der Rampe. $v_\parallel$ ist horizontal aufgetragen, nach oben $v_\perp$. Ein Punkt auf der vertikalen Mittellinie repräsentiert eine Situation, bei der die Bahn senkrecht zur schiefen Ebene startet: unten mit kleiner Geschwindigkeit, also im oberen Bereich der Rampe; oben mit großer Geschwindigkeit, das heißt am unteren Ende der Rampe. Bahnen, die in gleicher Höhe auf der Rampe starten, werden durch Punkte auf konzentrischen Halbkreisen repräsentiert. Der äußerste Halbkreis gehört zum untersten Ende der Rampe, nach oben hin werden die Halbkreise immer kleiner. Eine kontinuierliche Bahn wird so in der

Schnittechnik von Poincaré auf eine Folge von Punkten reduziert, die wir ihren *Orbit* nennen wollen. Man wählt zunächst eine Anfangssituation und wartet dann jedesmal, bis der Ball wieder auf die Rampe trifft und zurückspringt. Dann trägt man die Werte von $v_\parallel$ und v als neue Anfangswerte ein und beginnt das Spiel von vorne.

Die Bahn der Abbildung 1a erzeugt auf diese Weise die drei dicken Punkte in Abbildung 1d. Denn dreimal trifft sie im Verlauf einer Periode auf die schiefe Ebene. Einmal unten im rechten Winkel, $v_\parallel = 0$, mit relativ großer Geschwindigkeit (oberer Punkt), und zweimal in größerer Höhe, also mit geringerer Geschwindigkeit, davon einmal in aufsteigender Richtung ($v_\parallel > 0$, rechter Punkt) und einmal in absteigender Richtung ($v_\parallel < 0$, linker Punkt).

Die quasiperiodische Bahn von Abbildung 1b produziert im Poincaréschnitt die gepunktete Linie, die das Zentrum des Bildes umschließt. Verfolgte man sie weiter, so wäre die Linie am Ende dicht mit Punkten belegt, und das ist typisch: während periodische Bahnen im Poincaréschnitt als ein Muster aus isoliert liegenden Punkten erscheinen, bilden quasi-periodische Orbits Linienstrukturen. Chaotische Orbits hingegen füllen ganze Bereiche der Schnittebene aus: die graue Punktwolke in Abbildung 1d stammt allein von der Bahn in Abbildung 1c. Bilder von der Art der Abbildung 1d zeigen auf einen Blick, wo ein System sich einfach, das heißt langfristig prognostizierbar, und wo es sich chaotisch, das heißt auf lange Sicht unvorhersagbar, verhält. Schon mit drei typischen Orbits hat man hier eine Übersicht gewonnen, die etwa folgende Aussage gestattet:

Um die zentrale periodische Bahn, die zwischen Wand und Rampe hin und herläuft, liegt ein großer Bereich quasiperiodischen Verhaltens; Anfangsbedingungen aus diesem Bereich führen zu Bahnen, die mehr oder weniger weit, aber jedenfalls regelmäßig, um die zentrale Bahn herum pendeln.

Weiter außen liegt ein Bereich quasiperiodischen Verhaltens, der die periodische Bahn der Periode 3 umgibt. Anfangsbedingungen aus diesem Bereich führen zu Bahnen, die um die Bahn der Abbildung 1a herum pendeln.

Der Rest der möglichen Anfangsbedingungen scheint im chaotischenBereich zu liegen. Irgendeine Anfangsbedingung aus dem Innern der Punktwolke führt zu einer Bahn, die wiederum diese Punktwolke erzeugt. Bahnen, die aus eng benachbarten Anfangsbedingungen resultieren, haben eine Tendenz, innerhalb dieses chaotischen Gebiets exponentiell auseinanderzulaufen.

Die universellen Wege ins Chaos

Wie kommt man ins Chaos? – Es gibt viele Möglichkeiten, aber einige Wege sind besonders typisch und in auffälligen Details ganz unabhängig davon, welches konkrete System man betrachtet. Man nennt sie – ein wenig hochtrabend – *universell*, in Anlehnung an eine Terminologie der Physiker Leo Kadanoff, Kenneth Wilson und Michael Fisher, die um 1970 mit Hilfe der sogenannten *Renormierungstheorie* die Eigenschaften von Phasenübergängen verstehen lernten. In diesem Kontext wurde eine Vorstellung entwickelt, die seither im Nachdenken über komplexe Phänomene eine dominierende Rolle spielt: die Vorstellung von einer *Skalentiefe* natürlicher Strukturen. In einfacher Ausprägung, und zwar wenn bei fortgesetzter Vergrößerung immer wieder dasselbe Bild entsteht, spricht man von *Selbstähnlichkeit*. Etwas allgemeiner ist die Rede von *Fraktalen*, einer Wortschöpfung ihres Entdeckers Benoit Mandelbrot, der als Mathematiker und Naturbetrachter auf ähnlich verschachtelte Strukturen stieß wie etwa zeitgleich die Theoretiker der Phasenübergänge.

Fraktale und Chaos werden denn auch oft in einem Atemzug genannt, obgleich sie völlig Unterschiedliches bezeichnen und nicht ohne geistige Anstrengung in Verbindung zu

bringen sind. *Fraktal* ist ein Objekt hinsichtlich seiner *Geometrie*, nämlich dann, wenn sein Rand, seine Oberfläche oder auch sein Inneres Strukturen aufweisen, die bei Vergrößerung Feinstrukturen zeigen, welche bei weiterer Vergrößerung noch feinere Strukturen zeigen und so immer weiter ad infinitum.

Chaotisch ist ein Prozeß hinsichtlich seiner *Dynamik*, nämlich dann, wenn er keine langfristige Prognose erlaubt, weil benachbarte Anfangssituationen sich exponentiell auseinanderentwickeln. Man muß die Dynamik erst geometrisieren, will man die beiden Konzepte zusammenführen. Das hat, wie wir oben sahen, Poincaré mit seiner Schnittechnik getan. In Poincaréschnitten können wir nach fraktalen Strukturen suchen.

Sie finden sich vorzugsweise am Rande chaotischer Bereiche, etwa in Form von Inseln mit quasiperiodischem Verhalten, die von Ketten kleinerer Inseln umgeben sind und so weiter in unendlicher Sukzession. Man begegnet ihnen darum auf dem Weg ins Chaos: wenn man in einem gegebenen Poincaréschnitt aus einem Gebiet mit einfacher Dynamik in einen chaotischen Bereich hinüberwechselt, oder wenn man Systemparameter ändert und abwartet, daß einfaches Verhalten in chaotisches umschlägt. In solchen Übergangsbereichen liegen, geometrisch gesprochen, die fraktalen Gebilde, die in dynamischer Interpretation als *universelle Szenarien des Übergangs zum Chaos* bezeichnet werden. Ihre Entdeckung hat in den siebziger und achtziger Jahren für enorm viel Aufregung gesorgt. Man sollte sich aber klarmachen, daß sie in der Menge aller möglichen Bahnen ein lokales Phänomen und je nach System stärker oder schwächer ausgeprägt sind. Noch fehlt uns die Intuition, die uns vorab sagen könnte, welches Szenario in einem gegebenen System besonders deutlich zu erwarten wäre. Darum ist es notwendig, im Studium konkreter Beispiele Erfahrungen zu sammeln und zu prüfen, wie universell die behauptete Universalität tatsächlich ist.

Das Galileische Chaos ist für diese lokalen Szenarien kein gutes Beispiel. Anscheinend beeinträchtigen die unstetigen Geschwindigkeitsänderungen bei der Reflexion die Dynamik so sehr, daß der fraktale Charakter dadurch gestört wird. In „glatten" Systemen kann nicht vorkommen, was wir in der Umgebung des Anstellwinkels $\theta = 45°$ beobachteten: daß die Dynamik für einen bestimmten Parameterwert integrabel, also ohne jeden chaotischen Anteil, und in unmittelbarer Nachbarschaft total chaotisch ist.

Betrachten wir deshalb ein physikalisches System, in dem es keine Spitzen und auch keine abrupten Richtungsänderungen gibt: ein ebenes Doppelpendel aus zwei gleich schweren Massenpunkten, die an gleich langen Stäben befestigt sind. Das erste Pendel schwinge oder rotiere um einen festen Aufhängepunkt, das zweite sei im Schwerpunkt des ersten drehbar aufgehängt (siehe Abbildung 2).

Wie beim Galilei-Chaos lassen sich periodische, quasiperiodische und chaotische Bahnen finden. Im realen Experiment, das sich mit guten Kugellagern einigermaßen reibungsfrei durchführen läßt, kann man das zum Beispiel mit Hilfe eines Lämpchens demonstrieren, welches im zweiten Massenpunkt befestigt ist. Im Computerexperiment, dem man die Bewegungsgleichungen des Doppelpendels eingegeben hat, ist das vor allem deswegen leichter, weil man die Anfangsbedingungen präziser setzen kann. Die Abbildung 3 zeigt drei typische Beispiele. Um einen Überblick über alle möglichen Bewegungen zu erhalten, greifen wir wieder auf Poincarés Trick zurück und werfen überflüssige Information fort, indem wir die Bewegung „anschneiden". Als Schnittbedingung wählen wir $\varphi_2 = 0$ mit positiver Winkelgeschwindigkeit, das heißt, wir schauen das Doppelpendel immer nur dann an, wenn das äußere Pendel entgegen dem Uhrzeigersinn durch die ausgestreckte Lage läuft. Außerdem fixieren wir die Gesamtenergie. Dann ist durch den Winkel φ_1, der die Lage des gestreckten Doppelpendels bestimmt,

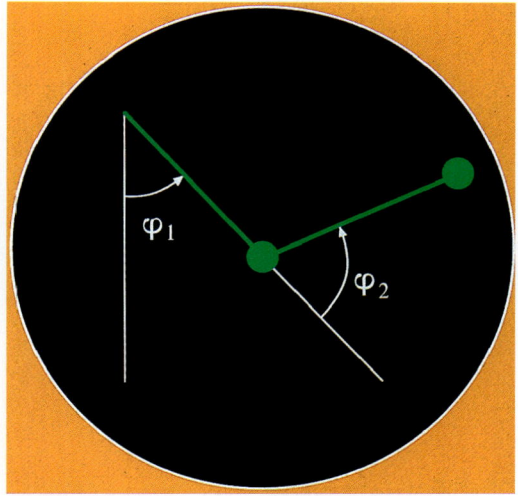

Abbildung 2
Ein ebenes Doppelpendel. Das innere Pendel kann um einen festen Aufhängepunkt schwingen oder rotieren; seine Lage wird durch den Winkel φ_1 charakterisiert. Das zweite Pendel ist im ersten aufgehängt; seine Lage wird relativ dazu durch den Winkel φ_2 gegeben. Außer den Winkeln braucht man zur Charakterisierung eines Bewegungszustands noch ihre Geschwindigkeiten.

und die Winkelgeschwindigkeit des ersten Pendels auch die des zweiten gegeben. Die Anfangsbedingung ist somit vollständig charakterisiert und die weitere Bewegung eindeutig bestimmt. Im Poincaréschnitt können wir als die zwei unabhängigen Variablen den Winkel φ_1 und seine Geschwindigkeit gegeneinander auftragen oder – was auf dasselbe hinausläuft, aus technischen Gründen aber vorzuziehen ist – den Winkel φ_1 und den Drehimpuls des Doppelpendels.

Abbildung 4 zeigt den Poincaréschnitt für eine relativ hohe Energie. Die gelben Orbits im oberen Teil stammen von Bahnen mit hohem Drehimpuls. Das Doppelpendel rotiert als gestreckte Konfiguration gegen den Uhrzeigersinn; das äußere Pendel schwingt nur ein bißchen um die gestreckte Lage. Die ockerfarbenen Orbits im unteren Teil sind das Gegenstück mit negativem Drehimpuls, das heißt, das Doppelpendel rotiert im Uhr-

Abbildung 3a

Abbildung 3c

Abbildung 3b

Abbildung 3

Drei typische Bahnen des zweiten Massenpunktes.
a: periodische Bewegung; das innere Pendel rotiert zweimal im Uhrzeigersinn um seinen Aufhänge-punkt, während der Winkel φ_2 fünf entgegen-gesetzte Umdrehungen macht. Man spricht von einer „Windungszahl" 2:5.
b: quasiperiodische Bewegung; die Winkel φ_1 und φ_2 rotieren wieder gegenläufig, aber ihre Perioden stehen nicht in einem rationalen Verhältnis zuein-ander.
c: chaotische Bewegung.

zeigersinn. In der Mitte erkennen wir grün quasiperiodische Bewegungen mit kleinem Drehimpuls. Dort rotieren inneres und äuße-res Pendel gegenläufig. Zwischen diesen Be-reichen liegen zwei ausgeprägte Bereiche chaotischer Bewegung. Hier wechselt der Charakter der Bewegung der beiden Pendel in unregelmäßiger Weise von Schwingung nach Rotation und zurück. Es ist nicht leicht, die Feinstruktur am Rande dieser Chaosbe-reiche zu studieren. Je feiner die Details, de-sto genauer muß man rechnen, und schnell

sind die verfügbaren Computer ausgereizt. Wir konzentrieren uns darum auf einen be-sonders interessanten Fall, nämlich den, daß unter Parametervariation die beiden Chaos-bereiche verschmelzen und ein *globales Chaos* entsteht. Dazu variieren wir als relevanten Parameter die Energie des Systems.

Abbildung 5a zeigt, wie sich bei abgesenk-ter Energie das Chaos ausgebreitet hat. Es überschwemmt in zwei großen Bereichen den ganzen Poincaréschnitt, von einigen In-seln der Stabilität einmal abgesehen. In der

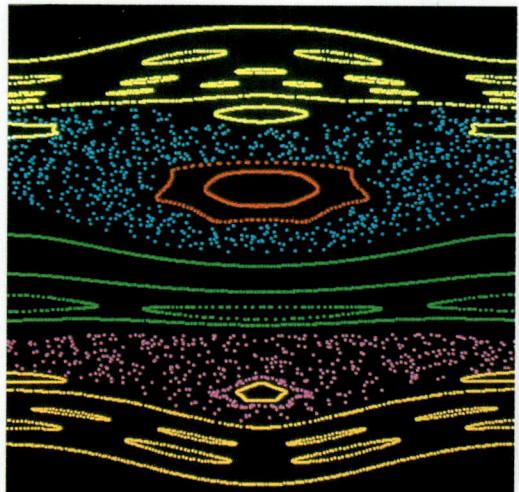

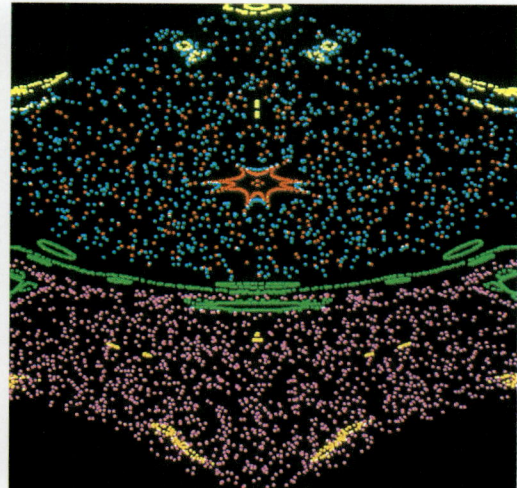

Abbildung 5a

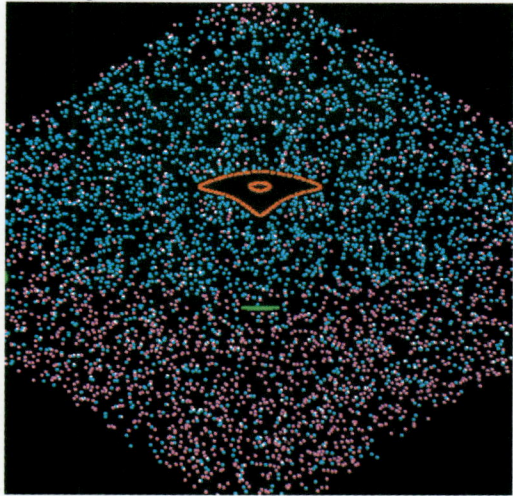

Abbildung 5b

Abbildung 4

Poincaréschnitt für ein ebenes Doppelpendel bei ho-her Energie. (Schnittbedingung: $\varphi_2 = 0$, $\dot{\varphi}_2 > 0$.) Abszisse: Winkel φ_1; die stabile Hängelage $\varphi_1 = 0$ liegt in der Mitte, die aufrechte Stellung am rech-ten und linken Rand. Ordinate: der Drehimpuls des Doppelpendels; maximal positiver Drehimpuls bedeutet Rotation des gestreckten Doppelpendels entgegen dem Uhrzeigersinn, maximal negativer Drehimpuls bedeutet Rotation im Uhrzeigersinn. Im mittleren grünen Bereich rotieren die Pendel gegenläufig, so daß der Gesamtdrehimpuls klein ist. Die Farben charakterisieren verschiedene Be-wegungstypen. Es wurden etwa 20 verschiedene Anfangsbedingungen gewählt und jeweils 500 Folgepunkte eingetragen.

Dynamik ist nur noch eine grobe Prognose möglich: hat das Doppelpendel mit positivem (negativem) Drehimpuls begonnen, so wird es für alle Zeiten positiven (negativen) Dreh-impuls behalten. Im übrigen sind alle Bar-rieren zwischen Oszillationen und Rotatio-nen aufgehoben. Offenbar spielt der durch-gehende grüne Orbit die Rolle einer letzten Schranke vor dem Ausbruch des globalen Chaos, das sich bei weiter erniedrigter Energie dann etabliert. In Abbildung 5b ist diese letzte Schranke gefallen und Orbits, die im unteren

Abbildung 5

Poincaréschnitte wie in Abbildung 4, jedoch bei niedrigeren Energien. a: Die beiden Chaosbereiche haben die quasiperiodischen Bewegungen bis auf eine überschwemmt. Die letzte KAM-Linie verhin-dert gerade noch, daß Bewegungen mit positivem und solche mit negativem Drehimpuls vermischt werden. b: Bei etwas weiter abgesenkter Energie ist auch diese Barriere durchbrochen und das Chaos total. Orbits, die im unteren Bereich beginnen, fin-den, wenn auch mühsam, einen Weg nach oben, und umgekehrt.

Teil des Poincaréschnitts starten, können in den oberen hinüberwechseln, und umgekehrt.

Wir beobachten hier das *universelle Szenario des Übergangs zum globalen Chaos per Zerfall der goldenen KAM-Linie* – so der etwas großsprecherische Jargon der Chaostheoretiker. Was soll das heißen? Betrachten wir noch einmal die Abbildung 4. Sie enthält außer den Chaosbereichen und etlichen Inselketten fünf durchgehende Linien: je eine in den beiden Bereichen oben und unten, in denen das äußere Pendel um die gestreckte Lage schwingt, und drei im mittleren Bereich der gegenläufigen Rotation.

Diese Linien sind Orbits quasiperiodischer Bewegungen, bei denen φ_1 alle Werte annimmt. Ihre Bedeutung liegt darin, daß sie „undurchlässig" sind. Ein Orbit, der oberhalb einer solchen Linie beginnt, kann nicht auf ihre Unterseite gelangen, auch wenn er chaotisch ist. Die Existenz dieser Linien begrenzt also die Ausdehnung der chaotischen Bereiche. Sie sind darum ein wichtiges Element der Ordnung oder Stabilität. Die drei Mathematiker Andrej N. Kolmogorov, Vladimir I. Arnold und Jürgen K. Moser („KAM") konnten 1963 beweisen, daß in der Nähe sogenannter integrabler Spezialfälle glatter Systeme solche Linien existieren müssen. Man nennt sie darum KAM-Linien. Sie garantieren, daß der Übergang ins globale Chaos allmählich erfolgt; die KAM-Linien werden nach und nach zerstört – bis schließlich nur noch eine übrig bleibt.

Diese letzte KAM-Linie ist aber nicht irgendeine. In aller Regel ist ihre Windungszahl der goldene Schnitt! Und hierin liegt die Universalität des Szenarios. Um uns diese Behauptung ein wenig näherzubringen, schauen wir Abbildung 6 an, die die KAM-Linie in einer Vergrößerung zeigt. Wir erkennen, daß die grüne Linie von einem System von Inselketten umsäumt ist. Unter ihr liegt, in das purpurfarbene Chaos eingebettet, eine Zweier-Kette. Die Zentren der beiden Inseln folgen in der Dynamik aufeinander, das heißt, bei einer vollen Umdrehung des Winkels φ_1 (im Uhrzeigersinn) hat sich der Winkel φ_2 zweimal (gegen den Uhrzeiger) gedreht. Wir sagen, die Windungszahl dieses Orbits ist 1:2. – Die nächst große Inselkette liegt oberhalb der KAM-Linie und hat drei Inseln. Die Zentren gehen, verfolgt man sie während der Bewegung, in der Reihenfolge mitte, links, rechts, mitte ineinander über, das heißt, auf eine volle φ_1-Runde kommen drei φ_2-Runden, die Windungszahl ist 1:3. – Es folgt, wieder unterhalb der Linie, eine Kette aus fünf Inseln, die in der Reihenfolge mitte, linksaußen, halbrechts, halblinks, rechtsaußen, mitte ineinander übergehen. Auf zwei φ_1-Runden kommen fünf φ_2-Runden, die Windungszahl ist 2:5. – Wir erkennen noch eine Kette aus acht Inseln, für die die Windungszahl 3:8 ist und müssen nun glauben, daß sich bei weiterer Vergrößerung (und ziemlich guter Rechnerleistung) Ketten aus 13, 21, 34, ... Inseln finden ließen, mit Windungszahlen 5:13, 8:21, 13:34, ... Das Bildungsgesetz ist offensichtlich: Die Anzahlen der Inseln folgen

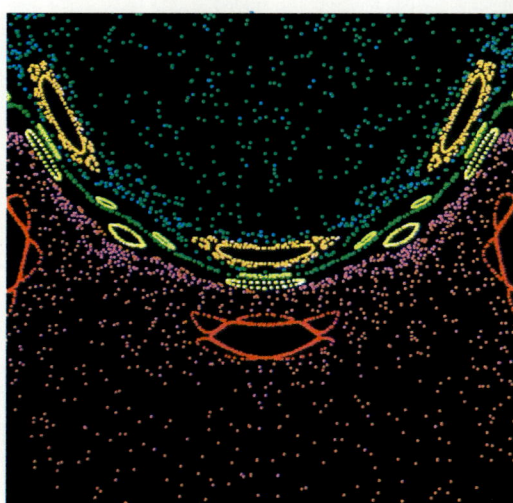

Abbildung 6
Ausschnittsvergrößerung von Abbildung 5 mit der Umgebung der goldenen KAM-Linie.
Die Linie ist flankiert von Inselketten, die, während sie sich ihr anschmiegen, immer zahlreichere und kleinere Inseln besitzen. Deren Anzahlen sind 2, 3, 5, 8, 13, ...

der Fibonacci-Reihe, die Anfang des 13. Jahrhunderts von Leonardo Pisano, genannt Fibonacci, aufgestellt wurde, als er die Vermehrung von Kaninchen diskutierte. Eine Fibonacci-Zahl ist immer die Summe ihrer beiden Vorgänger, wenn man mit 1 und 1 beginnt. Die Windungszahlen sind Quotienten aus Fibonacci-Zahlen. Die Nenner sind die Zahlen der Inseln, die man im Poincaréschnitt $\varphi_2 = 0$ beobachtet; die Zähler könnte man als die entsprechenden Zahlen von Inseln im Poincaréschnitt $\varphi_1 = 0$ beobachten. Wir müssen jetzt nur noch wissen, daß die Folge dieser Brüche aus Fibonacci-Zahlen auf den goldenen Schnitt zuläuft. Das aber ist eine zahlentheoretische Aussage, die man aus der Definition des goldenen Schnitts ableiten kann. Der goldene Schnitt ist die Zahl g, die eine Strecke so teilt, daß der kleinere Teil g sich zum größeren 1 – g so verhält, wie der größere 1 – g zum Ganzen 1:

$$\frac{g}{1-g} = \frac{1-g}{1} \Rightarrow g^2 - 3g + 1 = 0$$

$$\Rightarrow g = \frac{3 - \sqrt{5}}{2} = 0{,}38196\ldots$$

Diese Zahl charakterisiert also das Frequenzverhältnis der Rotationen des ersten und des zweiten Pendels auf der letzten KAM-Linie. Das ist eine beinahe unglaubliche Entdeckung. Wer hätte erwartet, daß diese besondere Zahl, die vor Zeiten in Architektur und Kunst intuitiv als „göttliche Proportion" verehrt wurde, auch in der Physik eine Rolle spielen könnte! Sie regiert das Szenario, das über den Zerfall der letzten KAM-Linie ins globale Chaos führt. Und wo ist hier das Fraktal am Rande des Chaos? Wir erkennen es in der Folge der Inselketten, die sich der KAM-Linie nähern. Man kann eine Serie von Ausschnittsvergrößerungen so anlegen, daß jeweils die übernächst kleinere Insel so aussieht wie die gerade betrachtete. Im Moment des Zerfalls der KAM-Linie läßt sich diese Serie ad infinitum fortsetzen; das Muster der

Inseln ist dann ein fraktaler und sogar selbstähnlicher Saum am Rande der beiden Chaosbereiche, die sich an der KAM-Linie begegnen. Sogar die Linie selbst ist in diesem Moment fraktal, denn die Inseln verlaufen nicht gerade, sondern in einer Art Zick-Zack. Das bleibt auch nach unendlichfacher Vergrößerung so. Woher wir das wissen? Sicher nicht aus Computerexperimenten, die man so weit nicht treiben kann. Es hat sich, nachdem John M. Greene dieses Szenario 1979 erstmals beschrieb, die Theorie dynamischer Systeme darauf gestürzt, um es zu durchleuchten. Mittlerweile kann man es als gut verstanden ansehen – und sich dennoch zutiefst darüber wundern.

Greene hatte Gleichungen analysiert, die man als ziemlich weitgehende Abstraktion von realen physikalischen Systemen bezeichnen muß. Es gab gute Gründe, diese Gleichungen für so typisch zu erklären, daß das Szenario den Charakter der Universalität haben mußte. Trotzdem waren wir überrascht – und natürlich froh – es in so reiner Form beim Doppelpendel wiederzufinden.

Denn nicht immer ist ein „universelles Szenario" ein gut beobachtbares Phänomen. Wir hätten den goldenen Schnitt liebend gerne auch in der Himmelsmechanik gefunden und ihn als Motiv identifiziert, das zur Stabilität unseres Sonnensystems beiträgt. Im nächsten Abschnitt wird davon noch die Rede sein. Leider bildet sich dort das globale Chaos nach einem anderen Szenario aus, und der goldene Schnitt spielt keine besondere Rolle.

Ähnlich ist es uns bisher mit dem *Szenario der Periodenverdopplung* ergangen, nach dem ein periodischer Orbit ins Chaos versinken kann. Dieses Szenario hatte sehr viel Faszination ausgestrahlt, als es Mitte der 70er Jahre zuerst für eindimensionale Abbildungen populär gemacht wurde. Heute ist es als Feigenbaum-Szenario bekannt, aber seine wesentlichen Züge hatte Anfang der 60er Jahre schon Edward N. Lorenz beschrieben. Mitchell Feigenbaum erfuhr davon etwa zur gleichen Zeit wie die Teilnehmer der erwähnten Aspen-Tagung von 1975. Sein Verdienst besteht darin, die Universalität nicht des Szenarios, sondern einiger darin verborgener Zahlen erkannt zu haben.

Das Szenario wurde am Beispiel der *logistischen Gleichung*

$$x \to x' = px(1 - x)$$

[p ist eine Zahl] tausendfach demonstriert. Es spielt sich folgendermaßen ab. Ein periodischer Orbit kann bei wachsendem Parameter p seine Stabilität dadurch verlieren, daß er bei einem bestimmten Wert p_1 hyperbolisch wird, zugleich aber einen stabilen periodischen Orbit der doppelten Periode abspaltet. Variiert man den Parameter weiter, so findet man in der Regel, daß bei einem Wert p_2 auch dieser Orbit instabil wird, dafür aber ein stabiler Orbit der vierfachen Periode erscheint. Das geht so weiter: bei p_n tritt jeweils ein neuer stabiler Orbit der 2^n-fachen Periode auf, während alle kürzer-periodischen Orbits instabil geworden sind. Bei p_∞ sind schließlich alle periodischen Orbits instabil. Man kann dann fragen, ob die Werte p_1, p_2, p_3, ... eine gewisse Regelmäßigkeit aufweisen. Der erste Teil der Antwort ist noch nicht allzu überraschend: man findet das Verhalten einer geometrischen Reihe, wonach der Abstand benachbarter Werte $p_{n+1} - p_n$ jeweils um denselben Faktor schrumpft (jedenfalls für hinreichend große, in der Praxis nicht allzu große, n):

$$\frac{p_n - p_{n-1}}{p_{n+1} - p_n} = \delta \; (n \to \infty)$$

Für die logistische Gleichung wurde die Zahl δ im Jahre 1977 von Siegfried Großmann und Stefan Thomae (Universität Marburg) bestimmt.

Der zweite Teil der Antwort aber ist frappierend und kam unerwartet. Er ist Feigenbaums Entdeckung und hat ihn zu Recht berühmt gemacht: Die Zahl δ erweist sich als unabhängig vom konkreten System! Sie ist für die logistische Gleichung ebenso wie für andere, bei denen dieses Szenario überhaupt auftritt,

$$\delta = 4.669\,201\,...$$

Das fraktale Objekt, das durch diese Zahl charakterisiert wird, ist der im Spaß häufig so genannte Feigenbaum. Am Punkt p_∞ des Übergangs zum Chaos kann man längs der p-Achse Vergrößerungen um jeweils den Faktor δ vornehmen und findet wieder denselben Baum – vorausgesetzt, man „renormiert" auch noch in der x-Richtung um den richtigen universellen Faktor $\alpha = -2.502\,907$.... Als Feigenbaum diese Selbstähnlichkeit im Jahre 1978 beschrieb und erklärte, benutzte er Ideen und Terminologie aus der Theorie der Phasenübergänge. Dieser Theorie war von Anfang an geläufig, daß die erklärte „Universalität" ihre recht engen Grenzen hat. Vor allem ist sie hinsichtlich der Dimension der betrachteten Systeme eingeschränkt. Was für eindimensionale Abbildungen gilt, hat zwar in zwei Dimensionen seine Analogie, aber doch mit anderen „universellen" Zahlen.

So gibt es das Periodenverdopplungs-Szenario auch in zweidimensionalen Poincaré-Abbildungen, doch haben die Zahlen α und δ dort andere Werte:

$$\delta = 8.72109\,..., \quad \alpha = -4.019...\,.$$

Es ist erstaunlich genug, daß auch dies wieder unabhängig vom konkreten System gilt. Man muß andererseits feststellen, daß dieses Szenario in Bildern wie denen der Abbildung 4 keine beherrschende Rolle spielt. Der hohe Wert der Zahl δ bedeutet, daß die Parameter-Intervalle, in denen ein Orbit der Periode 2^n stabil ist, schon für n = 2 so klein sind, daß man sie bei normalem Durchscannen des Parameters nicht erwischt. Hinzu kommt, daß wegen des ebenfalls großen α die entsprechenden Inseln rasch so klein werden, daß man sie am Rande des Chaos nicht bemerkt. Man muß sehr viel numerischen Aufwand treiben, um das Periodenverdopplungs-Szenario in diesem Kontext überhaupt zu sehen. In keinem reibungsfreien mechanischen System ist es uns bisher als auffälliges Phänomen begegnet.

Deshalb werde ich es in diesem Beitrag nicht weiter diskutieren. Anders läge der Fall in Systemen mit Reibung jedweder Art. Dort zieht sich die Dynamik häufig auf einen sogenannten Attraktor zusammen, auf dem sie dann adäquat durch eindimensionale Abbildungen vom Typ der logistischen Gleichung beschrieben wird. Dann findet man das Szenario und die Feigenbaumzahlen 4.669 und – 2.502 sogar im realen Experiment – und ist jedesmal wieder erstaunt.

Die Stabilität des Sonnensystems

Poincaré entwickelte seine Gedanken zur Geometrie der Mechanik nicht ohne Anlaß. Der schwedische König hatte einen Preis ausgesetzt zur Klärung der Frage, ob unser Sonnensystem stabil sei. 200 Jahre waren seit dem Erscheinen von Newtons „Philosophiae Naturalis Principia Mathematica" vergangen, und noch immer hatten Mathematiker es nicht geschafft zu zeigen, daß Newtons Gleichungen den ewigen Zusammenhalt unseres Sonnensystems garantierten. Es war so einfach gewesen, aus diesen Gleichungen die Eigenschaften der Kepler-Ellipsen herzuleiten. Nachdem der fallende Apfel Newton auf die Idee des allgemeinen Gravitationsgesetzes gebracht hatte, demzufolge der Mond genauso an die Erde gebunden ist wie der Apfel, war die Deduktion der drei Keplerschen Gesetze nur noch eine Übungsaufgabe in der – immerhin neuen – Kunst des Integrierens. Das himmelsmechanische *Zweikörperproblem* ließ sich lösen, unmittelbar nachdem es mathematisch-physikalisch formuliert war.

Vor allem diese Leistung begründete den Ruhm des Newtonschen Werkes, das bis heute unter Physikern als wichtigstes Buch in der Geschichte ihrer Disziplin gilt. Genauere Beobachtung zeigte aber, daß unsere Planeten nicht einfachen Ellipsenbahnen folgen! Das wäre der Fall, wenn allein die Sonne ihre Bewegung regiere. In Wirklichkeit aber ziehen sie sich auch untereinander an, und vor allem der schwergewichtige Jupiter läßt seinen Einfluß spüren. Schon Newton machte sich daher Gedanken zum Problem der Bewegung eines Systems aus *drei* Himmelskörpern: zum Beispiel Sonne – Jupiter – Erde oder Sonne – Erde – Mond. Er konnte die Gleichungen formulieren, die ein solches System beschreiben; bis heute hat sich daran nichts geändert. Aber ihre Lösung fand er nicht. Er konnte sie nicht finden, denn Poincaré bewies, daß es eine allgemeine analytische Lösung nicht gibt. Er bewies außerdem, daß das Dreikörperproblem Bewegungen enthält, die wir heute chaotisch nennen würden. Damit fügte er dem Weltbild der Himmelsmechaniker schweren Schaden zu, denn sie waren sämtlich davon ausgegangen, daß sich die Stabilität des Sonnensystems beweisen lassen müsse. Ist nicht der Lauf der Gestirne seit ewigen Zeiten und für alle Zukunft das einzig Verläßliche in dieser Welt? Es sollte doch wohl nicht angehen, daß Planeten kollidieren oder einander aus dem Sonnensystem hinauskatapultieren! Und in der Regel läßt sich, was physikalisch zwingend erscheint, früher oder später mit mathematischer Strenge beweisen.

Leider war das hier anders. Die besten mathematischen Köpfe des 18. und 19. Jahrhunderts bissen sich an dem Problem die Zähne aus, aber alle vorgelegten „Beweise" der Stabilität erwiesen sich als nicht stichhaltig. Das Ärgernis wurde unerträglich, als der hochangesehene Mathematiker Dirichlet starb, kurz nachdem er seinem Kollegen Kronecker 1858 einen Beweis angekündigt hatte, der nie gefunden wurde. Als es auch in der Folgezeit nicht gelang, die entscheidenden Schlüsse zu ziehen, empfahl man dem schwedischen König, die Frage durch ein Preisausschreiben klären zu lassen.

Poincaré gewann 1890 den Preis, ohne den gewünschten Beweis geliefert zu haben. Seine „Méthodes Nouvelles de la Mécanique Céleste", also die „Neuen Methoden der Himmelsmechanik", die er bei dieser Gelegenheit entwickelte, beeindruckten die Preisrichter so sehr, daß sie ihm den Schönheitsfehler nachsahen, die gestellte Frage nicht beantwortet zu haben. Nur eine Teilantwort konnte er geben, und die war pessimistisch. Es dauerte bis 1963, ehe Kolmogorov, Arnold und Moser mit ihrem berühmten Stabilitätssatz wieder Optimismus verbreiteten.

Aber auch 300 Jahre nach Newton ist die prinzipielle Frage nicht geklärt, ob das System unserer neun Planeten langfristig stabil ist. Das beste, was wir dazu wissen, stammt von Computerexperimenten, die Jack Wisdom am Massachusetts Institute of Technology auf seiner Digital Orrery durchgeführt hat, einem speziell für die Himmelsmechanik konstruierten Rechner, in dem jeder Planet seinen eigenen Prozessor hat. Danach können wir uns im großen und ganzen auf Stabilität verlassen, wenngleich in Grenzen – natürlich – chaotische Elemente mitspielen. Vor allem Pluto bewegt sich auf lange Sicht unregelmäßig, aber doch nicht so sehr, daß wir um ihn als neunten Planeten fürchten müßten. Vorausgesetzt, es kommen aus dem Kosmos nicht andere Störungen hinzu …

Die Theorie des Chaos ist also eigentlich ein altes Geschäft. Sie hat ihren Ursprung im Versuch, die Ordnung der himmlischen Sphären zu ergründen, und ist Resultat der Erkenntnis, daß diese Ordnung nicht unmittelbar mit den Newtonschen Gleichungen gegeben ist. Wir sind nicht mehr so selbstbewußt wie Pierre Simon de Laplace, der seine Ideen zur Entstehung des Sonnensystems Napoléon vortragen durfte und dabei anmerkte, er brauche die Hypothese Gott nicht mehr. Ihm reichte der Dämon, der aus einmal gesetzten Anfangsbedingungen die Zukunft nach den Regeln der Mechanik mit Notwendigkeit entwickeln mußte. Heute hilft uns weder die Hypothese Gott, noch glauben wir an Laplaces Dämon. Nach wie vor sind Newtons Gleichungen Ausgangspunkt der Überlegungen zur Stabilität des Sonnensystems. (Auf Zeitskalen, die den Lebenszyklus der Sonne betreffen, kommen allerdings andere Gesetze hinzu.) Sie zeigen uns, welche Bewegungen der Planeten möglich sind, wenn Anfangsbedingungen entsprechend gesetzt werden. Wie aber die Natur mit diesem Material dann spielt, ob sie chaotisches oder regelmäßiges Verhalten bevorzugt, ist eine Frage, die eher in den Zuständigkeitsbereich Darwinschen Denkens fällt und je nach Situation neu beurteilt werden muß. Wir wollen uns das am Beispiel des sogenannten eingeschränkten Dreikörperproblems klarmachen, das in der Entwicklung der Chaostheorie die mit Abstand wichtigste Rolle gespielt hat.

Auch Poincarés Arbeit handelt davon. Es nimmt an, daß zwei große Himmelskörper, sagen wir Sonne und Jupiter, sich nach Keplerscher Art bewegen; der Einfachheit halber sollen ihre Ellipsen zu Kreisen entartet sein, auf denen sie um den gemeinsamen Schwerpunkt laufen. Ein dritter, kleinerer Körper, sagen wir ein Planet, bewege sich unter dem Einfluß der beiden, ohne sie mit seiner kleinen Masse seinerseits zu beeinflussen. Alle Bewegungen sollen in derselben Ebene stattfinden.

Die Sonne soll der größere, Jupiter der kleinere der beiden Hauptkörper sein. Es stellt sich heraus, daß die Bewegung des Planeten ganz wesentlich davon abhängt, welchen relativen Anteil μ Jupiter an der Gesamtmasse hat. Wir wollen mit dem System insofern spielen, als wir diese relative Masse veränderbar sein lassen. Im Grenzfall $\mu = 0$ verschwindet Jupiter's störender Einfluß und der Planet bewegt sich allein im Feld der Sonne. Seine Bahnen sind dann Kepler-Ellipsen; die Bewegung ist integrabel und einfach. Uns interessiert, wie sich das ändert, wenn Jupiters Masse nach und nach größer wird. Der wahre Jupiter hat relativ zur Sonne eine Masse von etwa $\mu = 0.001$, aber auch größere Massen sind interessant, zumal die meisten Sterne in Doppel- oder Mehrfach-Sternsystemen vorkommen. Noch kennen wir kein Planetensystem außer unserem eigenen; die moderne Teleskoptechnik dürfte aber bald in der Lage sein, die Umgebung benachbarter Sterne zu erforschen. Wir müssen dann wissen, was von größeren μ zu erwarten ist. Die erste Überlegung gilt dem geeigneten Bezugssystem.

Am besten betrachtet man die Bewegung vom Standpunkt eines Beobachters, der mit Sonne und Jupiter zusammen rotiert, so daß diese beiden Himmelskörper zu ruhen scheinen. Die Zentren der Anziehungskraft liegen dann fest, und man kann sich auf die Bewegung des Testkörpers konzentrieren. Allerdings ist bei der Interpretation seiner Bahn zu bedenken, daß die „wahre" Bahn noch die zusätzliche Rotation mit der Periode des Jupiter enthält. Das kann durchaus verwirrend sein. Eine Bahn, die im raumfesten System eine Kepler-Ellipse ist (wie im Grenzfall μ = 0), siehe Abbildung 7a, wird im rotierenden System komplizierter aussehen. Steht ihre Periode zu der des Jupiter in einem rationalen Verhältnis n:m, dann wird die Bahn nach m ihrer Perioden (oder n Jupiter-Perioden) sich schließen, wie in Abbildung 7b. Eine Resonanz dieser Art besteht übrigens zwischen dem wahren Jupiter und Saturn, deren Perioden im Verhältnis 2:5 stehen: 5 Jupiterjahre sind so lang wie 2 Saturnjahre (etwa 59 Erdjahre). Ein Betrachter, der sich mit Saturn bewegt, wird Jupiter ähnlich wie im linken Teil der Abbildung 7b erleben, nur daß wegen der geringeren Exzentrizität von 0.048 die Rosettenblätter nicht so ausgeprägt sind. Bei hoher Exzentrizität der Bahn des Planeten ist dieser in seinen sonnenfernen Abschnitten langsamer als Jupiter, so daß er im mitrotierenden System Schleifen rückläufiger Bewegung vollführt. Bei irrationalem Verhältnis der Perioden von Planet und Jupiter wird sich die Bahn im mitrotierenden Bezugssystem nie schließen.

Sie sieht dann wie in Abbildung 7c aus, je nach Exzentrizität mit rückläufigen Abschnitten oder ohne. Solange die Masse des Jupiter μ = 0 ist, berühren die Blätter der Rosetten – im periodischen wie im quasiperiodischen Fall – jedesmal dieselben inneren und äußeren Kreise. Man nennt die sonnennächsten und sonnenfernsten Punkte einer Kepler-Ellipse Perihel bzw. Aphel, und deren

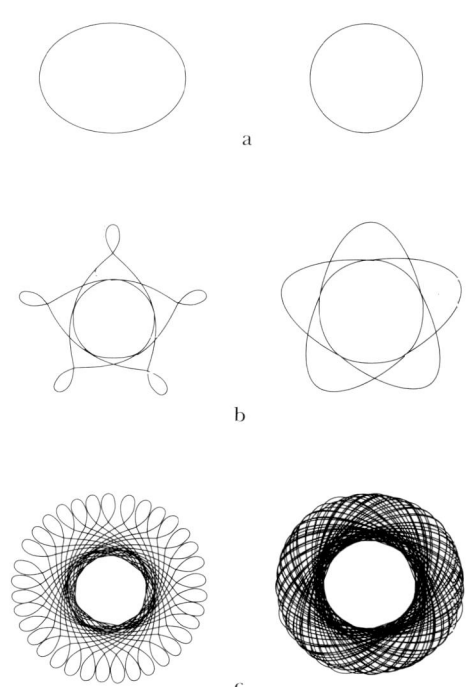

Abbildung 7
Keplerellipsen in einem raumfesten Bezugssystem (a) und von einem rotierenden Bezugssystem aus beobachtet (b,c). Die Exzentrizität ist links 0.3, rechts 0.6. b: 2:5-Resonanz – fünf Perioden des Planeten sind gerade so lang wie zwei Perioden des Jupiter. Bei geringer Exzentrizität (links) ist der innen laufende Planet stets schneller als Jupiter, während er bei größerer Exzentrizität (rechts) in seinen sonnenfernen Abschnitten langsamer als Jupiter und daher aus dessen Sicht rückläufig ist. c: Irrationales Verhältnis der Perioden von Planet und Jupiter. Das Bild zeigt jeweils 34 Perioden des Planeten. Als Periodenverhältnis wurde der goldene Schnitt g = 0.381 96... gewählt. Die Verteilung der Rosettenblätter ist dann besonders gleichförmig.

Abstand von der Sonne hat natürlich im ungestörten System immer den gleichen Wert. Wir fragen nun, wie ein Jupiter mit nicht verschwindender Masse die Rosetten beeinflußt.

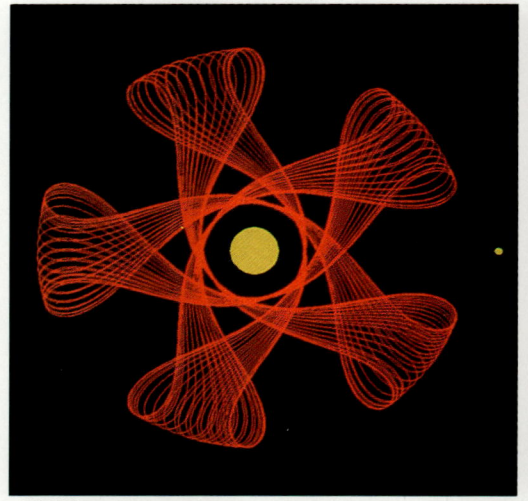

Abbildung 8

Gestörte Rosettenbahnen. Links: quasiperiodische Libration um eine stabile periodische Bahn mit Periodenverhältnis 2:5. Rechts: schwach chaotische Bewegung in der Nähe einer instabilen periodischen Bahn mit demselben Periodenverhältnis. Der Unterschied in der Stabilität der beiden peri- *odischen Bahnen rührt daher, daß links das Aphel von Jupiter wegweist, während es ihm rechts so nahe wie möglich kommt. – Der große gelbe Punkt markiert die Position der Sonne, der kleine die des Jupiter.*

Poincaré analysierte dieses Problem für periodische Bahnen wie die der Abbildung 7b. Er fand, daß ihre Periodizität im allgemeinen zerstört wird. Nur wenn entweder Perihel oder Aphel genau auf Jupiter gerichtet sind, bleibt die Bahn als periodische Bahn erhalten, im ersten Fall als *stabile*, im zweiten als *instabile*. In allen anderen Fällen werden Perihel und Aphel instationär und wandern entweder quasiperiodisch oder chaotisch um die Lagen der periodischen Orbits herum.

Abbildung 8 zeigt dafür zwei charakteristische Beispiele. Im linken Teil ist das Pendeln um eine stabile Bahn dargestellt; Astronomen sprechen in solch einem Fall von Libration. Bei diesem Typ der Bewegung vermeidet der Planet nahe Begegnungen mit Jupiter und entgeht so dessen chaosträchtigem Einfluß. Im rechten Teil dagegen starten wir in der Nähe der instabilen periodischen Bahn, die mit ihrem Aphel auf Jupiter weist. Dort ist die Störung der Kepler-

natur besonders stark und die Aphelwanderung wird zunächst beschleunigt. Sie verlangsamt sich erst, wenn das Aphel erneut in Jupiters Nähe ist. Und nun hängt es von Details der Anfangsbedingung ab, ob die nächste Aphelbewegung in gleicher oder in entgegengesetzter Richtung erfolgt wie die erste. Eben darin liegt der chaotische Charakter dieser Bahn, das heißt ihre langfristige Unvorhersagbarkeit.

Um einen Überblick über das Zusammenspiel von regelmäßigem und chaotischem Verhalten zu gewinnen, wenden wir jetzt zum dritten Mal Poincarés Technik an und entledigen uns überflüssiger Details. Als Schnittbedingung vereinbaren wir, nur Perihel- und Aphel-Durchgänge zu betrachten, und diese nur dann, wenn sie rechtläufig, also entgegen dem Uhrzeigersinn durchlaufen werden. (Die rückläufigen Durchgänge müßten der Vollständigkeit halber gesondert betrachtet werden, aber sie erweisen sich als relativ uninteressant.) Von den Rosetten der Abbildung 7b

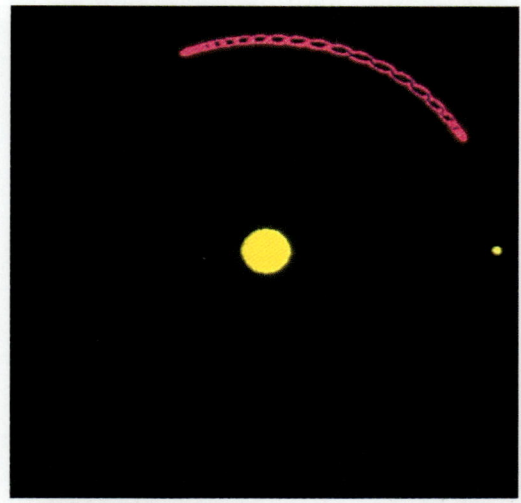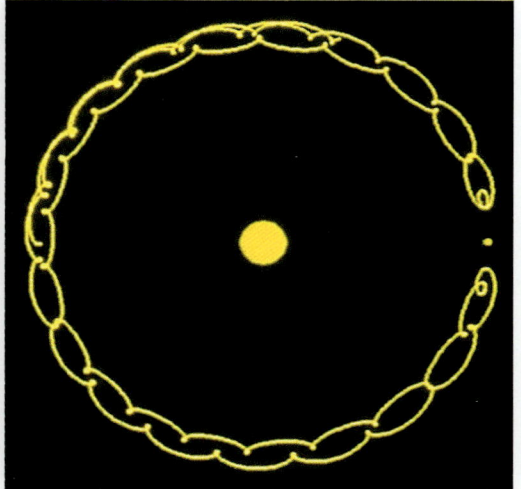

Abbildung 9

Trojanerbahn im mitrotierenden System. Plane-
ten, die sich ungefähr im Jupiterabstand von der
Sonne befinden, vollführen eigenartige Bewegun-
gen. Links: Trojaner oszillieren auf langge-
streckten Bahnen um die Lagrange-Positionen, die
mit Sonne und Jupiter ein gleichseitiges Dreieck

bilden. Rechts: Chaotische Partner der Trojaner
starten dem Jupiter gegenüber und umfahren die
Trojanerposition weiträumig. Nach Rückkehr zur
Ausgangsposition haben sie jedesmal die „Wahl",
ob sie die Achilles- oder die Patroklos-Gruppe um-
fahren wollen.

bleiben dabei lediglich einige Punkte übrig: im
linken Teil je fünf Punkte auf innerem und
äußerem Kreis, im rechten nur die fünf inneren, da die Aphel-Durchgänge rückläufig
sind. Von den Bahnen in Abbildung 7c bleiben Kreise übrig: Perihel- und Aphel-Kreis im
Fall der kleinen Exzentrizität, und nur der Pe-
rihel-Kreis im Fall der Schleifenbahnen. Der
so geschaffene Platz erlaubt es, im selben Bild
noch weitere Orbits mit anderen Exzentrizitä-
ten unterzubringen.

Ähnlich wie beim Doppelpendel hängt die
Dynamik dieses Dreikörperproblems stark
von der Energie des Systems ab. In einem
Bild können immer nur Orbits mit derselben
Energie des Planeten nebeneinander gezeigt
werden; der Gesamtüberblick erfordert
dann Bilder zu verschiedenen Energien und
verschiedenen Massen μ des Jupiter. Da es
uns hier aber vor allem auf den Einfluß des
Jupiter ankommt, beschränken wir uns auf
jeweils eine typische Energie, nämlich die der
Trojaner-Positionen.

Die Trojaner sind eine besondere Klasse
von Asteroiden, die schon im 18. Jahrhundert von Lagrange diskutiert wurden, die
man aber erst in diesem Jahrhundert fand
(1906). Sie rotieren mit der gleichen Periode
um die Sonne wie Jupiter, haben von ihr daher auch denselben Abstand. Erstaunlicherweise bildet ihre Position mit der von Sonne
und Jupiter ein gleichseitiges Dreieck, egal,
welche Masse Jupiter besitzt. Sie laufen Jupiter also um 60° voraus oder 60° hinter ihm
her. Nachdem die ersten beiden Asteroiden
dieser Art Achilles und Hector genannt wurden, erhielten auch die anderen Namen von
Helden der Ilias. Inzwischen kennt man in
der dem Jupiter vorauslaufenden „Achilles-
Gruppe" etwa 700, in der nachlaufenden
„Patroklos-Gruppe" halb so viele Kleinplane-
ten. Sie sitzen nicht genau an den Lagrange-
Positionen, sondern folgen eigenartigen lang-
gestreckten Bahnen, die sich um diese Positionen herumwinden. Die Abbildung 9 zeigt ein
Beispiel aus unserem eingeschränkten Drei-

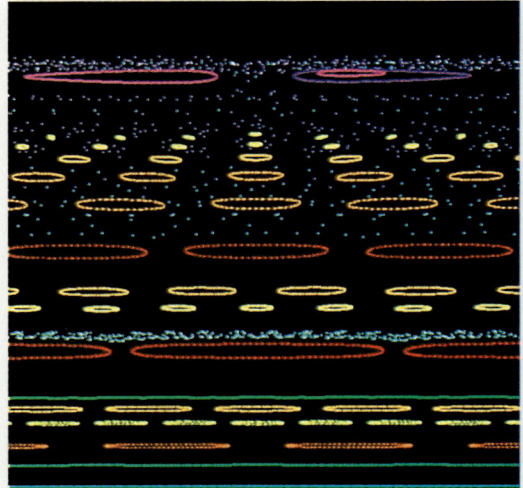 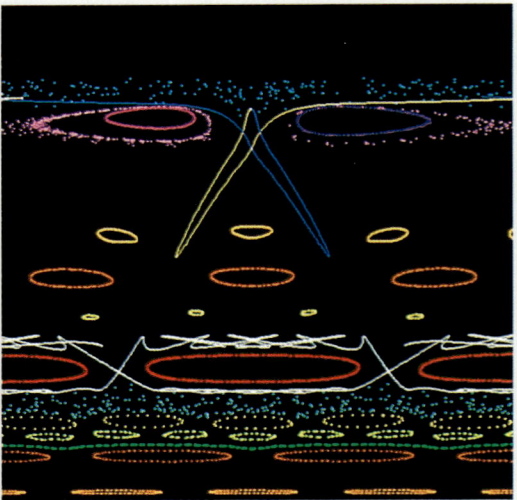

Abbildung 10
Poincaréschnitt des eingeschränkten Dreikörper-
problems für μ = 0.0001 und die Energie der Tro-
janerpositionen. Es werden rechtläufige Perihel-
und Aphel-Durchgänge eingetragen. Ordinate:
Abstand von der Sonne; Abszisse: Winkel zur
Richtung Sonne – Jupiter.

Abbildung 11
Poincaréschnitt wie in Abbildung 10, allerdings
für μ = 0.001. Sowohl das Chaos als auch die auf-
fälligeren Resonanzen haben sich auf Kosten der
feineren Strukturen ausgedehnt. Die eingetra-
genen Linien (weiß, gelb und blau) geben einen
Eindruck von der Stärke des Chaos.

körperproblem mit μ = 0.0001, dazu einen chaotischen Partner, der dem Jupiter gegen-über startet und sich um beide Trojaner-Gruppen herumschlängelt.

Die Stabilität der Trojanerbahnen ist ein klassisches Problem der Himmelsmechanik. Man wußte seit langem, daß sie instabil sein müssen, wenn die Jupitermasse größer als 0.038 52... Sonnenmassen ist. Die Stabilität der Trojaner für kleinere μ ließ sich aber erst beweisen, nach-dem das Kolmogorov-Ar-nold-Moser-Theorem gefunden war! Und selbst dann blieben noch zwei Fälle unge-klärt, in denen das Theorem nicht anwend-bar ist: die Massen μ = 0.013 52 und μ = 0.024 29. Die Poincaréschnitte, die wir nun be-trachten wollen, werden zeigen, daß diese Schwierigkeiten etwas mit Chaos zu ha-ben.

Abbildung 10 gibt einen Überblick für den Fall eines relativ kleinen Jupiter mit μ = 0.0001. Das Bild notiert für etwa 20 ver-schiedene Bahnen jeweils 300 aufeinander-

folgende rechtläufige Perihel- bzw. Aphel-Durchgänge. Im Unterschied zur Abbildung 7 ist hier der Abstand von der Sonne nach oben und horizontal der Winkel zur Rich-tung Sonne – Jupiter aufgetragen. Kreise um die Sonne sind also jetzt als horizontale Li-nien dargestellt. Jupiter selbst liegt in der Mitte oben, zwischen den beiden mandel-förmigen Orbits, die die Trojaner-Positionen umfahren. Der untere Teil des Bildes liegt in Sonnennähe.

Als ich zusammen mit Hans-Joachim Scholz begann, solche Serien zu erstellen, standen wir unter dem Eindruck des Szena-rios mit dem goldenen Schnitt, das wir beim Doppelpendel gefunden hatten. Wir waren zunächst enttäuscht, es hier nicht in ähnli-cher Schönheit wiederzufinden, weil das Chaos hier so ungleichgewichtig von einer Seite her kommt. Dann aber fiel uns etwas auf, was uns schließlich tief befriedigte: daß nämlich diese Bilder der Intuition des Johannes Kepler recht zu geben scheinen, dieses Zeitgenossen von Galilei, der sein Hauptwerk „Harmonices Mundi" zur Frankfurter Buchmesse trug, als niemand es lesen wollte oder konnte – im Jahre 1619. Der Dreißigjährige Krieg hatte eben begonnen.

Kepler war nie in erster Linie am sogenannten „Kepler-Problem" interessiert, das Newton so elegant löste. (Die Bezeichnung „Kepler-Problem" stammt aus späterer Zeit; Newton selbst hat Kepler überhaupt nicht erwähnt.) Er wollte den damals bekannten Kosmos als Ganzes verstehen und suchte nach Argumenten, die den Schöpfer bewogen haben könnten, sechs Planeten so und nicht anders ins All zu setzen.

Er analysierte die vorhandenen Daten nach allen erdenklichen Gesichtspunkten und kam schließlich zu der Einsicht, die Ordnung liege in den „harmonischen Proportionen" der Planetengeschwindigkeiten in ihren Perihel- und Aphelpositionen. Er drückte das zugleich in der Sprache der Geometrie und der Musik aus, und vor allem die musikalische Analogie überzeugte ihn. Er fand Oktaven, Quinten, Quarten, ja sogar Dur- und Moll-Dreiklänge, wenn nur die Planeten in der richtigen Anordnung standen.

Dafür wurde er bis in die jüngste Zeit verlacht. Man erklärte seine „Spekulationen" für endgültig widerlegt, als zu den sechs klassischen Planeten weitere hinzukamen. Vor allem war die Natur seiner Fragen der Newtonschen Physik fremd, wie sie auch vorher schon Galilei kalt gelassen hatte. Für Newton sind Anfangsbedingungen etwas der Theorie Äußerliches. Sie werden willkürlich gesetzt und nicht hinterfragt.

In der Tradition von Poincaré und Kolmogorov-Arnold-Moser hat sich das nun geändert. Wir erkennen, daß innerhalb der Newtonschen Mechanik Strukturen existieren, die man ohne weiteres „harmonische Proportionen" nennen kann: stabile Bereiche um resonante Bewegungen herum. Daneben gibt es chaotische Bereiche, die sich aus instabilen Resonanzen entwickeln. Zwischen ihnen herrscht ein Antagonismus, mit dem die Evolution spielen kann. Wenn aus Gründen, die außerhalb der Mechanik liegen mögen, irrationale Verhältnisse günstig sind, dann steuert der geschichtliche Ablauf auf den goldenen Schnitt zu. Ist es dagegen von Vorteil fürs Überleben, wenn sich rationale Proportionen ausbilden, dann stellt die Mechanik dafür stabile Oktaven, Quinten, Quarten bereit. Soweit das eingeschränkte Dreikörperproblem überhaupt zum Verständnis der Struktur unseres Sonnensystems beitragen kann, ist das Auftreten von „Harmonien" unter den Planeten nur allzu plausibel.

In Wirklichkeit haben wir es allerdings mit Sonne und *neun* Planeten zu tun. Es gibt bislang wenig gesichertes Wissen über das prinzipielle Verhalten eines derart komplexen Systems. Soweit ich sehe, gibt es auch keinen Poincaré, der in dieser Hinsicht schon mathematische Vorarbeit geleistet hätte, von der man seine Computerstudien lenken lassen könnte. In Zukunft werden wir uns stärker auf Erfahrungen stützen müssen, die aus dem „Experiment" am Rechnerbildschirm resultieren. Es tut gut, dabei auf Gleichklang der Ideen mit den alten Meistern zu stoßen.

Schlußbemerkungen

Chaos hat Konjunktur: in der Physik vor allem, aber auch in Mathematik, Chemie, Biologie und weit darüber hinaus in vielen anderen Bereichen. Das entspricht dem Zeitgeist, der sprachlos erlebt, wie Ordnungen zerbrechen, Prognosen über den Haufen geworfen werden. Da kommt der *Schmetterling* gerade recht als Retter in der theoretischen Not und ändert mit seinem Flügelschlag in der Karibik das Wetter in Europa.

Die Metapher ist hübsch, von Edward Lorenz virtuos ausgedacht, um die empfindliche Abhängigkeit von Anfangsbedingungen zu illustrieren. Doch sie gefällt mir immer weniger, je öfter ich von ihr reden höre. Kein Mensch hat je den Schmetterling gesehen, der das vermocht hätte, und niemand sollte sich auf ihn berufen. Als Wissenschaftler haben wir die Aufgabe, Erklärungsmuster zu entwerfen, aber der Schmetterling erklärt nichts.

Es gibt Prozesse, bei denen anfangs benachbarte Situationen exponentiell divergieren und später irgendwie wieder zusammengefaltet werden. Die Chaostheorie handelt von solchen Prozessen. Der einfachste Prozeß dieser Art operiert auf der Menge der Zahlen zwischen 0 und 1; er multipliziert sie mit 10 und streicht jedesmal die Ziffer vor dem Komma weg. In der Dezimalzahl-Darstellung bedeutet das nichts anderes als das sukzessive Verschieben des Kommas nach rechts, unter Weglassen dessen, was links vom Komma steht. Es ist trivial, daß man sein Resultat nur so lange vorhersagen kann, wie der Vorrat der anfangs gegebenen Nachkommastellen reicht. Danach sind alle Resultate gleich *wahrscheinlich*.

Das Kneten von Backteig ist ein Prozeß mit ähnlichen Eigenschaften. Die Lage der Moleküle des Teigs interessiert uns – von Anfang bis Ende – nur bis zu einer gewissen Genauigkeit. Das Kneten hört auf, *deterministisch* zu sein, wenn diese Genauigkeit für seine Beschreibung nicht mehr ausreicht. Auf natürliche Weise erfordert jeder solche Prozeß an der Grenze der vorgegebenen Genauigkeit den Übergang zu einer probabilistischen Beschreibung. Das *deterministische Chaos* ist insofern ein Konstrukt mit begrenzter Relevanz. Von Anfang an haben einige Chaostheoretiker darauf hingewiesen, allen voran Siegfried Großmann (Universität Marburg) und Peter Grassberger (Universität Wuppertal).

Unter diesem Gesichtspunkt verschwindet der Schmetterling für alle praktischen Zwecke. Wenn die meisten Chaostheoretiker diesen Aspekt ignoriert haben, so kann das nur mit dem Prinzip gerechtfertigt werden, zunächst einmal den idealisierten Grenzfall verstehen zu wollen. Dagegen ist nichts einzuwenden, zumal wenn so viel Neues zu entdecken ist, wie das hier der Fall war. An drei Beispielen aus der klassischen Mechanik ohne Reibung habe ich die Natur der Neuigkeiten zu beschreiben versucht. Sie faszinieren vor allem dadurch, daß sie im Wechselspiel von chaotischem und regelmäßigem Verhalten Ordnungsprinzipien aufdekken, mit denen man vorher nicht gerechnet hat. Und mit Sicherheit liegt noch vieles uns verborgen. Bislang haben wir fast ausschließlich Systeme mit „zwei Freiheitsgraden" untersucht, die man auf einem zweidimensionalen Bildschirm anschaulich darstellen kann. Über drei und mehr Freiheitsgrade wissen wir herzlich wenig. Insofern kann man das Doppelpendel als verstanden, das Dreifachpendel aber, das den deutschen Pavillon auf der Expo 92 in Sevilla zierte, als eine Herausforderung an die Zukunft bezeichnen, vor der wir noch ziemlich ratlos sind. Keplers Problem, das *ganze* Sonnensystem „zu verstehen", wird uns noch eine Weile beschäftigen.

Ich habe mich auf mechanische Systeme ohne Reibung beschränkt, weil mir hier das Zusammenspiel von klassischer Mathematik und Computerexperiment besonders reizvoll und ergiebig vorkommt. Natürlich gibt es Chaos auch in Systemen mit Reibung. Es gibt Chaos in der Quantenmechanik, in der Elektrodynamik und selbstverständlich in der Kosmologie. Eigentlich ist damit nur gesagt, daß die Welt etwas komplizierter ist, als Physiker in der Vergangenheit oft geglaubt haben und andere glauben gemacht haben. Wenn diese Erkenntnis mit Hilfe der Chaostheorie Platz greift, ist das in Ordnung. Aber es wäre ebenso fatal, das Chaos der Physiker als ein Argument für die Nichtintelligibilität der Welt zu nehmen (und damit ins Mittelalter zurückzufallen), wie andererseits die übertriebene Erwartung zu hegen, die Chaostheorie könne die Probleme einer aus den Fugen geratenen Welt lösen. Das kann sie nicht.

Folgende Seite:
Dendriten wachsen an Kupfer-Elektroden: Vom elektrischen Strom
transportiert, lagern sich Kupferionen zu selbstähnlichen Gebilden an,
die sich – wie Fraktale – immer wieder verästeln.

Christoph Drösser

FRAKTALE –
EINE MATHEMATIK
KOMPLEXER STRUKTUREN

Es muß irgendwann um das Jahr 1983 gewesen sein, in einem der letzten Semester meines Mathematikstudiums an der Bonner Universität. Als „reiner" Mathematiker beschäftigte ich mich damals mit algebraischen Strukturen, meine Werkzeuge waren die althergebrachten: Bleistift und Papier. Die Pflichtvorlesungen in Praktischer Mathematik hatte ich eher widerwillig absolviert.

Da verschlug es mich in eine Gastvorlesung des Bremer Professors Heinz-Otto Peitgen. Im Titel des Vortrags war von „dynamischen Systemen" und „chaotischen Strukturen" die Rede. Peitgen begann seinen Vortrag am Overhead-Projektor, indem er einige einfache Beispiele für eine „iterierte" Gleichung auf seine Folie schrieb – also eine Rechenvorschrift, die wiederholt auf ihr eigenes Ergebnis angewendet wird. So etwas war mir nichts Neues, iterative Verfahren werden schon seit Newton zur Lösung analytischer Probleme eingesetzt.

Schließlich kam der Bremer Forscher auch auf die Gleichung $f(z) = z^2 + c$ zu sprechen, von der später noch die Rede sein wird. Peitgen stellte dem Fachpublikum die Frage „nach der Menge derjenigen komplexen Zahlen, für die die Zahlenfolge, die bei der Iteration entsteht, für einen festen Wert der Zahl c beschränkt sei", also eine bestimmte Schranke nicht übersteigt. Für Fachleute eine relativ simple Frage.

Entsprechend gelassen sahen die Mathematiker in den Hörsaalreihen der Antwort entgegen. Was sollte schon groß passieren: Die so ausgewählte Zahlenmenge könnte innerhalb eines Kreises liegen, oder in einer Ellipse – solche Fälle waren üblich und bekannt.

Jedoch: Anstelle einer Antwort gab Peitgen einem Assistenten einen Wink, den Diaprojektor einzuschalten. Das von einem Computer erzeugte Bild der sogenannten Juliamenge wurde an die Hörsaalwand projiziert. Statt einer sauberen Trennung der Fläche in ein schwarzes und ein weißes Gebiet, sah ich ein ornamentales Gebilde, ziseliert und ausgefranst, dessen Ränder nur zu erahnen waren.

Die folgenden Dias zeigten Ausschnittsvergrößerungen des schwarzweißen Grenzgebietes: Niemals tauchte ein glatter Rand auf, stattdessen wurden verschnörkelte Spiralarme sichtbar, aus denen weitere Spiralkörper entwuchsen. Die Verblüffung im Saal hatte nicht nur mich ergriffen: Dies war wohl die komplexeste Geometrie, die jeder der Anwesenden je „schwarz auf weiß" erblickt hatte. Und dies abgeleitet aus einer mathematischen Formel, die eher zum Schulstoff der Gymnasien zu gehören schien.

Im Rest seines Vortrags zeigte Peitgen noch weitere Beispiele zerfranster Muster, sogar einen Videofilm von „chaotischen Attraktoren" führte er vor, für einen Mathematiker gleichfalls höchst ungewöhnlich. Bei mir blieb das Gefühl haften, in den zurückliegenden Semestern vielleicht die falschen Kurse besucht zu haben – mit der damals eher typischen Verachtung, mit der „reine" Mathematiker Computer und ihre Zahlen bedachten.

Peitgens Rechner hatten keineswegs langweilige Zahlenkolonnen ausgespuckt. Vielmehr visualisierten sie mathematische Objekte auf eine Weise, die der Vorstellungskraft jedes Menschen überlegen war. Der Computer war seit damals zum Werkzeug geworden, mit dem Mathematiker spielen, ja – fast wie ein

Physiker – experimentieren konnten. In dieser „experimentellen Mathematik" prallten zwei Begriffe aufeinander wie Feuer und Wasser.

Hat die scheinbar profane Empire des Computerexperiments im reinen Gedankengebäude der Mathematik etwas verloren? Dieser Disput ist bis heute nicht beigelegt. Während die Mathematiker noch diskutierten, war der Siegeszug der Fraktale längst nicht mehr aufzuhalten. Mit den Mitteln der Computertechnik war eine neue Bildsprache entwickelt worden – eine neue Geometrie, die offenbar nicht nur an unser ästhetisches Empfinden appelliert, sondern auch vielen natürlichen Vorgängen angemessener ist als die traditionelle.

Die traditionelle Geometrie war zu dem Zweck erdacht worden, unsere Welt möglichst genau und einfach beschreiben zu können. Galileo Galilei formulierte das so: „Man kann das Universum nicht verstehen, ohne daß man zunächst lernt, die Sprache zu verstehen, in der es geschrieben ist. Es ist in der Sprache der Mathematik geschrieben, und seine Buchstaben sind Dreiecke, Kreise und andere geometrische Figuren, ohne die es menschenunmöglich ist, ein einziges Wort von ihm zu verstehen. Ohne sie wandelt man in einem dunklen Labyrinth."

Die Vertreter der fraktalen Mathematik glauben nun, einen neuen „Dialekt" zur Beschreibung der Natur gefunden zu haben – eine Sprache, die der sinnlichen Vielfalt und der Unregelmäßigkeit unserer Welt viel eher gerecht wird als die nüchternen, glatten Formen der klassischen Geometrie.

„Wolken sind keine Kugeln, Berge keine Kegel, Küstenlinien sind keine Kreise, Baumrinde ist nicht glatt, und ein Blitz verläuft nicht entlang gerader Linien" – dieser Satz des Mathematikers Benoit Mandelbrot beschreibt, wie unangemessen die Geometrie der Kreise und Dreiecke für viele Erscheinungen der Natur ist.

Plötzlich lassen sich Dinge, die bisher als „unregelmäßig" und daher „ungeometrisch" galten, mit einfachen mathematischen Mitteln beschreiben: die Verzweigungen und Verästelungen von Bäumen, das feine Netz der Adern in unserem Körper ebenso wie die Oberflächenstruktur des Katalysators im Auto. Materialwissenschaftlern gibt die „fraktale Dimension" der Bruchstelle eines Stahlträgers Aufschluß über die Qualität des Werkstoffs. Selbst die Verteilung der Löcher im Schweizer Käse läßt sich als Fraktal darstellen.

Chemiker und Physiker, Biologen und Ingenieure, ja sogar Wirtschaftswissenschaftler und Soziologen führen inzwischen den Begriff im Mund. Die wissenschaftlichen Kongresse über Anwendungen „fraktaler Methoden" sind kaum noch zu überschauen. Die Muster, die beim „Apfelmännchen" noch abstrakter Ausdruck einer simplen mathematischen Formel sind, treten uns in ähnlicher Form in der Natur entgegen. Immer mehr wird klar: Fraktale scheinen ein grundlegendes Muster der Natur zu

sein. Wieso das so ist, beginnen die Naturwissenschaftler erst allmählich zu verstehen.

Geometrie betreiben die Menschen seit Jahrtausenden – von Anfang an aus sehr handfesten Beweggründen. Alljährlich mußten die alten Ägypter ihr Land am Ufer des Nils neu vermessen, weil das Hochwasser die Felder mit fruchtbarem Schlamm überzog und alle alten Markierungen auslöschte. Dabei nutzten sie schon geometrische Maximen wie die, die uns heute in der Schule als „Satz des Pythagoras" eingebleut wird. Daß „die Summe der Kathetenquadrate im rechtwinkligen Dreieck gleich dem Hypothenusenquadrat" ist, formulierten die Ägypter in ihren Hieroglyphen wahrscheinlich ganz anders – aber für Praxis genügte ihnen ein Seil mit drei Abschnitten im Verhältnis 3:4:5, um einen rechten Winkel zu konstruieren und so das Land in exakt rechteckige Felder aufzuteilen. „Geometrie" bedeutet im Griechischen „Erdvermessung" – keine vergeistigte Angelegenheit also, sondern eine alltägliche Notwendigkeit.

Wer in der Schule mit dem schon erwähnten Pythagoras, dem „Satz des Thales" und Ähnlichem gequält worden ist, der kann die Bedeutung der Revolution wahrscheinlich kaum ermessen, die der Grieche Euklid um das Jahr 300 vor Christus mit seinem Buch „Die Elemente" auslöste: Es begründete die moderne Geometrie. Grundlegende Begriffe wie „Punkt", „Gerade", „Dreieck" wurden in ein

System von „Axiomen" und „Definitionen" gefaßt, aus denen die gesamte Geometrie logisch hergeleitet wurde. Fortan war mathematisch exakt, ein für allemal, beweisbar, daß die Winkelsumme im Dreieck 180 Grad beträgt – unabhängig davon, ob nun jemand bei einem Dreieck draußen auf der Wiese zufällig 179,5 oder 181 Grad mißt.

Seit Euklids bahnbrechenden Arbeiten sahen die Gelehrten die reale Welt als eine mehr oder weniger vollkommene Verkörperung der „reinen" geometrischen Struktur. Im Weltbild des Ptolemäus waren Sonne, Mond und Planeten an geometrisch vollkommenen Kristallsphären befestigt, die sich um die Erde drehten und durch ihre Reibung die „Sphärenmusik" erzeugten.

Selbst nachdem die Erde durch die kopernikanische Revolution aus dem Zentrum des wissenschaftlichen Weltbildes verdrängt worden war und die Sonne deren Platz eingenommen hatte, suchten die Astronomen noch nach der „göttlichen" geometrischen Harmonie am Himmel. „Also daß es einer auß meinen Gedancken ist, ob nicht die gantze Natur und alle himmlische Zierligkeit in der Geometria symbolisirt sey", schrieb Johannes Kepler im Jahre 1619.

Die Bahnen der damals erst bekannten sechs Planeten um die Sonne hielt man noch für simple Kreise. Kepler beschrieb Kugeln um diese Kreise und behauptete, daß sich zwischen diese Sphären fast exakt die fünf „platonischen Körper"

schachteln ließen: das Tetraeder – eine Pyramide mit dreieckiger Grundfläche –, der Würfel, das Oktaeder – das aus acht gleichseitigen Dreiecken besteht –, das Dodekaeder mit zwölf regelmäßigen Fünfecken und das Ikosaeder mit zwanzig Dreiecken. So verblüffend genau sich diese regelmäßigen Körper auch ins Himmelszelt fügten – Keplers Bemühen wurde allein schon dadurch überholt, daß wir inzwischen neun Planeten kennen, die Zahl der „regelmäßigen Polyeder im dreidimensionalen Raum" aber für ewige Zeiten auf fünf beschränkt ist.

Wir aufgeklärten Zeitgenossen des 20. Jahrhunderts mögen lächeln über diese Versuche, göttliche Harmonien in den Zahlenverhältnissen der Himmelsmechanik zu finden. Aber auch wir sind nicht ohne Vorurteile. Auch die meisten Mathematiker haben zumeist einen „Euklid im Kopf", der versucht, die Natur unseren Vorstellungen anzupassen.

Da ist insbesondere das „Diktat der geraden Linie": Alle euklidischen Formen sind im Prinzip „glatt". Vergrößert man eine Kugeloberfläche, so nähert sie sich mit zunehmendem Vergrößerungsmaß einer Ebene an. Deshalb glaubten die Menschen denn auch jahrtausendelang, auf einer Scheibe zu leben. Mit der Infinitesimalrechnung, die Leibniz und Newton im 17. Jahrhundert unabhängig voneinander entwickelten, konnte man zwar viel mehr Kurven und Flächen analysieren, aber immer noch galt: An fast jeder Stelle dieser Kurven kann man eine „Tangente" anlegen – das heißt nichts anderes, als daß man den Maßstab nur groß genug wählen muß, um sie durch eine Gerade annähern zu können. Es gibt Ausnahmen: etwa die Ecken eines Quadrats. Jeden Punkt, an dem zwei Geradenstücke aufeinanderstoßen, kann man vergrößern, soviel man will – es bleibt eine Ecke. Man ging aber stillschweigend davon aus, daß sich die Anzahl dieser „Ecken" irgendwie im Rahmen hielt.

Nun aber behaupten die Vertreter der fraktalen Geometrie: In der realen Welt sind die glatten Formen die Ausnahme. Ja, es gibt sogar Kurven, die an jeder Stelle einen Knick haben. Etwa die von Kochsche Schneeflockenkurve. Ihre Konstruktion ist ganz einfach: Man beginnt mit einem Dreieck. Dann wird jede Seite in drei gleiche Teile geteilt und das mittlere Stück durch ein dreieckiges „Hütchen" ersetzt. Genauso verfährt man

nun mit den zwölf entstandenen Abschnitten – „und so weiter": Auch wenn es praktisch unmöglich ist, so können wir uns doch in Gedanken vorstellen, diesen Prozeß unendlich oft zu wiederholen. Und was für ein Gebilde kommt dabei heraus?

Ein für unsere Vorstellungen ungewöhnliches jedenfalls: Nach unendlich vielen Schritten ist die Kurve unendlich lang, obwohl sie nie den Kreis um das ursprüngliche Dreieck verläßt! Wenn man einen Käfer auf eine der drei „Hauptecken" der Kurve setzte und er langsam, aber stetig loskrabbelte, so könnte er doch nie eine der anderen Ecken erreichen. Schlimmer noch: Selbst nach einer Million Jahren wird er noch nicht einen Millimeter „Luftlinie" von seinem Ausgangspunkt entfernt sein.

Die andere verblüffende Eigenschaft der Schneeflocke: Wenn man an einer beliebigen Stelle in die Kurve „hineinzoomt", würde bei keiner noch so starken Vergrößerung ein „glattes" Stück auftauchen. Der geometrische Grund: Die Kurve ist überall fein gezackt, genau gesagt an unendlich vielen Punkten – wir müssen folglich jede Stelle als einen „Knick" ansehen.

Um die Jahrhundertwende entdeckten Mathematiker wie Giuseppe Peano, Georg Cantor und Helge von Koch immer mehr solcher scheinbar paradoxen Gebilde: Kurven, die den ganzen Raum füllen, oder einen mathematischen „Staub" von unendlich vielen Punkten in der Ebene.

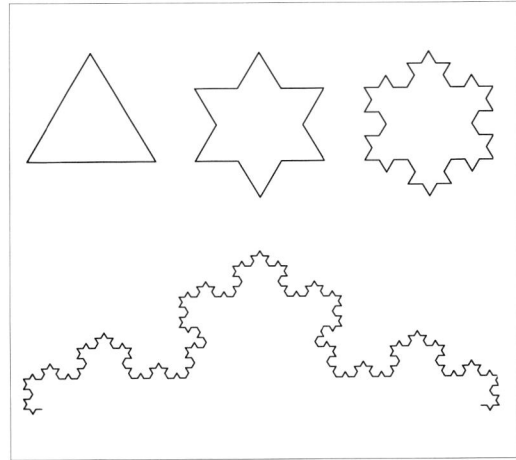

Kochsche Schneeflocke

„Eine Galerie von Monstern" nannte der Franzose Jules-Henri Poincaré diese Kuriosa, und sein englischer Kollege Charles Hermite wandte sich „in Furcht und Schrecken von dieser beklagenswerten Plage" ab. „Als sie diese Monster einmal entdeckt hatten, verbannten die Mathematiker die pathologischen Bestien, die meisten von keinem Auge je erblickt, in einen mathematischen Zoo", beschreibt der amerikanische Physiker Richard Voss die zeitgenössische Reaktion der Wissenschaft. Erst Jahrzehnte später sollten die angeblichen Bestien wieder aus ihrem Gefängnis befreit werden, von einem mathematischen Außenseiter, der sich bis dahin in allen möglichen Wissenschaften Verdienste erworben hatte – nur nicht in der Mathematik.

„Benoit Mandelbrot ist für die Fraktale Geometrie, was Einstein für die Relativitätstheorie war und Freud für die Psychoanalyse", so formuliert ein amerikanischer Journalist die Bedeutung des Mathematikers, der seinen Lebensweg ironisch selber gern als „fraktal" beschreibt: regellos, unstet und chaotisch. 1924 in Warschau als Sohn litauischer Juden geboren, mußte er sich schon als Kind daran gewöhnen, ständig im Aufbruch zu sein. Zweimal emigrierte seine Familie, zuerst nach Paris und dann weiter in den Süden Frankreichs. Nach dem Krieg begann er in Paris Mathematik zu studieren. Die Aufnahmeprüfung für die renommierte *École Normale Supérieure* und die gleichfalls berühmte *École Polytech-*

nique schaffte Mandelbrot, obwohl er relativ wenig über komplizierte mathematische Formeln wußte. Was ihm half, war sein Sinn für Formen: „Ich kannte eine Armee von Formen, denen ich irgendwann einmal in einem Buch oder bei einem Problem begegnet war, und an die ich mich für immer erinnerte. Für mich ist das wichtigste Denkwerkzeug das Auge. Es sieht Ähnlichkeiten, noch bevor eine Formel geschaffen worden ist, um sie zu identifizieren."

Mandelbrot begann als Außenseiter in der Mathematik, in der zu jener Zeit der Formalismus alles, die Intuition dagegen regelrecht verpönt war. In den fünfziger Jahren unternahm er eine Odyssee durch die unterschiedlichsten Wissenschaftsgebiete, zuerst in dem noch jungen Zweig Wirtschaftsmathematik.

Ihm war aufgefallen, daß die Preisschwankungen von Baumwolle über längere Zeiträume ein ähnliches Muster aufwiesen wie das scheinbar zufällige Auf und Ab auf dem Markt innerhalb eines Tages – also schrieb er wirtschaftswissenschaftliche Arbeiten. Für einen Computerhersteller untersuchte er danach unerklärliche Störungen bei der Datenübertragung in Telefonleitungen – und entdeckte ähnliche Gesetzmäßigkeiten wie bei den Baumwollpreisen.

Was andere nicht gesehen hatten – für Mandelbrots an Mustern geschärften Blick waren die gemeinsamen Muster offensichtlich. Muster, die bei sukzessiven Vergrößerungen immer wiederkehrten – eine Ei-

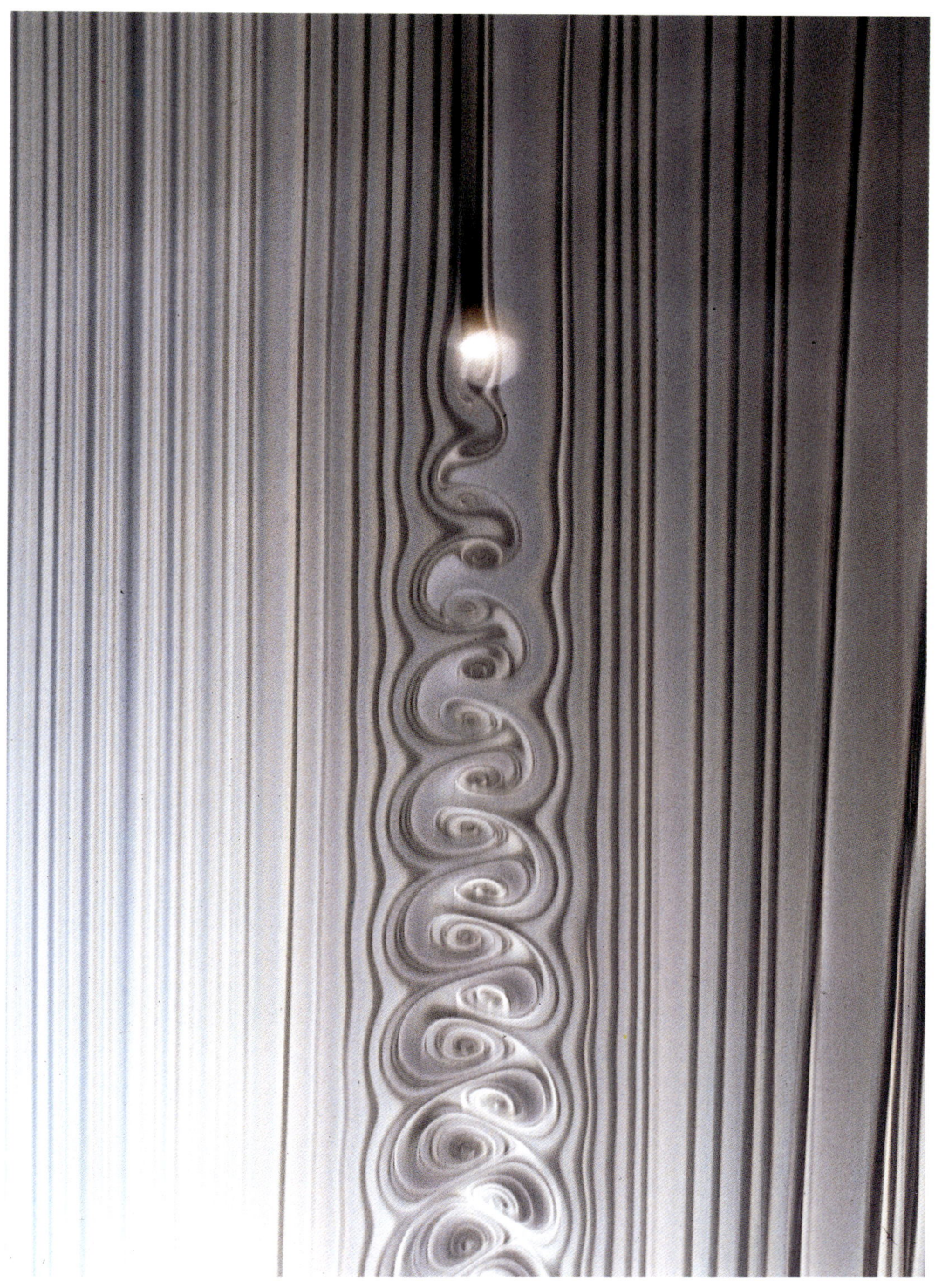

Hinter dem Stab erzeugt diese Rauchströmung eine geordnete „Wirbelstraße".
Erst bei höheren Geschwindigkeiten löst sie sich in chaotische Turbulenzen auf.

genschaft, die die Mathematiker „Selbstähnlichkeit" nennen: Immer wieder stieß Mandelbrot auf Gebilde, die „sich selbst ähnlich sehen", wenn man einen vergrößerten Ausschnitt betrachtet. Ein kleiner Birkenast sieht mit seinen Verzweigungen im Prinzip genauso aus wie ein ganzer Baum. Wolken sehen aus großer Entfernung genauso aus wie aus der Nähe – deshalb kann man im Düsenjet so schlecht die Flughöhe über den Wolken abschätzen.

„Wie lang ist die Küste von England?" war ein Artikel überschrieben, den Mandelbrot Jahre später, 1967, in der amerikanischen Wissenschaftszeitschrift „Science" veröffentlichte. Ein seltsamer Titel für eine wissenschaftliche Arbeit. Gewiß kann niemand eine solche Frage auf Anhieb beantworten. Aber dann schaut man halt im Lexikon nach, oder?

In einem Artikel des Engländers Lewis F. Richardson war Mandelbrot auf die Beobachtung gestoßen, daß die Angaben über die britische Küstenlänge erstaunlich differierten. So auch über die Länge der Grenze zwischen Portugal und Spanien: Die Spanier gaben 987 Kilometer an, die Portugiesen 1214 Kilometer.

Mandelbrots Erklärung für diese Diskrepanzen klang einigermaßen skurril: Es kommt auf den Maßstab an, mit dem man mißt. Die gemessene Länge werde um so größer, je feiner das Maß ist.

Nehmen wir an, wir messen die Länge der englischen Küste von einem Raumschiff aus, das sich auf einer Erdumlaufbahn befindet, mit einem imaginären Maßstab von 100 Kilometer Länge. Wir erhalten einen gewissen Wert, der aber sicherlich viel zu klein ist, denn durch das grobe Maß hat man alle größeren und kleineren Buchten „überschlagen". In einem ersten Verbesserungsschritt nehmen wir also als nächstes eine Landkarte von England und messen die Küste mit einem Zirkel ab, dessen Weite 10 Kilometern in der Natur entspricht. Der so errechnete Wert für die Küstenlänge wird natürlich größer sein als der aus dem Raumschiff errechnete. Als nächstes schließlich ziehen wir eine noch detailliertere topographische Karte mit einem kleinen Maßstab zu Rate. Aber selbst wenn wir die Mühe auf uns nehmen, die Küste zu Fuß abzulaufen und in Ein-Meter-Schritten zu vermessen, vernachlässigen wir vielleicht den Hafen, den ein kleiner Junge vor seiner Sandburg gebuddelt hat, und unser Wert ist immer noch kleiner, als wenn wir ein Zentimetermaß anlegen würden.

Mandelbrots Schluß: Dieser Prozeß läßt sich immer weiter fortführen, bis in die Welt der Atome. Die gemessene Länge wird dabei immer weiter wachsen – theoretisch bis ins Unendliche. Von einem eindeutigen endlichen Wert für die Länge der britischen Küste kann man also nicht sprechen. Eine erstaunliche Parallele zur von Kochschen Schneeflockenkurve!

Wenn nun aber die Länge einer Kurve gar nicht zu definieren ist, wie kann man dann ein von Länge und Maßstab unabhängiges Maß finden, das ihren gezackten Charakter beschreibt? Mandelbrot errechnete, daß zwar die gemessene Länge der Küste zunahm, je kürzer man die Maßeinheit wählt, daß diese Zunahme aber eine erstaunliche Regelmäßigkeit aufweist. Bei der Schneeflockenkurve gilt: Wenn die Maßeinheit auf ein Drittel verkürzt wird, wächst die gemessene Länge um ein Viertel. Bei stärker „verkrumpelten" Rändern ist diese Zunahme entsprechend größer.

Wie ließ sich diese Entdeckung auf einen Begriff bringen? Mandelbrot stieß auf den Begriff der „Hausdorff-Dimension", den der deutsche Mathematiker Felix Hausdorff schon 1919 entwickelt hatte – freilich für mathematische Gedankenkonstrukte, deren praktische Anwendung sich damals niemand vorstellen konnte.

„Normale" geometrische Formen haben ganzzahlige Dimensionen: Eine Linie ist eindimensional, ein Quadrat zweidimensional, und eine Kugel hat drei Dimensionen. Für „krause" Gebilde dagegen definierten die Forscher dagegen nun „gebrochene" Dimensionen. Eine gekräuselte Kurve in der Ebene erhält danach eine Dimension, die einen Wert zwischen 1 und 2 annimmt, je nachdem, „wieviel Platz in einer zweidimensionalen Fläche sie einnimmt". Für die Schneeflockenkurve etwa errechnet sich aus der Hausdorff-Formel ein Wert von 1,26 (für Experten: Das ist der dekadische Logarithmus

von 4 geteilt durch den dekadischen Logarithmus von 3). Mandelbrot rechnete nun „experimentell" die Hausdorff-Dimension der englischen Küste aus – und erhielt fast exakt denselben Wert wie für die Schneeflocke!

Der Computerhersteller IBM, für den er in den fünfziger Jahren die Störungen bei der Datenübertragung untersucht hatte, war inzwischen zu Mandelbrots festem Arbeitgeber geworden. Als „IBM Fellow" am Forschungsinstitut der Firma im US-Staat New York konnte Mandelbrot nach eigenem Gutdünken seinen Forschungen nachgehen – und er begann, eine Sammlung selbstähnlicher Formen anzulegen. Die „mathematischen Monster" der Jahrhundertwende ruhten in seinen Notizbüchern friedlich neben Küstenlinien und Börsenkursen.

1975 schließlich, als er seine Beobachtungen erstmals in einem Buch zusammenfaßte, suchte er nach einem treffenden Begriff für seine Entdeckung. Er blätterte im Lateinlexikon seines Sohnes und stieß auf das Wort „fractus", „gebrochen". Es gefiel ihm, weil es einerseits an die bröckelige Struktur seiner Gebilde erinnerte, andererseits an die Bruchzahl, die die Hausdorff-Dimension darstellt. Nachdem er ein bißchen mit dem Wort gespielt hatte, war der neue Begriff geboren: „fractal", inzwischen längst eingedeutscht zu „Fraktal".

Die größte Berühmtheit erlangte Benoit Mandelbrot durch die Entdeckung der nach ihm benannten Menge. Die Mandelbrotmenge, das „Apfelmännchen", ist vielleicht das komplexeste mathematische Objekt, das wir kennen – dabei entsteht es aus einer denkbar einfachen Formel, aus der Iteration der Vorschrift $z \rightarrow z^2 + c$ für komplexe Zahlen.

Eine Iteration ist die wiederholte Anwendung einer Formel auf einen gewissen Anfangswert. Setzen wir im Beispiel $z^2 + c$ für c den Wert minus 1 ein, so ergibt sich etwa für z=2 die Folge $2^2 - 1 = 3$, $3^2 - 1 = 8$, $8^2 - 1 = 63$ und so weiter – eine Zahlenfolge, die immer weiter wächst. Für z=0 entsteht dagegen eine beschränkte, zwischen zwei Werten pendelnde Folge: $0^2 - 1 = -1$, $(-1)^2 - 1 = 0$, -1, 0, -1... Dasselbe kann man nun für komplexe Zahlen berechnen – die Zahlen der Form a+ib, wobei i die Wurzel aus minus 1 ist.

Eine Frage, mit der sich schon zu Anfang des Jahrhunderts die französischen Mathematiker Gaston Julia und Pierre Fatou beschäftigt hatten: Wie sieht bei gegebenem c die Menge aller Zahlen z aus, bei denen die iterierten Werte von $z^2 + c$ beschränkt bleiben? Antwort: diese „Julia-Mengen" sind meistens Fraktale, die entweder aus einem zwar sehr verästelten, aber zusammenhängenden Gebiet der komplexen Zahlenebene bestehen, oder aber aus einem feinen „Staub" von einzelnen Punkten. Mandelbrot gab nun seinem Computer den Befehl: Untersuche für jeden Wert c der Zahlenebene, ob die zugehörige Ju-

lia-Menge zusammenhängend ist (das läßt sich relativ einfach berechnen). Wenn ja, male dort einen schwarzen Punkt. Wenn nein, lasse den Punkt weiß. Und dann wartete er auf den Computerausdruck.

Zu dieser Zeit, in den sechziger Jahren, waren die Grafikeigenschaften der Computer noch sehr unterentwickelt. Der Rechner spuckte ein eher unförmiges Gebilde aus, das an Eleganz mit den heutigen Grafiken des Apfelmännchens nicht zu vergleichen ist. Aber es war der Startschuß zu einer empirischen und theoretischen Erforschung der Mandelbrotmenge, die noch lange nicht abgeschlossen ist.

Je weiter sich die Mathematiker in die Struktur der Menge „hineinzoomten", umso verwirrender wurde die Formenvielfalt: Unendlich verwundene Spiralarme, Strukturen, die an Seepferdchen erinnerten – und immer wieder feine, an Blitze erinnernde Verästelungen, an deren Ende unverhofft eine winzige Kopie des gesamten Apfelmännchens zu sehen ist. Das heißt, eine genaue Kopie ist es nie: Die Mandelbrotmenge ist nicht im strengen Sinne selbstähnlich, die Ableger des großen Apfelmännchens sind „zottiger" als das Original, der Teil ist komplexer als das Ganze – für unseren Geist kaum faßbar.

Während einige Mathematiker sich darauf beschränkten, mit immer besseren Computer-Algorithmen immer farbenprächtigere Detailbilder der Mandelbrotmenge zu produzieren, stellten sich andere theoretische Fragen, die auch mit noch so vielen Computerexperimenten nicht zu beantworten waren. Ist dieser scheinbar unendlich zerstückelte Flickenteppich ein zusammenhängendes Gebilde (Antwort: ja), welche Beziehung besteht zwischen der Mandelbrotmenge und den Julia-Mengen (Antwort: Die Mandelbrotmenge ist praktisch ein „Katalog", der bei entsprechender Vergrößerung alle Julia-Mengen enthält). Und im Jahr 1991 konnte endlich die für Fraktal-Fans naheliegendste Frage gelöst werden: Welche fraktale Dimension hat der Rand des Apfelmännchens? Tatsächlich ist die Antwort 2 – der Rand ist also so stark verknäult, wie es eine Kurve in der Ebene nur sein kann.

Inzwischen ist Mandelbrots Buch, das auf deutsch unter dem Titel „Die fraktale Geometrie der Natur" erschienen ist, längst zur Bibel der Fraktalforscher geworden. „Wer dieses Buch gelesen hat, sieht die Welt mit anderen Augen", meint der englische Mathematiker Michael Barnsley vom Georgia Institute of Technology in Atlanta. Die aufgeschreckten Kollegen entdeckten plötzlich fast überall Selbstähnlichkeiten – und begannen sich zu wundern, daß dieses so offensichtliche Muster, das Mutter Natur in ihren Schöpfungen immer wieder verwendet, so lange ignoriert worden war – insbesondere von der Wissenschaft.

Nehmen wir unseren Blutkreislauf, das kilometerlange Netzwerk der Adern, die unseren Körper durchziehen. Ob man die fingerdicke Aorta betrachtet oder die feinsten Äderchen, die die Blutkörperchen nur noch einzeln passieren lassen – das Verzweigungsschema ist ähnlich wie bei Baumzweigen, im Prinzip auf jeder Hierarchieebene dasselbe! Fraktale Muster kennen keine Größenordnung – vom Größten zum Kleinsten erstreckt sich ein sich selbst reproduzierendes Kontinuum, beschrieben durch ein fraktales Prinzip.

Auch Chemiker und Materialforscher stoßen immer öfter auf Fraktale: Die Polymere etwa, riesige Kettenmoleküle, sind im Raum auf eine bestimmte komplizierte Weise gefaltet, die stark an die Kochsche Schneeflockenkurve erinnert – mit einer immer gleichen fraktalen Dimension von 1,67. Eine fraktale Struktur hat auch die zeitliche Verteilung großer und kleiner Erdbebenstöße.

Und für die Chaosforschung sind Fraktale die mathematische Sprache. Seltsame Attraktoren haben eine fraktale Dimension, und dem Chaos-Szenario von Mitchell Feigenbaum liegt dieselbe Gleichung zugrunde wie Mandelbrots Apfelmännchen.

Aber auch dem Normalsterblichen begegnen heute immer öfter Fraktale. Landschaften, Wolken und Ozeane in Computergrafiken werden mit fraktalen Algorithmen erzeugt. Richard Voss und Robert Musgrave, Kollegen von Mandelbrot am IBM-Forschungszentrum, entwickelten fast natürlich aussehende Bilder von

Wie Räuber und ihre Beute zusammenwirken, visualisieren Forscher des Dortmunder
Max-Planck-Institutes für Ernährungsphysiologie hier in mathematischen Räumen.
Die bizarren Gebilde trennen chaotisches von geordnetem Verhalten,
wo entweder die beiden Populationen drastisch schwanken oder friedlich koexistieren.

Landschaften und Planeten. Das zu-grundeliegende Prinzip ist wieder die Iteration: einfache Regeln, deren wiederholte Anwendung zu kompli-zierten Formen führen.

Mit solchen Programmen können nicht nur „natürliche" Formen er-zeugt werden, sondern auch die bizarrsten Phantasiewelten: Konti-nente, die nirgends existieren, Mon-de, die in den Schaltkreisen eines Rechners geschaffen wurden. Wenn man ein paar Zahlenwerte verändert, wird aus einem blauen Planeten, der unserer Erde ähnelt, ein unwirtlicher Wüstenmond. Ein paar Verstellun-gen an der Farbskala, und eine ge-rade noch grüne Landschaft ver-schwindet unter einer Schneedecke. Kein Wunder, daß sich Hollywoods Science-Fiction-Produzenten für diese Traumwelten interessierten: Der Computer erzeugt aus ein paar Glei-chungen Landschaften, die früher, etwa für Stanley Kubricks „2001 – Odyssee im Weltraum", noch müh-sam aus Pappmaché modelliert oder mit teurer Tricktechnik konstruiert wurden – und realistischer sehen sie auch noch aus. Loren Carpenter, ein Wissenschaftler der Boeing Compu-ter Services, wurde denn auch von Hollywood eingekauft, um die Sze-nerie für die dritte Fortsetzung des Weltraum-Märchens „Krieg der Sterne" fraktal zu erzeugen.

Und vielleicht werden bald alle Fernsehbilder, die wir über Satelliten und Leitungen empfangen, fraktal sein, ohne daß der Zuschauer es merkt. Michael Barnsley vom Geor-gia Institute of Technology hat ein Verfahren entwickelt, das dabei ist, die digitale Bildübertragung und -speicherung zu revolutionieren. Seine „Iterated Function Systems" (IFS) vermögen digitale Farbbilder zu „komprimieren" – die zu ihrer Be-schreibung nötige Information bis auf ein Zehntausendstel des ur-sprünglichen Wertes zu reduzieren.

Ein Fernsehbild von 1000 mal 1000 Bildpunkten braucht in einem Rechner einen Speicherplatz von ei-nem Megabyte. Ein solches Bild über eine gewöhnliche Telefonleitung zu übertragen, dauert etwa eine Viertel-stunde. Bei der IFS-Technik werden die Fernsehbilder durch fraktale Bil-der ersetzt, die sich in wenigen da-tensparenden Gleichungen codieren lassen.

Ein Beispiel für dieses Verfahren zeigt das Bild auf Seite 64: Ein Farn, der ja ein sehr typisches selbstähnli-ches Gebilde ist, wird durch vier ein-fache Gleichungen beschrieben – so-genannte „affine Abbildungen", die das ursprüngliche Bild verschieben und verzerren. Der Pfiff bei dieser Codierung: Wenn man dem Emp-fänger nur die vier Gleichungen übermittelt und der diese Gleichun-gen immer wieder auf ein beliebiges Ausgangsbild anwendet, dann ent-steht immer wieder dasselbe Bild des Farns. Barnsley und seine Kollegen haben nun eine Methode gefunden, diese Codierung automatisch durch-zuführen.

Ihr Verfahren ist besonders für die digitale Verarbeitung von Videobil-

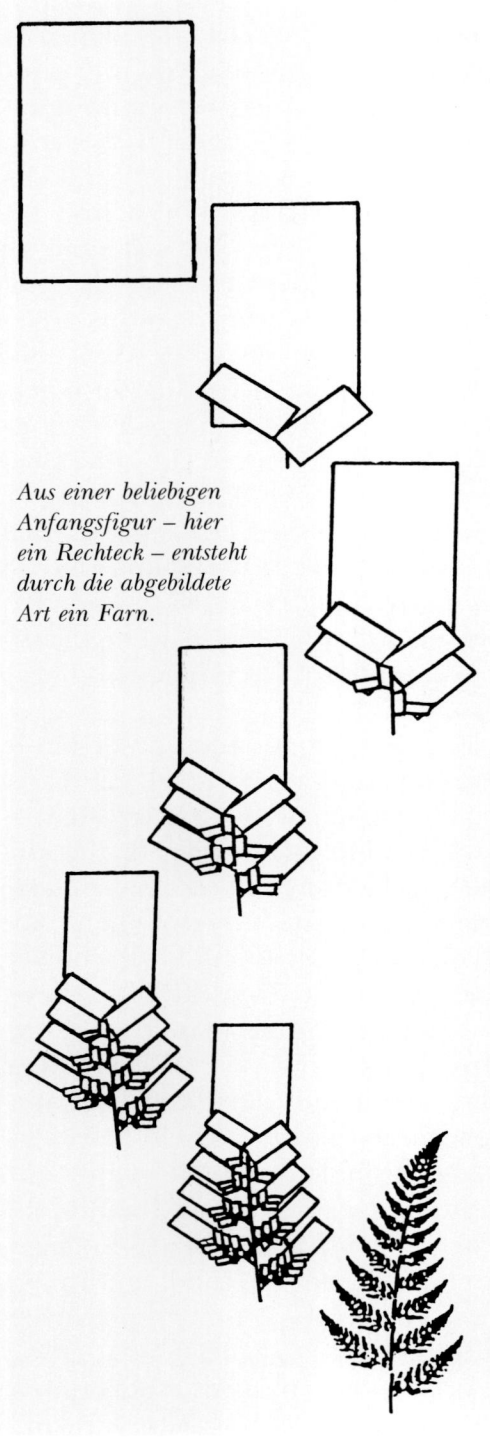

Aus einer beliebigen Anfangsfigur – hier ein Rechteck – entsteht durch die abgebildete Art ein Farn.

dern am Computer interessant – und für Bereiche, wo Rechenkapazität, Speicherplatz und Übertragungszeit knapp und teuer sind, etwa im Weltraum. Theoretisch könnten wir in Zukunft Sonden zum Jupiter schicken, die uns dann statt aufwendiger Fernsehbilder fraktal codierte IFS-Bilder zurücksenden, und zwar in einem Bruchteil der bisher benötigten Zeit. Natürlich ist die Technik auch für Spionagesatelliten interessant – die amerikanische Armee zeigt sich jedenfalls an Barnsleys Arbeit interessiert und finanziert seine Forschungen.

Manchmal bedient sich die Natur der Fraktale, um dem Menschen ein Schnippchen zu schlagen. Wie läßt sich Öl fördern, das von porösen Gesteinsschichten wie von einem Schwamm aufgesogen worden ist? Mineralölfirmen kamen auf die Idee, Wasser mit hohem Druck durch ein Bohrloch in das Gestein zu pumpen. Das Wasser soll dabei das Öl verdrängen, das dann bei einem zweiten Bohrloch aus der Erde tritt. Oft verloren die Firmen allerdings Millionen, weil aus ihren Löchern nichts weiter hervorkam als das Wasser, das sie hineingepumpt hatten. Denn weil Wasser dünnflüssiger ist als Öl, bildet es beim Eindringen in das zähe Öl Verästelungen, wie wir sie umgekehrt von Tinte kennen, die in Wasser geschüttet wird. Es entstehen immer feinere „Finger“. Das Wasser bahnt sich so seine Kanäle durch das Öl, verdrängt es aber nicht aus dem Gestein. Chemiker und Geologen forschen noch an Methoden, etwa durch geeignete waschmittelartige Zusätze die fatalen fraktalen Eigenschaften des Wassers zu mildern.

Der Chemiker David Avnir von der hebräischen Universität in Jerusalem hat ganze Stapel alter Publikationen durchgesehen und gefunden, daß die Größe chemisch reagierender Oberflächen – etwa von Katalysatoren – offenbar davon abhängt, wie groß die Teilchen sind, die auf ihr Platz suchen: je kleiner die Teilchen, desto größer die ihnen auf einem Körper zugängliche Fläche – ein starker Hinweis auf dessen fraktale Zerklüftung. Dimensionen bis 2,6 oder 2,7 scheinen nicht ungewöhnlich zu sein.

Die neue Geometrie liefert auch Erkenntnisse auf dem Gebiet, das den Wissenschaftlern früherer Jahrhunderte als die reinste Verkörperung göttlicher Harmonie und Perfektion galt: in der Astronomie. In den fernsten Fernen unseres Universums glauben die Sternenforscher auf Fraktale zu stoßen: Galaxien verteilen sich nicht gleichmäßig im All, wie man früher geglaubt hatte, sondern bilden Galaxienhaufen, von denen mehrere wieder einen Superhaufen bilden, die sich wiederum zu Super-Superhaufen vereinigen und so weiter. Selbst auf diesem größten Maßstab des Universums bildet die Materie offensichtlich fraktalartige Muster.

Benoit Mandelbrot legt Wert auf die Feststellung, daß mit den Fraktalen zwar natürliche Formen und Vorgänge sehr gut zu beschreiben sind, damit aber noch nichts erklärt ist. Trotzdem muß es Gründe geben, weshalb sich die Natur immer wieder dieser selbstähnlichen Muster bedient.

Ein fraktales Prinzip, das sich in der Natur immer wieder findet, ist die Baumstruktur. „Dendriten" werden die verästelten Gebilde genannt, die sich auf selbstähnliche Art und Weise immer weiter verzweigen. Außer bei Bäumen finden sie sich unter anderem im Netzwerk unserer Adern, bei elektrischen Entladungen (Blitzen), bei der Bildung von Rissen in elastischen Materialien, bei den Ablagerungen auf Batterie-Elektroden. Auch die menschliche Zivilisation produziert ungewollt dendritische Muster. Der Stuttgarter Physiker Pierre Frankhauser hat zum Beispiel das Wachsen und Wuchern von Großstädten wie Berlin, London oder Tokio untersucht und dabei fraktale Baumstrukturen nachgewiesen. (siehe das Kapitel Mönninger „Chaos in der Stadt").

Bei all diesen Phänomenen geht es um Wachstumsprozesse und um die Optimierung einer bestimmten Aufgabe. Die Adern im menschlichen Körper etwa müssen alle Stellen des Körpers mit Blut versorgen, sollen dabei aber selbst möglichst wenig Platz beanspruchen. Tatsächlich ist jede unserer Zellen maximal drei oder vier Zellen von einer Ader entfernt, obwohl die Blutgefäße nur etwa fünf Prozent unseres Körpervolumens ausmachen. Durch Mechanismen, die die Forscher noch längst nicht vollständig durchschaut haben, entsteht beim natürlichen Wachstum diese fast optimale fraktale Struktur.

Ein relativ einfaches Modell für solche Prozesse nennen die Physiker das „diffusionsbegrenzte Wachstum" DLA (vom englischen „diffusion limited aggregation"), das sich relativ leicht mit Computern simulieren läßt. Man stelle sich einen runden Tisch vor, in dessen Mitte eine Ameisenkönigin sitzt. Vom Rand des Tisches laufen nun nacheinander einzelne Ameisen auf die Mitte und bleiben wie angewurzelt stehen, sobald sie auf eine andere Ameise treffen – ein Vorgang der sich leicht auf dem Computer simulieren läßt. Experten des Forschungszentrums Jülich erzeugten kürzlich auf einem Rechner ein DLA-Dendrit mit 50 Millionen solcher Teilchen.

Dabei entsteht ein spezielles Ameisenmuster: ein baumartig verzweigter „cluster" von Ameisen. In den Augen der Wissenschaftler stellt er ein Modell dar für das Wachstum dendritischer Strukturen. Je kleiner im Computermodell die einzelnen Modellameisen gewählt werden, umso detailreicher wird der entstehende cluster.

Ist die fraktale Mathematik „richtige" Mathematik? Um dieses Gütesiegel muß sie noch kämpfen. Natürlich betrachten „traditionelle" Mathematiker den Medienrummel um die Computergrafiken mit Skepsis und machen den Kollegen durchaus berechtigte Vorhaltungen: So existiert

noch keine exakte Definition des Begriffs „fraktal", und ein in sich geschlossenes Gebiet ist die Lehre von den Fraktalen ohnehin nicht. Von Benoit Mandelbrot, dem Jäger und Sammler, ist eine solche „Vereinheitlichung" gewiß nicht zu erwarten, und vielleicht ist sie ja auch gar nicht angebracht. Umgekehrt müssen die Vertreter einer rein formalistischen Mathematik vielleicht ihre Abneigung gegen „experimentelle" Methoden ablegen – zu beeindruckend sind die Veranschaulichungen, die sich mit Computergrafiken erzielen lassen. Den Beweis für eine auf diese Weise gewonnene Einsicht müssen die Mathematiker freilich weiterhin „zu Fuß" antreten. Der Computer bleibt ein Werkzeug, wenn auch ein sehr leistungsfähiges.

Fraktale bieten für jeden etwas: Für die einen produzieren sie einfach aufregend schöne Bilder aus dem Computer, für andere stellen sie „die aufregendste Entwicklung seit der Entdeckung der Quantenmechanik vor 60 Jahren" (der Physiker Gert Eilenberger) dar. Die Formen, die um die Jahrhundertwende noch als „Monster" betrachtet wurden, scheinen eines der Muster der Natur zu sein. Benoit Mandelbrot, der Vater der Fraktale, meint sogar: „Formen, die nicht fraktal sind, sind die Ausnahme." Aber natürlich gibt es in der Natur auch weiterhin die Formen der klassischen Geometrie: Lichtstrahlen, die entlang von Geraden laufen, elliptische Planetenbahnen, würfelförmige Kristalle. In der Mischung, dem Spannungsverhältnis zwischen fraktalen und „glatten" Formen liegt vielleicht eines ihrer Geheimnisse.

Auch der Überschwang, mit dem manche in den fraktalen Bildern zu-nächst eine neue, natürlichere Ästhetik gesehen haben, muß vielleicht ein wenig relativiert werden. Eine Wohnungseinrichtung ganz mit fraktalen Mustern ist jedenfalls auf Dauer niemandem zuzumuten.

Folgende Seite:
Was bestimmt die menschliche Geschichte? Kann sie in ihrer historischen Einmaligkeit –
hier eine symbolische Szene aus „Shakespeares Memory", aufgeführt von der Berliner
Schaubühne – dennoch universellen Gesetzmäßigkeiten unterliegen?

Bernd-Olaf Küppers

CHAOS UND GESCHICHTE – LÄßT SICH DAS WELTGESCHEHEN IN FORMELN FASSEN?

In seinen Aufsätzen zur Wissenschaftslehre spricht der Soziologe Max Weber (1864–1920) sinnbildlich von der Geschichte als einem „Chaos" beziehungsweise von der Wirklichkeit als einem „ungeheuren chaotischen Strom" von Geschehnissen, der „sich durch die Zeit dahinwälzt".[1] Tatsächlich scheint nichts ungeordneter und zufälliger zu sein als der allgemeine Lauf des Weltgeschehens. Dafür kann man eine Vielzahl von einsichtigen Gründen angeben, von denen hier nur die drei wichtigsten genannt seien.

Zunächst einmal scheint die Geschichte keinen allgemeinen Gesetzmäßigkeiten zu unterliegen, die, wie zum Beispiel die Naturgesetze, zu einem wiederholbaren und damit berechenbaren und vorhersagbaren Geschehen führen. Zum anderen wird die Geschichte offenbar ganz wesentlich durch freie Willensentscheidungen des Menschen bestimmt, wodurch das Weltgeschehen seinen einzigartigen und nicht vorhersehbaren Verlauf erhält. Und

schließlich besitzen historische Vorgänge in der Regel so mannigfaltige Ursachen, daß es unmöglich erscheint, die für das Geschehen relevanten Ursachen zu isolieren und zur Grundlage einer kausalen Erklärung zu machen.

Kein Wunder also, daß sich angesichts der Komplexität der Zusammenhänge Geschichte als ein undurchsichtiges Netzwerk von Entscheidungsabläufen darstellt, das dem Betrachter in der Gesamtschau als ein „Chaos" erscheinen muß. Kann man also je die berechtigte Hoffnung haben, daß historische Vorgänge berechenbar werden? Läßt sich das Weltgeschehen eines Tages in Formeln fassen?

Selbstverständlich kann es hier nicht darum gehen, einen alten Menschheitstraum zu verwirklichen, indem wir uns auf die Suche nach den allgemeinen Gesetzmäßigkeiten des Weltgeschehens begeben – Gesetze, von denen wir ja nicht einmal wissen, ob es sie überhaupt gibt. Vielmehr soll im folgenden lediglich ein denkbarer Weg beschrieben werden, wie man sich dem Phänomen der Geschichtlichkeit mit mathematischer Strenge nähern kann. Es geht also im folgenden allein um die methodischen und konzeptionellen Voraussetzungen, die zum Aufbau einer allgemeinen Theorie historischer Prozesse führen könnten.

Die kausal-analytische Methode

Auch wenn uns geschichtliche Prozesse als hoffnungslos komplex erscheinen, so muß dies nicht prinzipiell gegen den Versuch sprechen, solche Prozesse mit wissenschaftlichen Methoden zu analysieren und theoretisch zu deuten. So hat es denn in der geschichtswissenschaftlichen Forschung immer wieder Ansätze gegeben, historische Prozesse nicht nur zu beschreiben, sondern auch in ihren komplexen Zusammenhängen zu erklären. Allerdings hat der Begriff der Erklärung hier oftmals eine Bedeutung, die mit dem herkömmlichen Erklärungsbegriff der kausalanalytischen Wissenschaften, wie er etwa in den Naturwissenschaften vorherrschend ist, nicht mehr allzu viel gemeinsam hat.

Beispielsweise wurde in Anlehnung an eine Position des Philosophen Wilhelm Dilthey (1833–1911) nur allzu oft die Tatsache überbetont, daß der Wissenschaftler, der die Geschichte erforscht, immer auch zugleich Teilnehmer an der Geschichte ist und diese gestaltet. Dies führte zu

der weitverbreiteten Auffassung von der „Verwurzelung" des Verstehens im Leben und damit zu einem Erklärungsbegriff, dessen Ziel das „Sinnverstehen" menschlicher Handlungen in der Vergangenheit ist.

Die geschichtliche Welt wird dementsprechend als ein „Text" gedeutet, der wie ein Bibeltext oder ein Gesetzestext zu entziffern, zu übersetzen und auszulegen ist. Geschichte wird im Rahmen dieser sogenannten hermeneutischen Methode nicht auf ein Ursache-Wirkungsgefüge reduziert, sondern als ein lebensweltlicher Erfahrungszusammenhang begriffen, den es „verstehend" zu erklären gilt.[2] Ein solcher Erklärungsansatz, der von der Einheit von Subjekt und Objekt im Verstehensprozeß ausgeht, demzufolge also Geschichte und Historie wechselseitig aufeinander bezogen sind, ist ganz in der Tradition der romantischen Wissenschaftsauffassung des 19. Jahrhunderts verhaftet und kann schwerlich mit den Zielen einer analytischen Wissenschaft in Einklang gebracht werden.

Will man hingegen an dem kausalanalytischen Erklärungsbegriff festhalten, so muß man sich offenbar mit einer ganz anderen Forschungsstrategie dem Problem historischer Prozesse nähern. Insbesondere wird man nicht versuchen, das Phänomen der Geschichtlichkeit von Beginn an in seiner ganzen Komplexität zu erfassen und zu erklären, sondern man wird analytisch, das heißt schrittweise vorgehen, um durch geeignete Abstraktionen und Idealisierungen die Komplexität des Problems zu reduzieren.

Mit anderen Worten: Man wird zunächst die Minimalbedingungen aufsuchen, die für einen historischen Prozeß kennzeichnend sind und die allgemeinen Eigenschaften solcher Prozesse unter diesen Minimalbedingungen studieren. Erst danach wird man Schritt für Schritt die ursprüngliche Komplexität des Problems wiederherstellen, indem man weitere Eigenschaften in den Begriff des historischen Prozesses aufnimmt, um so schließlich zu einem immer differenzierteren Bild des geschichtlichen Geschehens zu gelangen, bis dieses schließlich die Realität wirklichkeitsgetreu abbildet.

Die reduktionistische Forschungsstrategie, von der hier die Rede ist, hat sich vor allen Dingen in den Naturwissenschaften hervorragend bewährt. Als man zum Beispiel im 18. Jahrhundert damit begann, Dampfmaschinen zu konstruieren, schien sich ein wissenschaftlich unlösbares Problem zu stellen. Die damals bekannten Grundgesetze der mechanischen Physik waren reversibel, das heißt in sich umkehrbar. Sie enthielten keine Vorzugsrichtung der Zeit. Ein technischer Vorgang ist aber immer ein irreversibler Vorgang, der schon deswegen in nur einer bestimmten Richtung abläuft, weil durch ihn eine Zielvorstellung realisiert wird. Um dennoch die Physik reversibler Prozesse auf technische Wirkungsgefüge wie die Dampf-

maschinen anwenden zu können, entwickelte der französische Ingenieur und Physiker Sadi Carnot (1796–1832) das Modell einer idealisierten Dampfmaschine, die sogenannte Carnot-Maschine, in der alle Prozesse reversibel verlaufen. Auf diese Weise gelang es ihm, wichtige Arbeitsgrößen, etwa den Wirkungsgrad der Maschine, genau zu berechnen, und zwar ungeachtet der Tatsache, daß alle Prozesse in einer Dampfmaschine in Wirklichkeit irreversibel verlaufen.

Wie gravierend die von Carnot vorgenommene Idealisierung im Hinblick auf die Wirklichkeit tatsächlich gewesen ist, macht folgende Überlegung klar: Die Aussage, daß ein Prozeß reversibel verläuft, bedeutet, daß das System sich zu jeder Zeit im Gleichgewicht befindet, bei einer Zustandsänderung also eine unendlich dichte Folge von Gleichgewichtszuständen durchläuft. Unter dieser Voraussetzung sind reversible Zustandsänderungen nur möglich, wenn die Veränderungen in dem System unendlich langsam erfolgen, so daß das System zu keiner Zeit aus der Balance gerät. Reversible Prozesse stellen somit Idealisierungen dar, die in der Wirklichkeit strenggenommen gar nicht vorkommen.

Indem also Carnot im Rahmen einer idealisierten Modellvorstellung Dampfmaschinen wie Gleichgewichtssysteme behandelte, konnte er deren Eigenschaften berechnen, wohl wissend, daß keine Dampfmaschine je unter Gleichgewichtsbedingungen arbeiten würde. Dieses Beispiel stellt keinen Einzelfall dar. Die meisten Modelle der Physik, obgleich sie Bestandteile einer „Erfahrungswissenschaft" sind, basieren ganz wesentlich auf gewissen Idealisierungen und Abstraktionen, die in Wirklichkeit überhaupt nicht vorkommen. Diese reichen von der Vorstellung des „Massenpunktes", dem Konzept des „idealen Gases" bis hin zum Modell der „reibungsfreien Bewegung", des „elastischen Stoßes", der „Punktladung" und des „abgeschlossenen Systems", um nur einige Beispiele zu nennen.

Warum, so wird man berechtigterweise fragen, soll das Verfahren der Idealisierung, der Abstraktion und Vereinfachung nicht auch für das Problem historischer Prozesse tragfähig sein? – Etwa weil es für das Weltgeschehen keine allgemeinen Gesetze gibt? Weil das Problem der Intentionalität, das heißt der Einfluß des absichtsvollen, des zielgerichteten und zweckbestimmten Handelns auf die Geschichte, für das kausal-analytische Verständnis historischer Prozesse ein unüberwindbares Hindernis darstellt? Oder gar, weil die kausal-analytische Methode schon von vornherein an der Komplexität des Problems scheitert?

Gehen wir die Argumente noch einmal der Reihe nach durch. Zunächst: Gibt es tatsächlich keine allgemeinen Gesetze für das Weltgeschehen? Diese Frage kann man wohl nicht so ohne weiteres beiseite schieben; denn die Antwort hängt doch in jedem Fall von der begrifflichen Klärung dessen ab, was wir eigentlich unter dem „Weltgeschehen" verstehen wollen. Der Begriff des Weltgeschehens ist ja ein außerordentlich weitreichender Begriff, der die Menschheitsgeschichte wie die Naturgeschichte umfaßt. Zum letzteren gehört sowohl die Entwicklungsgeschichte des Universums als auch die Entwicklungsgeschichte des Lebendigen. Für die Naturgeschichte scheint es aber sehr wohl universelle Entwicklungsgesetze zu geben. Man denke nur an die kosmologischen Theorien zur Entwicklung des Universums sowie die Darwinsche Evolutionstheorie und die modernen Theorien über den physikalischen Ursprung des Lebens. Zumindestens für den Teil der Entwicklungsgeschichte des Lebendigen, der nicht durch das zielintendierte Verhalten höher organisierter Lebewesen bestimmt ist, scheint es also eine kausal-analytische Erklärung auf der Grundlage allgemeiner Gesetze zu geben.

Schwieriger ist schon der zweite Fragenkomplex: Wie steht es mit dem Problem der Intentionalität und den hierdurch geprägten Erscheinungsformen menschlicher Geschichte? Wie groß ist der Einfluß der freien Willensentscheidung des Menschen auf den Gang seiner Geschichte wirklich? Jeder, der einmal das Opfer einer Panik oder eines diffamierenden Gerüchts geworden ist, oder auch nur der Suggestivkraft einer Massenveranstaltung ausgesetzt war, weiß, wie stark die Sogwirkung einer Menschenmasse auf die Willensbildung, Meinung und Handlung eines Einzelnen sein kann.

Solche *Massenwirkungseffekte*, in denen die Intentionen des Einzelnen aufgrund kooperativer Mechanismen verstärkt oder auch gedämpft werden, scheinen auch für den Gang der Geschichte eine erhebliche Rolle zu spielen. Denn ohne derartige Verstärkungs- beziehungsweise Kontrollmechanismen kämen geschichtlich bedeutsame Einzelentscheidungen wohl erst gar nicht zum Tragen. Massenwirkungsphänomene und kooperative Wechselwirkungen lassen sich aber durchaus im Rahmen der kausal-analytischen Methode gesetzmäßig deuten (siehe Kasten).

Und welches Gewicht hat schließlich die Behauptung, historische Vorgänge seien extrem komplex, da sie nahezu unendlich viele Ursachen haben könnten? Damit soll doch wohl gesagt werden, daß man zwischen primären und sekundären Ursachen nur aufgrund von Werturteilen unterscheiden kann und daß man darüber hinaus nicht einmal sicher sein kann, ob damit auch alle Ursachen vollständig erfaßt sind. Aber dies gilt genaugenommen für alles und jedes in dieser Welt. Letztlich ist immer die ganze Welt Ursache für jedes einzelne Ereignis, unabhängig davon, in welchen Zusammenhang wir es stellen, ob es zur belebten oder unbelebten Natur gezählt wird. Das Problem der modellhaften Isolierung von Ereignissen, Systemen oder Prozessen

ist von prinzipieller Art und sicherlich kein Spezifikum für das geschichtliche Geschehen, auch wenn dieses Problem für die analytische Betrachtung der Geschichte zweifellos eine besondere Qualität besitzt.

So unmöglich das Unterfangen, historische Prozesse berechenbar zu machen, auf den ersten Blick auch sein mag: Es lassen sich am Horizont der Wissenschaften Anzeichen ausmachen, die zur Hoffnung Anlaß geben. So haben uns neuere Entwicklungen in der Physik, insbesondere der *Chaostheorie* und der Theorie der *Selbstorganisation der Materie*, einen tiefen Einblick in das gesetzmäßige Geschehen natürlicher Entwicklungsprozesse geliefert. Des weiteren zeigen die Anwendungen der Spieltheorie auf komplexe menschliche Entscheidungssituationen, wie sie beispielsweise in Wirtschaftsprozessen vorkommen, daß bis zu einem gewissen Grad die Auswirkungen intentionalen Handelns doch berechenbar sind. Schließlich liefern Wissenschaften wie die Biologie oder die Metereologie eindrucksvolle Belege dafür, daß auch Phänomene von ungeahnter Komplexität der kausal-analytischen Methode zugänglich sind.

Mit Blick auf diese Entwicklungen erscheint es durchaus sinnvoll, einmal zu untersuchen, inwieweit sich das Phänomen der Geschichtlichkeit mathematisch modellieren läßt. Daher werden wir unsere Untersuchung mit der Frage beginnen, was denn die charakteristischen Merkmale eines historischen Prozesses

Kriege mit ihren Zerstörungen, wie hier im Dresden von 1945,
sind gewaltsame Zäsuren in der menschlichen Geschichte.
Sie modellhaft zu charakterisieren, könnte Ziel einer Theorie historischer Prozesse sein.

sind. Um genau zu sein: Wir interessieren uns hier nicht für die Geschichte in ihren vielfältigen und einzigartigen Erscheinungsformen, sondern für die tieferliegende Frage nach dem eigentlichen Wesen der Geschichte.

Das rätselhafte Phänomen der Geschichtlichkeit

Ein realer Vorgang ist allemal etwas, was „in der Zeit" ist. Das Phänomen der Zeitlichkeit ist somit ein wesentliches Merkmal des geschichtlichen Geschehens, ja allen Geschehens überhaupt. Kein Vorgang dieser Welt kann zeitlos, das heißt in sich selbst umkehrbar sein, weil dadurch die Strukturierung der Zeit in Vergangenheit, Gegenwart und Zukunft aufgehoben wäre. Die Zeitlichkeit ist vielmehr eine Grundbeschaffenheit menschlicher Seins- und Erfahrungsweise.

Allerdings erschöpft sich das Phänomen der Geschichtlichkeit nicht im Begriff der Zeitlichkeit. Denn zu den charakteristischen Merkmalen eines historischen Vorgangs gehört auch die Tatsache, daß er sich nie wieder in allen seinen Einzelheiten wiederholen kann. Neben der Zeitlichkeit ist also eine weitere grundlegende Eigenschaft des geschichtlichen Geschehens dessen Individualität und Einzigartigkeit.

Nun sind dies elementare Einsichten, die zum Grundbestand menschlicher Erfahrung gehören: Alles Geschehen ist in dem vorhergehenden Sinn ein historisches Geschehen. Daher müßte man sich eigentlich sehr über die Tatsache wundern, daß man in den Naturwissenschaften oft so tun kann, als gebe es Prozesse, die reversibel und reproduzierbar, also letztlich geschichtslos sind.

Betrachten wir zunächst das Konzept der *Reversibilität*. Dieses ist ja aus einer merkwürdigen Abstraktion des Zeitphänomens hervorgegangen. Schon eine einfache Überlegung führt uns das ganze Ausmaß dieser Abstraktion vor Augen.

Offensichtlich ist die Strukturierung der Zeit, das heißt die Unterteilung in die drei Zeitmodi Vergangenheit, Gegenwart, Zukunft, eine notwendige Bedingung für jede Form von Erfahrung. Wenn wir nun diesen Grundsatz auf die Zeit selbst anwenden, das heißt wenn wir die Zeit selbst zum Gegenstand der Erfahrung machen, dann ergibt sich naturgemäß eine „Verschränkung" der Zeitmodi. Mit anderen Worten: Es macht auch einen Sinn, etwa von der „Gegenwart der Vergangenheit", der „Gegenwart der Gegenwart" oder der „Gegenwart der Zukunft" zu sprechen.

Wenn wir diesen zeitbezogenen Erfahrungszusammenhang der Zeit nun erneut zum Gegenstand der Erfahrung machen, dann ergeben sich sogar noch höhere Zeitverschränkungen der Art „Gegenwart der Gegenwart der Vergangenheit", „Gegenwart der Vergangenheit der

Zukunft", „Vergangenheit der Gegenwart der Zukunft". Durch ständige Iteration baut sich so ein immer komplexeres, hierarchisch strukturiertes Zeitgefüge auf, in welchem sich alle ontologischen Formen unserer Lebenswelt widerspiegeln.[3] Dementsprechend ist das Phänomen der Zeitlichkeit außerordentlich vielschichtig und nur schwer zu objektivieren. Wir benützen zwar periodisch verlaufende Vorgänge, um daraus ein physikalisches Zeitmaß abzuleiten, eben die „Uhrzeit", doch ist das Zeitphänomen, wie wir es subjektiv erfahren, wesentlich reichhaltiger.

Wie kann man angesichts dieser Komplexität erwarten, daß eine kausal-analytische Wissenschaft wie die Physik überhaupt das Phänomen der Zeitlichkeit erfassen kann? Es liegt auf der Hand, daß dies nur unter dem Aspekt einer einschneidenden Abstraktion möglich ist. Tatsächlich hat sich die Physik, wie schon erwähnt, in der Vergangenheit vorwiegend mit idealisierten Prozessen befaßt, in deren Grundgleichungen die Zeit nur noch als ein mathematischer „Parameter" auftritt, durch den keinerlei Zeitrichtung ausgezeichnet wird.

Solche Prozesse sind von ihrer gedanklichen Konstruktion her reversibel, also in ihrem Ablauf umkehrbar. Danach kann zum Beispiel ein Dachziegel, der vom Dach fällt, jederzeit seine Richtung umkehren und sich wieder in seine Ausgangsposition bewegen. Das Prinzip der Reversibilität, wie es in den Bewegungsgleichungen der klassischen Mechanik verankert ist, läßt jedenfalls eine solche surrealistisch anmutende Welt zu. Obwohl derartige, in sich umkehrbaren Vorgänge in einem eklatanten Widerspruch zu unserer Erfahrung stehen, hat sich die Physik reversibler Vorgänge zur Beschreibung der Wirklichkeit außerordentlich bewährt.

Das mit dem Konzept der Reversibilität verbundene Naturbild ist das einer zeitsymmetrischen und damit letztlich zeitlosen Wirklichkeit, in der alle geschichtlichen Vorgänge ausgeblendet sind. Erst mit der Entdeckung des zweiten Hauptsatzes der Thermodynamik wurde auch ein Naturprinzip formuliert, das der Nichtumkehrbarkeit und damit der Zeitlichkeit des natürlichen Geschehens Rechnung trägt. Danach können in einem abgeschlossenen System, das heißt in einem System, das weder Energie noch Materie mit seiner Umgebung austauscht, nur solche Prozesse von selbst ablaufen, bei denen Entropie erzeugt wird.

Das Entropieprinzip legt folglich die Richtung natürlicher Prozeßabläufe fest und die Stärke der Entropiezunahme ist sogar ein direktes Maß für die Nichtumkehrbarkeit solcher Prozesse. Sofern das Universum als ein abgeschlossenes System betrachtet werden kann, besitzt der zweite Hauptsatz den Rang eines universellen kosmischen Entwicklungsgesetzes.

Durch das Entropieprinzip wird also eine Richtung des eindimensionalen Kontinuums Zeit vor der entgegengesetzten Richtung ausgezeichnet, insofern alle wirklichen Prozesse nur in einer Richtung, nämlich in die Zukunft verlaufen. Solche Prozesse, die nicht umkehrbar sind, ohne daß in ihrer Umgebung irgendeine zusätzliche Veränderung stattfindet, nennt man „irreversibel".

Der zweite Hauptsatz der Thermodynamik ist ein reiner Erfahrungssatz. Als solcher läßt er sich nicht mathematisch beweisen, sondern nur im Rahmen einer Konsistenzüberlegung begründen. So liefert er zwar eine Begründung für die Strukturierung der Zeit in Gegenwart, Vergangenheit und Zukunft, setzt aber in seiner Eigenschaft als Erfahrungssatz eben diese Zeitstrukturierung wiederum voraus.

Das Phänomen der Zeitlichkeit, wie es sich physikalisch in der Nichtumkehrbarkeit natürlicher Abläufe zeigt, ist zweifellos ein grundlegendes Merkmal der Geschichtlichkeit des Geschehens. Aber die Zeitlichkeit allein ist für einen geschichtlichen Vorgang wenig aussagekräftig. Vielmehr steht hier im Vordergrund die Nichtwiederholbarkeit und damit Einzigartigkeit des Geschehens. Nun scheint aber gerade diese Eigenschaft des Geschichtlichen sich jeder gesetzmäßigen Erklärung zu entziehen. Denn nach unserem traditionellen Verständnis ist der Gesetzesbegriff doch wohl unauflösbar mit dem Phänomen der Reproduzierbarkeit verbunden – oder?

Diese für unsere Diskussion so grundlegende Frage wollen wir einmal am Beispiel der Physik überprüfen: Ein wesentliches methodisches Instrument der Physik ist bekanntlich das kontrolliert ausgeführte Experiment. Es besitzt für die Physik insofern eine herausragende Bedeutung, als es unmittelbar die Erklärungsstruktur physikalischer Theorien widerspiegelt. Physikalische Theorien haben nämlich eine „dualistische" Grundstruktur.

Zum einen enthalten sie allgemeine Aussagen, in denen die Naturgesetze formuliert sind. Zum anderen enthalten sie singuläre, das heißt spezielle Aussagen, die jeweils die konkrete Situation beschreiben, unter denen die Naturgesetze auf die Wirklichkeit angewendet werden. Diese spezifischen Umstände sind die sogenannten *Anfangs- und Randbedingungen*, die dem zu erklärenden Ereignis vorausgehen. Um ein Beispiel aus der Physik zu nennen: Für einen Körper, der sich in Bewegung befindet, sind die Anfangs- und Randbedingungen der Ort und die Geschwindigkeit zu einer vorgegebenen Zeit sowie die Kraft (oder Kräfte), unter deren Einfluß der Körper während seiner Bewegung steht. Die allgemeinen Gesetze, die hier zur Anwendung kommen, sind im einfachsten Fall die Newtonschen Bewegungsgleichungen.

Unter formalen Gesichtspunkten besteht dann eine physikalische Erklärung darin, das zu erklärende Ereignis aus den Gesetzesaussagen und seinen Anfangs- und Randbedingungen logisch abzuleiten. Wenn das zu erklärende Ereignis bereits stattgefunden hat, so sprechen wir von einer Erklärung. Wenn dagegen das zu erklärende Ereignis noch in der Zukunft liegt, etwa das Eintreten einer Sonnenfinsternis, so sprechen wir von einer Prognose oder Voraussage.

Das physikalische Experiment ist nun genau die praktische Anwendung dieses Erklärungsmodells. Im Experiment wird nämlich ein Materiesystem unter definierte Anfangs- und Randbedingungen gesetzt, um auf diese Weise ein bestimmtes physikalisches Ereignis zu induzieren. Durch Variation der Anfangs- und Randbedingungen wird dann untersucht, ob und in welcher Weise zwischen den induzierten Ereignissen eine Korrelation besteht, die möglicherweise auf die Existenz eines Naturgesetzes zurückweist. So hat bekanntlich Galileo Galilei (1564–1642), der als Begründer der modernen experimentellen Methode gilt, die Fallgesetze verifiziert, indem er einen Körper jeweils von unterschiedlichen Ausgangspositionen auf einer schiefen Ebene herunterrollen ließ.

Allerdings beweist die alleinige Tatsache, daß zwischen den Meßergebnissen eines Experiments eine Korrelation besteht, noch nicht, daß sich dahinter auch ein Gesetz verbirgt. Vielmehr muß eine solche Korrelation, wie man zu sagen pflegt, auch „reproduzierbar" sein.

Nun weiß natürlich jeder Experimentator, daß in Wahrheit kein Experiment bis in alle Einzelheiten reproduzierbar ist. Schon die Ausgangsbedingungen des Experiments, etwa die Zahlenwerte, die an einem Meßgerät eingestellt werden, lassen sich niemals exakt reproduzieren. Jede Einstellung und Ablesung der Meßgrößen ist mit einem bestimmten, wenn auch noch so kleinen Fehler behaftet. Dies liegt an dem schon erwähnten Umstand, daß jeder Prozeß in dieser Welt, mithin auch die Durchführung eines Experiments, seinem Wesen nach ein historischer Prozeß ist.

Wenn ein Physiker dennoch behauptet, daß ein experimentelles Ergebnis reproduzierbar sei, so kann er davon nur in dem Sinn sprechen, als sich das Ergebnis innerhalb gewisser, eng gesetzter Schwankungsbreiten reproduzierbar einstellt. Nur für den Fall, daß die innerhalb einer experimentellen Serie ablaufenden Prozesse nicht allzu stark voneinander abweichen, läßt sich von einer Regularität sprechen, die die Folge eines naturgesetzlichen Verhaltens der Materie ist. Mit anderen Worten: Nur wenn *ähnliche Ursachen* auch *ähnliche Wirkungen* hervorrufen, machen sich kleine Schwankungen in der Reproduktion eines Experiments nicht bemerkbar.

Grundformen der Kausalität

Das Phänomen der Reproduzierbarkeit, das für die experimentellen Wissenschaften von so grundlegender Bedeutung ist, beruht offenbar auf einer bestimmten Form der Kausalität, nämlich der Annahme, daß ähnliche Ursachen ähnliche Wirkungen haben. In der Tat ist dieses „Ähnlichkeitsprinzip" in Bezug auf Ursache und Wirkung eine notwendige Bedingung dafür, daß man von einer Regularität der Erscheinungen sprechen kann, die auf Naturgesetzen beruht.

Allerdings ist hier zwischen dem Kausal*prinzip* und dem Kausal*gesetz* zu unterscheiden. Das Kausalprinzip ist eine physikalische Interpretation des philosophischen Satzes vom zureichenden Grund, demzufolge nichts ohne Ursache geschieht („nihil fit sine causa"). Das Kausalgesetz hingegen führt zu der weitergehenden Aussage, daß *gleiche Ursachen* auch *gleiche Wirkungen* haben, zwischen den Ereignissen also regelmäßige Zusammenhänge bestehen. Welcher Art diese Zusammenhänge sind, wird dann in Form von generellen Kausalurteilen ausgedrückt, die in den Naturwissenschaften üblicherweise als „Naturgesetze" bezeichnet werden. Damit sich aber solche Gesetze überhaupt empirisch feststellen lassen, muß das schon erwähnte Ähnlichkeitsprinzip gültig sein, demzufolge nicht nur gleiche Ursachen gleiche Wirkungen, sondern auch noch ähnliche Ursachen ähnliche Wirkungen haben. Nur diese erweiterte Form der Kausalität führt angesichts der Geschichtlichkeit jedes realen Vorgangs zu einem (annähernd) reproduzierbaren Verhalten der Materie.

Die Vorstellung von der Reproduzierbarkeit gesetzmäßiger Naturerscheinungen, das dem traditionellen Verständnis des Gesetzesbegriffs zugrundeliegt, ist demnach eine Idealisierung, die nur auf eine bestimmte Klasse von natürlichen Kausalgefügen zutrifft. Somit zeigt sich, daß auch das Konzept der Reproduzierbarkeit, wie schon zuvor das Konzept der Reversibilität, lediglich begrenzt anwendbar ist. Es ist allein dort tragfähig, wo die erweiterte Form des Kausalgesetzes Gültigkeit beanspruchen kann.

Daß dies keineswegs für alle gesetzmäßigen Naturphänomene der Fall ist, haben die jüngsten Forschungen auf dem Gebiet komplexer Phänomene gezeigt. Offenbar gibt es noch eine andere Form der Kausalität, für die das Ähnlichkeitsprinzip hinsichtlich Ursache und Wirkung nicht mehr gültig ist. So können unter gewissen Umständen *ähnliche Ursachen gänzlich verschiedene Wirkungen* haben (Abbildung Seite 81). Systeme, in denen diese Form der Kausalität angetroffen wird, bezeichnet man in der Physik als „chaotisch".

Chaotische Systeme haben eine Reihe von interessanten Eigenschaften. So kann sich beispielsweise die Dynamik solcher Systeme, auch wenn sie vollständig von deterministischen Gesetzen beherrscht wird, völlig irregulär und zufällig verhalten. Es hat sich sogar herausgestellt, daß es die Gesetze selbst sind, die zu dem unberechenbaren Verhalten dieser Systeme führen, weshalb man ihre eigentümliche Dynamik auch als „deterministisches" Chaos bezeichnet.

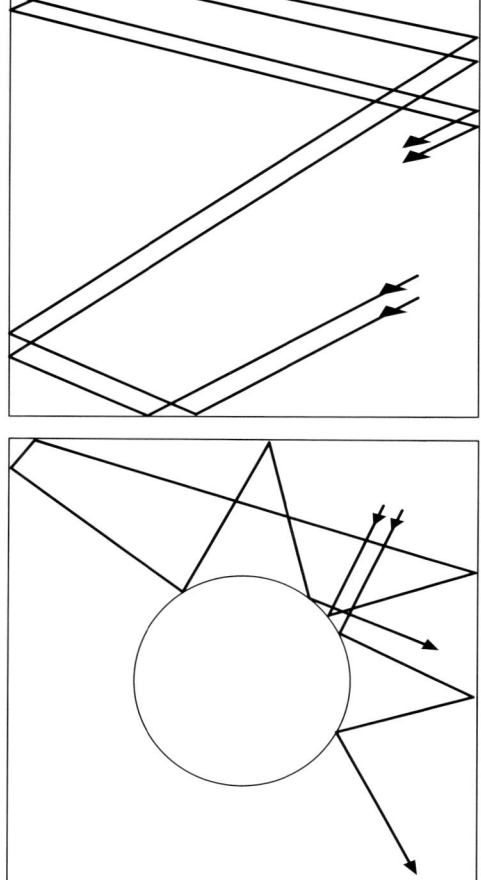

Das Ende der Vorhersagbarkeit: Ähnliche Ursachen haben zwar oft ähnlich Wirkungen – wie etwa im „quadratischen Billard" (oben). Schon im „Sinai-Billard" aber, wo die Kugeln gegen einen inneren Kreis stoßen, haben ähnliche Ursachen ganz verschiedene Wirkungen. Selbst Anfangswerte, die sich nur um wenige Atomdurchmesser voneinander unterscheiden, sind nach rund einem Dutzend Stößen schon total verschieden.

Ein derartiges chaotisches Verhalten findet man bei einer bestimmten Klasse von nichtlinearen Systemen vor. Dies sind Systeme, in denen sich die einzelnen Wechselwirkungskräfte nicht einfach linear zu einer Gesamtkraft addieren, sondern in denen die Summe aller Kräfte eine höherrangige Ordnung bilden: Das Ganze ist mehr als die Summe seiner Teile.

Die Dynamik chaotischer Systeme reagiert hypersensibel auf jede noch so kleine Veränderung in ihren Ausgangsbedingungen, da aufgrund der solchen Systemen innewohnenden nichtlinearen Gesetze jede Störung hochverstärkt wird und sich makroskopisch abbildet. Auch solche Systeme sind zwar noch *im Prinzip* berechenbar, weil sie strikten und allgemeinen Gesetzen gehorchen. Sie sind aber *faktisch* nicht berechenbar, da dies wegen der nichtlinearen Kopplung von Ursache und Wirkung die beliebig genaue Bestimmung der Ausgangsbedingungen voraussetzen würde. Je weniger genau sich aber die Ausgangsbedingungen angeben lassen, desto drastischer verringern sich die Möglichkeiten für die Prognose der Entwicklung solcher Systeme. Dies ist eine unmittelbare Konsequenz der verschärften Kausalität, wonach im deterministischen Chaos nahezu identische Ursachen bereits völlig verschiedene Wirkungen haben können. Da aber jede Bestimmung von Ausgangsbedingungen zwangsläufig mit einer Unschärfe behaftet ist, lassen sich chaotische Systeme nicht mehr wie die klassischen Systeme der Mechanik berechnen.

Von ihrer enormen physikalischen Bedeutung einmal abgesehen, stellen die chaotischen Systeme ganz offensichtlich auch ein interessantes Modell für das Phänomen der Geschichtlichkeit dar.[4,5] Denn die Prozesse, die in solchen Systemen ablaufen, sind weder umkehrbar noch wiederholbar. Sie sind ebenso einzigartig wie alle geschichtlichen Vorgänge.

Das Konzept der Randbedingungen

Wir wollen nun die Frage untersuchen, ob und in welcher Form die Physik chaotischer Systeme auch einen Ansatz für eine allgemeine Theorie historischer Prozesse liefert. Dabei werden wir unser Interesse nicht so sehr auf die Gesetzmäßigkeiten des Chaos lenken, als vielmehr auf die bereits erwähnten Anfangsbedingungen, von denen die Entwicklung eines chaotischen Systems seinen Ausgang nimmt.

Es sei noch einmal daran erinnert, daß in den Anfangsbedingungen diejenigen Aussagen zusammengefaßt sind, die zu den allgemeinen Gesetzesaussagen hinzutreten müssen, damit diese allgemeinen Aussagen einen auf die konkrete Wirklichkeit bezogenen Inhalt bekommen. Dieser grundlegende Bezug von Gesetz und Anfangsbedingungen zeigt sich nirgendwo deutlicher als in chaotischen Systemen. Allein die Tatsache, daß die Dynamik chaotischer Systeme äußerst sensitiv auf Änderungen in den Anfangsbedingungen reagiert, läßt bereits die Relevanz dieses Wechselbezugs erkennen.

Von besonderer Bedeutung sind nun solche Systeme, bei denen es eine positive Rückkoppelung der Systemdynamik auf ihren Ursprung gibt. Und zwar können sich unter diesen Bedingungen selbst mikroskopische Veränderungen in den Anfangsbedingungen in kürzester Zeit lawinenartig verstärken. Die positive Rückkoppelung hat dabei zur Folge, daß das System nicht in einen stabilen Endzustand, sondern lediglich in einen metastabilen Zwischenzustand hineinläuft, der seinerseits immer wieder zum Ausgangspunkt einer neuen Entwicklung werden kann.

Solche Rückkoppelungsmechanismen sind beispielsweise für alle biologischen Reproduktionsprozesse von großer Bedeutung. Sie fallen dort unter den Begriff der „Autokatalyse", das heißt der Selbstverstärkung. Wenn sich zum Beispiel ein Organismus vermehrt, so ist damit immer die identische Reproduktion seiner in den Erbmolekülen gespeicherten Erbinformation verbunden. Jede Generationsfolge ist somit als das Ergebnis einer Rückkoppelungsschleife anzusehen, in der das Produkt des vorhergehenden Reproduktionszyklus zum Ausgangspunkt des folgenden Zyklus wird. Unter Einbeziehung selektiver Bewertungs- und Optimierungsmechanismen, wie sie in der natürlichen Evolution wirksam sind, kann sich ein derartiges, rückgekoppeltes System selbsttätig organisieren und kontinuierlich auf ein höheres Organisationsniveau heben.[6,7]

Da bei einem System, das sich selbst fortwährend reorganisiert, der Anfang des Systems in seiner Entwicklungsgeschichte gleichsam verlorengeht, hat es wenig Sinn, hier noch weiterhin von „Anfangsbedingungen" zu sprechen. Vielmehr haben die Anfangsbedingungen in dem vorliegenden Fall den Charakter von sogenannten *Randbedingungen*, die als permanente Entwicklungsbedingungen die Entwicklung des Systems kanalisieren. Dabei differenzieren sie sich selbst immer weiter aus, indem sie immer speziellere, voneinander verschiedene Konfigurationen annehmen. Die Entwicklung eines sich selbst organisierenden Systems findet demnach ihren Niederschlag in der jeweils besonderen Struktur seiner Randbedingungen. Dies ist die Quintessenz aus der Physik komplexer Systeme, für die wiederum die chaotischen Systeme paradigmatisch sind.[8]

Da sich alle Veränderungen eines Systems in dessen „Rändern" vollziehen, erweist sich der Begriff der Randbedingung als Schlüsselbegriff für das Verständnis naturgeschichtlicher Prozesse. Dennoch hat die Physik diesem grundlegenden Begriff bis in unsere Tage hinein nur wenig Aufmerksamkeit geschenkt. Dies mag vor allen Dingen daran gelegen haben,

daß die Physik in ihren traditionellen Erklärungsmodellen alle historischen Prozesse ausgeklammert und sich vorwiegend – und dies war das Geheimnis ihres bisherigen Erfolgs – mit dem reproduzierbaren, naturgesetzlich bestimmten Verhalten der Materie befaßt hat.

Unter diesen Umständen ist es das große Verdienst des ungarischen Physikochemikers Michael Polanyi (1891–1976), als erster auf die weitreichende Bedeutung der Randbedingungen hingewiesen zu haben.[9] Auch wenn Polanyi die hier diskutierten Zusammenhänge noch nicht kannte und sich darüber hinaus seine zentralen Schlußfolgerungen als falsch herausgestellt haben, so weist sein Ansatz doch in die richtige Richtung.

Das Modell der Maschine

In seinen grundlegenden Schriften verwendet Polanyi immer wieder das Modell einer Maschine, um zu erläutern, was er unter einer Randbedingung versteht. Wir werden diesem Beispiel zunächst folgen, dann aber über Polanyi hinausgehend den Begriff der Randbedingung verallgemeinern und ihn in einen direkten Zusammenhang mit dem physikalischen Begriff der Randbedingung bringen, wie wir ihn zuvor diskutiert haben.

Die charakteristischen Eigenschaften einer Maschine, so argumentiert Polanyi, sind im wesentlichen durch

*Abstimmung per Hand praktizieren alljährlich
die Schweizer des Kantons Appenzell-Innerrhoden – Ergebnis kooperativer Prozesse
unter dem Einfluß von Massenwirkung.*

ihren Konstruktionsplan bestimmt. Dieser beschreibt die einzelnen Bauteile der Maschine, deren materielle Beschaffenheit, Form und Anordnung, mithin alle Grenzbedingungen zwischen den Bauteilen. Der Zweck, dem die Maschine dienen soll, bestimmt der Mensch. Die Funktionsweise hingegen ist durch das Bauprinzip der Maschine festgelegt. Sie unterliegt, wie jedes technische Konstrukt, dem naturgesetzlichen Verhalten der Materie.

Diesen Sachverhalt können wir in Anlehnung an Polanyi aber auch folgendermaßen ausdrücken: Die Form der einzelnen Bauteile und die Art und Weise, wie sie zusammengesetzt sind, stellen „Randbedingungen" dar, unter denen die Naturgesetze in der Maschine wirksam werden. Oder anders gesagt: Eine Maschine erfüllt ihren Zweck, weil ihr Konstrukteur die herrschenden Naturgesetze unter der Vorgabe spezifischer Randbedingungen nutzbar macht.

Das von Polanyi entworfene Bild einer durch ihre Randbedingungen determinierten, sich selbst steuernden Maschine läßt sich auch auf den lebenden Organismus übertragen. Dabei ist der Gedanke einer Maschinentheorie des Organismus keineswegs neu. Schon der französische Arzt und Philosoph Julien Offray de La Mettrie (1709–1751) hatte in seinem einflußreichen Werk „L'homme machine" die Auffassung vertreten, daß der Mensch als eine sich selbst steuernde Maschine anzusehen sei, die sich vollständig durch mechani-

sche Prinzipien erklären ließe.[10] Wie fruchtbar dieser Gedanke in der Folgezeit für die Biologie gewesen ist, zeigt sich nicht zuletzt in der Entwicklung der Kybernetik und deren Anwendungsmöglichkeiten auf zahlreiche Steuer- und Regelungsprozesse in der Biologie.

Tatsächlich ist das Prinzip der Randbedingungen nicht nur in technischen Systemen von Bedeutung, sondern auch überall dort, wo wir funktionale, das heißt planmäßig organisierte Wirkungszusammenhänge antreffen. Dies gilt in besonderem Maß für alle Bereiche des Lebendigen, von den informationstragenden Strukturen auf der molekularen Ebene bis hin zu sozialen Systemen.

Betrachten wir als Beispiel die molekularen Grundlagen des Lebendigen. Offenbar ist das, was bei einer Maschine der Konstruktions- beziehungsweise Bauplan ist, bei den Lebewesen in den Erbmolekülen, den sogenannten DNS-Molekülen, angelegt. Alle im lebenden System ablaufenden biochemischen Prozesse nehmen von der DNS (beziehungsweise der chemisch eng verwandten RNS) ihren Ausgang. Man kann auch im Rückgriff auf die oben verwendete Sprechweise sagen, daß die im Erbmolekül verschlüsselte Erbinformation eine Randbedingung darstellt, unter der die Gesetze der Physik und Chemie in einem lebenden System operational werden. Oder noch anders ausgedrückt: Die DNS-Struktur stellt eine „Auswahlbedingung" dar, derzufolge die unendliche Mannigfaltigkeit physikalisch denkbarer Prozesse auf die in einem lebenden System faktisch ablaufenden Prozesse eingegrenzt wird.

Genau dies ist der entscheidende Punkt: Auch in den Prozessen der unbelebten Natur werden durch die Anfangs- und Randbedingungen aus der Fülle der möglichen Zustände eines Systems einzelne Zustände ausgewählt. Die selektive Funktion, die die Anfangs- und Randbedingungen ausüben, leuchtet unmittelbar ein. Denn die Naturgesetze führen nur dann zu einem auf Tatsachen gegründeten Wirklichkeitsverständnis, wenn zugleich die realen Bedingungen angegeben werden, unter denen die Naturgesetze wirksam sind.

Ganz deutlich wird dies bei der mathematischen Beschreibung von Naturvorgängen. Die Differentialgleichungen, mit denen üblicherweise physikalische Vorgänge beschrieben werden, haben nämlich nur dann eine Lösung, wenn auch die Anfangsbeziehungsweise Randbedingungen spezifiziert werden, die dem zu erklärenden Phänomen zugrundeliegen. Aus allgemeinen Gesetzen allein kann man eben keine konkreten Aussagen über die Wirklichkeit ableiten. Vielmehr benötigt man dazu auch immer ein faktisches Wissen über den augenblicklichen Zustand der Wirklichkeit, das in Form von Anfangs- und Randbedingungen den allgemeinen Gesetzen erst einen konkreten Inhalt verleiht.

Beispiel Mechanik: Wenn man etwa die Bewegung eines Körper voraus-

berechnen will, so benötigt man dazu nicht nur die Bewegungsgleichungen, denen der Körper genügt, sondern auch noch die Anfangs- und Randbedingungen, unter denen die Bewegung stattfindet. Im einfachsten Fall sind dies, wie wir schon gesehen haben, die Informationen über den augenblicklichen Ort des Körpers sowie Größe und Richtung seiner Anfangsgeschwindigkeit und der Kräfte, die gegebenenfalls auf ihn einwirken. All diese Angaben dienen als Anfangs- beziehungsweise Randbedingungen, unter denen die Lösungen der Bewegungsgleichungen für den betreffenden Körper aufgesucht werden.

Nun scheinen die physikalischen Anfangs- und Randbedingungen zunächst etwas grundsätzlich anderes zu sein, als die Randbedingungen, wie sie in einer Maschine oder in einem lebenden System realisiert sind. Bei genauer Betrachtung stellt sich aber heraus, daß dies keineswegs der Fall ist. Auch in einer Maschine oder in einem lebenden Organismus lassen sich die dort herrschenden Randbedingungen auf physikalische Randbedingungen reduzieren. Jedenfalls bestehen hier keine prinzipiellen Unterschiede. Die Bauteile einer Maschine lassen sich, wenn auch nur im Gedankenexperiment, durch die genauen Positionen aller am Aufbau solcher Strukturen beteiligten Atome beschreiben. Dies ist aber nichts anderes als die Beschreibung jenes physikalischen Zustands, von dem die in der Maschine ablau-

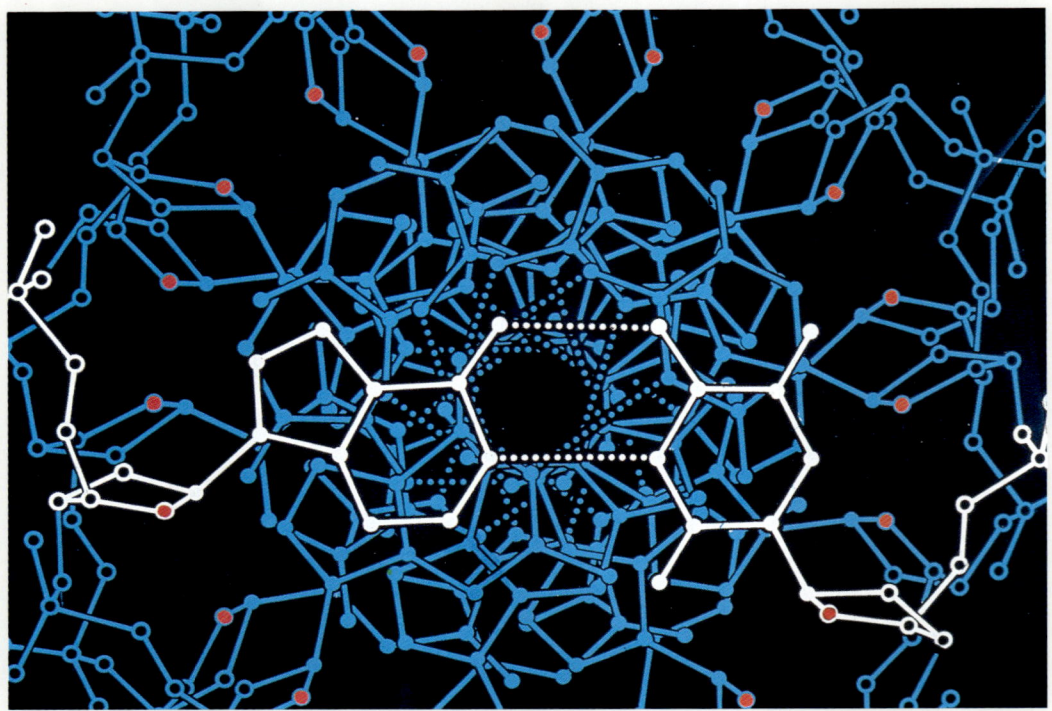

Molekülmodell einer DNS (Desoxyribonuklein- säure). Alle Lebenserscheinungen, vom Stoffwech- sel bis zur Vererbung, sind informationsgesteuert, wobei die genetische Information in DNS-Mo- lekülen verschlüsselt ist.

Die DNS stellt für den lebenden Organismus eine Randbedingung dar, unter der die Naturge- setze im Organismus wirksam werden. Randbe- dingungen, wie sie in unterschiedlichster Form auch in der Physik auftreten, haben die Funktion von Auswahlbedingungen, welche die unendliche Vielfalt möglicher Prozesse auf die in einem Sy- stem faktisch ablaufenden Prozesse eingrenzen.

Tatsächlich stellt auch das Erbmolekül eine sol- che, wenn auch extrem komplexe „physikalische" Randbedingung dar. Man müßte hierzu aller- dings die genaue räumliche Lage aller am Aufbau

des Moleküls beteiligten Atome sowie die Milieu- bedingungen (Temperatur, Druck, Ionenstärke usw.) angeben. Die DNS als Träger der genetischen Information hielt Polanyi grundsätz- lich für eine irreduzible, das heißt physikalisch nicht weiter hinterfragbare und erklärbare Struk- tur. Diese Behauptung hat sich jedoch als falsch er- wiesen. Der Ursprung und die Entwicklung sol- cher informationstragenden Strukturen lassen sich sehr wohl auf der Grundlage einer physikalischen Theorie der Selbstorganisation verstehen. Ferner scheint vieles darauf hinzudeuten, daß sich hinter dem Konzept der Selbstorganisation eine univer- selle Theorie der Randbedingungen verbirgt, die uns dem allgemeinen Verständnis historischer Pro- zesse näherbringen wird.

fenden Prozesse ihren Ausgang nehmen.

Beispiel Zelle: Auch ein DNS-Molekül, obgleich es sich hierbei um eine informationstragende Struktur handelt, ist durch die Angabe seiner chemischen Zusammensetzung, der Position aller Atome, der Spezifizierung seiner physikalischen Milieubedingungen wie etwa Temperatur, Druck, Ionenstärke vollständig bestimmt.

Gelangt ein solches informationstragendes DNS-Molekül in das physikalisch-chemische Milieu einer Eizelle, dann kommt es zur schrittweisen materiellen Entfaltung der im Molekül gespeicherten Erbinformation. Dabei werden in einem äußerst komplizierten Prozeß jeweils Teile der Erbinformation abgerufen und umgesetzt. Aber auch die Signale, nach denen das räumlich und zeitlich geordnete Programm abläuft, sind wiederum genetisch gespeichert.

Ein solcher Differenzierungsvorgang ist ein typischer Selbstorganisationsprozeß, dessen Dynamik in der schon beschriebenen Weise auf die Anfangs- und Randbedingungen, in diesem Fall auf die DNS und ihre physikalisch-chemische Milieubedingungen, zurückgekoppelt ist. Da der Prozeß verschiedene Organisations- und Komplexitätsstufen durchläuft und sich dabei immer wieder neue Rückkoppelungsschleifen ausbilden, kommt es schließlich zu einer starken hierarchischen Ordnung unter den Randbedingungen. Alle im ausdifferenzierten Organismus auf-

tretenden Randbedingungen sind aber letztlich durch die DNS-Struktur determiniert. Dies ist die zentrale Aussage des sogenannten *genetischen Determinismus.*

Die Art und Weise, wie wir hier das Konzept der Randbedingungen eingeführt haben, könnte den Eindruck erwecken, als sei dieses ausschließlich an materielle Gegebenheiten gebunden. Tatsächlich ist aber das Prinzip der Randbedingungen von universeller Natur.[11] Dies zeigt nicht zuletzt der ambivalente Charakter, den die Randbedingungen in der Biologie besitzen. Im Fall der DNS stellen die Randbedingungen nämlich nicht nur eine komplexe materielle Struktur dar, sondern sie verschlüsseln in ihrer Struktur auch das Konstruktionsprinzip des gesamten Organismus. Mit anderen Worten: Die „Randbedingungen" sind hier auch zugleich Träger von Information.

Beispiel Gesellschaft: Genau in diesem Sinn können wir auch bei sozialen Systemen von der Existenz spezifischer, informationstragender Randbedingungen sprechen. Jedes soziale System zeichnet sich durch eine Organisationsstruktur aus, die in Form komplexer Randbedingungen die Dynamik des Systems reguliert. Das Ganze bestimmt hier zum Beispiel über Massenwirkungseffekte und kooperative Wechselwirkungen das Verhalten der Teile und damit den jeweiligen Zustand des Systems (siehe Kasten). Da nun aber Zustandsänderungen sozialer Sy-

Im Isenheimer Altar malte Matthias Grünewald die „Versuchung des Hl. Antonius".
Zerstörung und Gewalt, die hier von monströsen Wesen ausgehen, gehören zu den
unberechenbaren Schattenseiten intentionalen Handelns –
ein Hindernis für ein kausal-analytisches Verständnis von Geschichte?

steme immer zugleich historische Prozesse sind, scheint das Konzept der Randbedingungen in der Tat einen vielversprechenden Ansatz für eine allgemeine Theorie historischer Prozesse zu liefern.

Das Konzept, soweit es hier vorgestellt wurde, ist vorerst nur ein Programm und der Weg zur anwendungsnahen Theorie ist sicherlich noch sehr weit. Umgekehrt wäre es aber falsch, das Konzept als völlig beliebig oder rein spekulativ anzusehen. In vielen Bereichen der physikalischen und biologischen Grundlagenforschung sind in den letzten Jahrzehnten Modellvorstellungen und Theorien entwickelt worden, die ganz eindeutig auf die Existenz einer universalen Theorie der Randbedingungen hinweisen. So besitzen die verschiedenen Theorien, die im Zusammenhang mit der Entstehung des Lebens, der Morphogenese oder der Selbstorganisation neuronaler Netzwerke entworfen wurden, offenbar einen einheitlichen mathematischen Kern. Selbst zwischen so entfernt liegenden Bereichen wie der Theorie des Lasers und der Molekulartheorie der Evolution gibt es tiefgreifende Analogien.[12]

Auch die zahlreichen Anwendungsmöglichkeiten der Chaostheorie und deren Querverbindungen zu den Theorien der Selbstorganisation deuten auf einen solchen inter-theoretischen Zusammenhang hin. So finden wir zum Beispiel die von Benoit Mandelbrot (* 1924) diskutierte nichtlineare Iterationsformel

$$z \rightarrow z^2 + c$$

in transformierter Form in der Populationsdynamik, in der Hydrodynamik (bei der Beschreibung der Turbulenz), in der Laserphysik sowie in der physikalischen Evolutionstheorie. Die ungemein schwierige, geradezu monströse Aufgabe, die sich hier stellt, ist also nicht die Entwicklung eines neuen mathematischen Konzepts, sondern die Integration aller bestehenden Ansätze zu einer einheitlichen Theorie der Randbedingungen.

Fazit und Ausblick

Der methodische Ansatz der hier zum Zweck einer kausal-analytische Erklärung historischer Prozesse entwickelt wurde, zielt im eigentlichen Sinn gar nicht auf eine „Erklärung" der Geschichte ab, sondern sucht vielmehr eine Antwort auf die Frage nach dem Wesen historischer Prozesse, so wie es in der „Geschichtlichkeit" allen Geschehens zum Ausdruck kommt.

Die Geschichtlichkeit des Geschehens ist offenbar durch die grundlegenden Eigenschaften der Zeitlichkeit und der Einzigartigkeit charakterisiert. Beide Phänomene, so vielschichtig und komplex sie auch sein mögen, können durchaus Gegenstand einer „nomothetischen" Wissenschaft, das heißt einer Gesetzeswissenschaft, sein.

Gerade die Entwicklungen im Rahmen der Physik komplexer Systeme haben zu einem neuartigen Gesetzes-

Massenwirkung und Kooperation

Massenwirkungsphänomene und kooperative Wechselwirkungen spielen in komplexen Systemen auf nahezu allen Organisationsstufen eine wichtige Rolle. Im Bereich der Naturwissenschaften lassen sich mittels der kausal-analytischen Methode solche Mechanismen auch gesetzmäßig beschreiben. Die Modelle zeigen, daß zufälliges und unberechenbares Individualverhalten durch globale Steuerungsmechanismen kontrolliert und ausgerichtet werden kann. Es ist zu vermuten, daß ähnliche Mechanismen auch für die Entwicklung sozialer Systeme von Bedeutung sind.

Massenwirkungsphänomene: In der Chemie ist für chemische Reaktionen seit langem das sogenannte Massenwirkungsgesetz bekannt. Es besagt, daß bei der Einstellung des Reaktionsgleichgewichts das System als Ganzes das Verhalten der an der Reaktion teilnehmenden Moleküle bestimmt. Dies leuchtet unmittelbar ein. Moleküle sind ja nicht mit einem Bewußtsein ausgestattet, das ihnen mitteilt, wann sie sich mit ihrem Reaktionspartner in einem Gleichgewichtszustand befinden und wie sich sich in diesem Fall reaktionskinetisch zu verhalten haben. Es ist allein die globale Kontrolle des Systems, durch die das an und für sich zufällige Molekülverhalten statistisch geregelt wird.

Man betrachte als einfaches Beispiel die Reaktion der Substanz A mit der Substanz B zum Produkt AB:

$$A + B \rightarrow AB$$

Nach dem Prinzip der mikroskopischen Reversibilität gibt es zu jeder Aufbaureaktion $A + B \rightarrow AB$ stets auch die umgekehrte Zerfallsreaktion $AB \rightarrow A + B$.

Das chemische Gleichgewicht ist mithin ein „dynamisches" Gleichgewicht, bei dem die mittlere Aufbaurate gleich der mittleren Abbaurate ist.

Alle Schankungen um den Gleichgewichtswert sind selbstregulierend. Je größer die Abweichung vom Gleichgewichtwert ist, desto größer ist aufgrund der Massenwirkung auch die gegenläufige Reaktionsrate. Im Zeitmittel stellt sich somit zwischen den Ausgangssubstanzen und dem Reaktionsprodukt ein festes, durch das Massenwirkungsgesetz bestimmtes Konzentrationsverhältnis ein.

Kooperative Wechselwirkungen: Kooperatives Verhalten ist ein außerordentlich vielfältiges Phänomen komplexer Systeme. Das allgemeine Prinzip läßt sich an folgendem Modell erläutern: Man betrachte ein zwei-dimensionales, dynamisches System, dessen Elemente wechselweise den Zustand 1 oder 0 annehmen können. Zu einer bestimmten Anfangszeit t möge folgende Struktur vorliegen:

```
1 1 0 1 0 1 0 0 1 0 1 0 1 0 0
0 1 0 1 0 0 1 0 1 1 0 1 0 1 1
0 1 0 1 1 1 1 1 1 0 1 0 1 0
1 1 0 1 0 1 1 1 1 0 1 1 0 1
1 0 1 0 0 1 1 1 1 1 0 1 0 1
0 0 1 0 1 1 1 1 1 1 0 1 0 1
1 0 1 0 1 0 0 1 1 0 1 0 0 1 0
1 0 1 0 1 1 0 1 0 1 0 0 1 1 0
```

Wenn es nun zwischen den einzelnen, sich zufällig ändernden Zuständen eine Koppelung gibt, derzufolge die Umwandlungswahrscheinlichkeit eines Elements vom Umwandlungsgrad der (zumeist) benachbarten Elemente abhängt, so liegt eine sogenannte kooperative Wechselwirkung vor. Die Koppelung kann eine kurze oder lange Reichweite haben, sie kann gleichsinning (positive Kooperativität) oder gegensinnig (negative Kooperativität) erfolgen. In jedem Fall zwingt eine positive Kooperativität dem System automatisch gewisse Ordnungszustände auf.

In dem hier vorgegebenen Beispiel hat sich in der Mitte der Struktur ein Nukleationszentrum aus Einsen aufgebaut, das einen Phasenübergang zu folgender Struktur erzwingt.

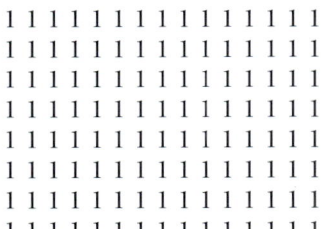

Derartige kooperative Wechselwirkungen finden wir in den mannigfaltigsten Formen in der unbelebten und belebten Natur vor. Die Eigenschaften des Ferromagnetismus, die Kondensation einer flüssigen Phase oder die Kristallisation in einer Schmelze lassen sich damit ebenso erklären wie die grundlegenden Eigenschaften allosterischer Proteine, die Morphogenese eines Viruspartikels oder das ganzheitliche Verhalten neuronaler Netzwerke.

In Form der Synergetik befaßt sich sogar eine eigenständige Forschungsdisziplin mit dem Phänomen der Kooperativität.

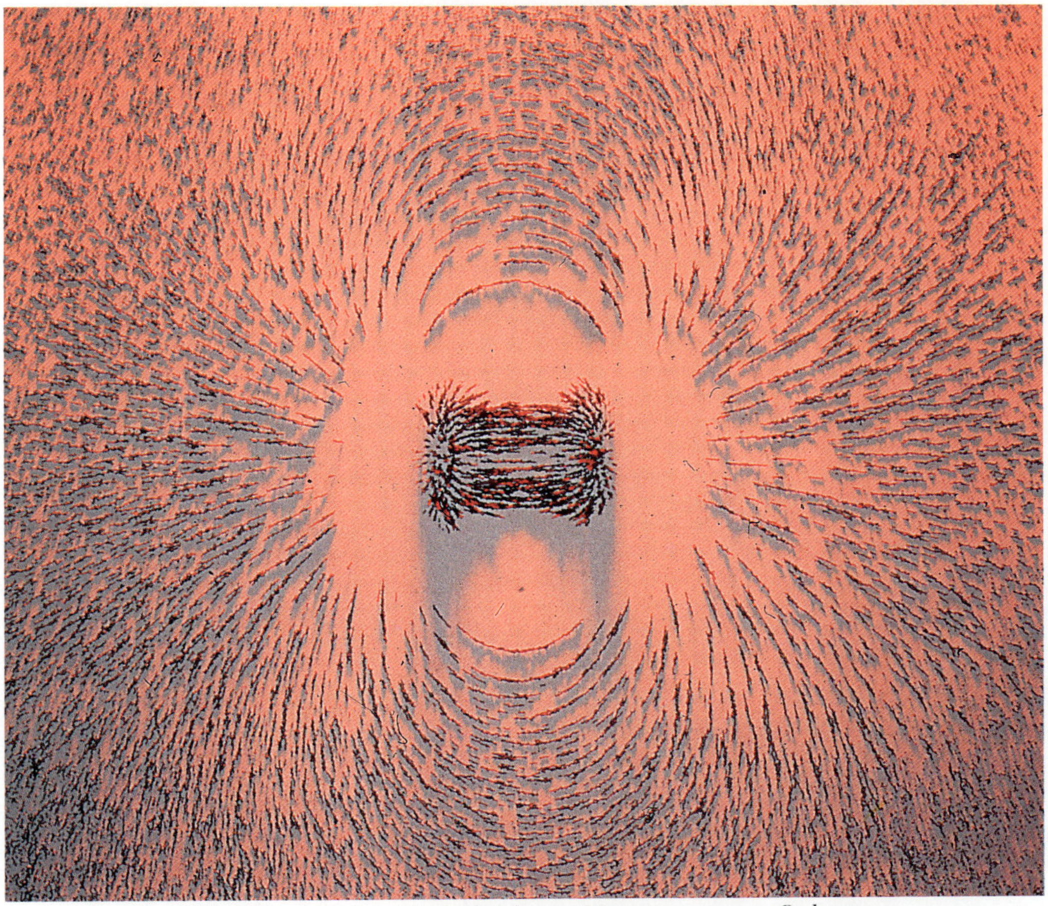

Beispiel kooperativer Wechselwirkung: Magnete erzeugen Ordnung im Gewirbel regellos gemischter Eisenfeilspäne.

begriff geführt, der, anders als der konventionelle Begriff des Naturgesetzes, nicht mehr nur mit reproduzierbaren Vorgängen verknüpft ist. Im Gegenteil: Allgemeine Gesetze können sogar die Quelle für die Individualität und Einzigartigkeit gewisser Erscheinungen sein.

Der mit dem neuen, erweiterten Gesetzesbegriff verknüpfte Determinismus basiert auf einer erweiterten Form der Kausalität, derzufolge bereits ähnliche Ursachen zu völlig verschiedenen Wirkungen führen. So kann insbesondere in Systemen mit nichtlinearen Wechselwirkungen der Fall eintreten, daß alle Prozesse im wahrsten Sinn des Wortes chaotisch, das heißt völlig irregulär und unberechenbar verlaufen, obgleich die betreffenden Systeme in der Tiefe der Erscheinungen vollständig von deterministischen Gesetzen beherrscht werden. Solche grundlegenden Einsichten, die sich aus der Analyse des Phänomens der Geschichtlichkeit in der Natur ergeben, mögen auch für das Problem der menschlichen Geschichte relevant sein.

Zur Modellierung historischer Prozesse bietet sich das hier skizzierte Konzept der Randbedingungen an. Es rückt in der physikalischen und biologischen Grundlagenforschung zunehmend in den Blickpunkt des Interesses und scheint auch für technische und soziale Systeme von Bedeutung zu sein. Überall dort, wo auf die Historizität eines Ereignisses oder Prozesses Bezug genommen wird, rücken die Randbedingungen in das Zentrum der Erklärungen. Dies gilt für die Modelle über den Ursprung des Universums ebenso wie für die Entstehung des Lebens.[13]

Allerdings stellt sich hier ein grundlegendes Problem: Jede Erklärung von Randbedingungen mit Hilfe universeller Gesetze setzt erneut die Existenz von Randbedingungen voraus, so daß die fortgesetzte Erklärung von Randbedingungen entweder in einen unendlichen Regreß einmündet oder willkürlich an einer bestimmten Stelle abgebrochen werden muß. Inhalt und Form des Weltgeschehens bleiben offenbar als inkommenurable, das heißt als nicht durcheinander ersetzbare Größen nebeneinander bestehen. In diesem Punkt unterscheidet sich übrigens die hier vertretene Auffassung von der des Astrophysikers Stephen Hawking (* 1942), der die Rolle der Randbedingungen in den Erklärungsmodellen der Physik gänzlich zu eliminieren versucht, indem er beispielsweise ein Modell des Universums „ohne Randbedingungen" vorschlägt.[14]

Mit dem Konzept der Randbedingungen scheint sich eine Theorie historischer Prozesse abzuzeichnen, deren Anwendungsmöglichkeiten von universeller Natur sind. Auch wenn dieses Konzept überwiegend in den Naturwissenschaften verankert zu sein scheint, so liefert es doch keinen Ansatz für eine rigorose „naturalistische" Weltanschauung, derzufolge alles, also auch die geschichtlichen Prozesse, aus der Natur und diese allein aus sich selbst erklärbar wäre.

Vielmehr ist das Konzept der Randbedingungen dem Bereich der sogenannten Strukturwissenschaften zuzuordnen. Das Studienobjekt der Strukturwissenschaften ist die gesamte Wirklichkeit. Sie suchen nach Gesetzmäßigkeiten, denen abstrakte Strukturen unterliegen, unabhängig davon, ob solche Strukturen in physikalischen, biologischen oder sozialen Systemen ihre reale Entsprechung haben. Wir haben es hier gleichsam mit der entmaterialisierten Form einer Wissenschaft zu tun, deren Urbild die Mathematik ist, zu der aber auch so wichtige Wissenschaftszweige wie zum Beispiel die Spieltheorie, die Kybernetik oder die Informationstheorie zählen. Dabei deutet die Tatsache, daß in das Konzept der Randbedingungen offenbar die wesentlichen Elemente der genannten Strukturwissenschaften einfließen, auf eine tieferliegende Einheit aller Wissenschaften hin.[15]

Schließlich werden Naturwissenschaftler und Philosophen auch das Problem der *Intentionalität* neu überdenken müssen. Menschliches Handeln ist wie jeder informationsverarbeitende und informationserzeugende Prozeß kontextbezogen, insofern dieses Handeln in eine komplexe Hierarchie von Randbedingungen eingebunden ist. Solche Randbedingungen sind etwa das soziale Umfeld des Handelnden, sein kultureller Horizont, seine Biographie, seine Persönlichkeitsstruktur, seine biologische Konstitution.

All diese Randbedingungen kanalisieren menschliches Handeln. Sie lasten wie eine Zwangsbedingung auf den Handlungen des Menschen. Daher mag die Vorstellung der freien Willensentscheidungen, die den Gang der Geschichte bestimmt, bloß eine Fiktion sein – ein Relikt aus jenen Zeiten, in denen die „Philosophie des Absoluten" und die daraus hervorgehende romantische Wissenschaftsauffassung noch absolute Geltung beanspruchen konnte.

Folgende Seite:
Die elementare Schaltzelle des Gehirns: eine Nervenzelle.
Milliarden dieser Einheiten im Verbund
produzieren das komplexeste Gebilde im Kosmos.

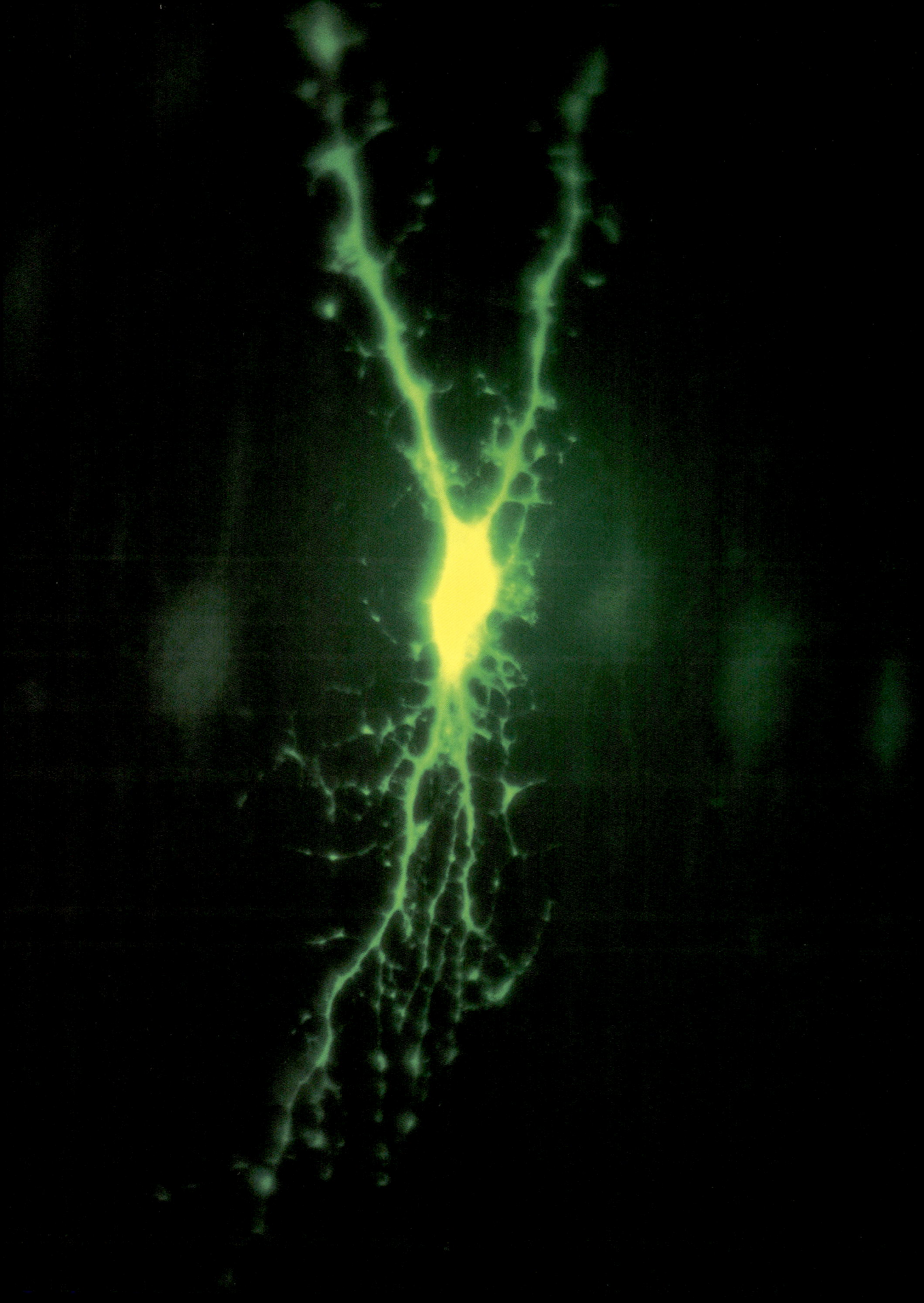

Franz Mechsner

DAS CHAOS IM KOPF –
AUF DEN SPUREN DER KREATIVITÄT

*K*omplimente aus denen der *Bushmills Whiskey sprach aber das hätte er mit der nächstbesten Frau ebenfalls gemacht die daherkam wahrscheinlich ist er längst an der galoppierenden Trinksucht gestorben vor Ewigkeiten schon die Tage wie die Jahre kein Brief von einer lebenden Seele außer die paar die ich mir selber geschrieben hab mit Papierschnitzeln drin derart langweilig manchmal daß man aus der Haut fahren könnte wie ich dem alten Araber zugehört hab mit dem einen Auge bloß…"*

Ohne Punkt und Komma versucht James Joyce im Schlußkapitel seines Romanungetüms *Ulysses* den „Bewußtseinsstrom" darzustellen: das unaufhörliche Denken, Bildern und Brodeln in uns, das Mäandern unendlicher Assoziationsketten, das Irrlichten von Wahrnehmung zu Wahrnehmung, das unmotivierte Auftauchen und Verschwinden von Phantasien und Gedächtnisfetzen, das Durcheinanderwirbeln von Obsessionen und Gleichgültigem. Und dann und wann in all dem Wirrwar das Aufblühen eines durchaus sinnvollen Gedankens…

Das Chaos im Kopf: Der Urstoff, aus dem die Geistesblitze schießen? Oder nichts als Seelenmüll? Wer die Frage beantworten wollte, müßte wissen, wie unser Gehirn funktioniert. Wovon wir bekanntlich weit entfernt sind: „Der Zustand der Gehirnwissenschaft entspricht vielleicht dem der Physik in der Antike" pointiert etwa der Tübinger Hirnforscher Valentin Braitenberg die Lage. Gleichwohl haben sich vor allem im letzten Jahrzehnt die Erkenntnisse über das Gehirn explosionsartig vermehrt: Immer raffiniertere experimentelle Techniken erlauben heute Entdeckungsreisen in das Drei-Pfund-Universum unter der Schädeldecke, die noch vor kurzem undenkbar schienen. Und die Möglichkeit, das Zusammenspiel von Nervenzellen auf leistungsfähigen Computern zu simulieren, beflügelt Spekulationen über das Funktionieren des Denkorgans, die geeignet sind, unser traditionelles Bild des Geistes zu revolutionieren – Spekulationen, in denen die Begriffe „Selbstorganisation" und „Chaos" eine prominente Rolle spielen.

Die noch vor kurzem so populäre Vorstellung, Fähigkeiten wie Wahrnehmen, Erinnern oder Denken seien nichts anderes als raffinierte Computerprogramme, scheint ausgedient zu haben. Nicht nur das mehr als klägliche Scheitern der Bemühungen, mit Hilfe von Rechenmaschinen „Künstliche Intelligenz" zu erzeugen, hat überdeutlich gemacht, daß starre, blind und präzise ein Symbol nach dem anderen verarbeitende Automaten offensichtlich unfähig sind, auch nur den Verstand einer Maus nachzuahmen, geschweige den unseren. Neuen Theoretikern zufolge arbeitet das Gehirn, das zwar schlecht rechnen, dafür aber etwa mit Leichtigkeit anspielungsreiche Witze versteht, nach ganz anderen Prinzipien als die elektronischen Wunderkästen. In unserem Kopf herrscht eben nicht die sequentielle Ordnung eines Computerprogramms. Vielmehr ist es ein kreatives Durcheinander von unzähligen Informationen, aus denen sich Wahrnehmungen und Gedanken in einem Prozeß herauskristallisieren. Und die gleichen eher einer wilden Diskussion als einem logischen Kalkül.

Jahrzehntealte, jedoch bis vor kurzem fast unbeachtete Ideen hirntheoretischer Pioniere aufgreifend, betrachten heute immer mehr Wissenschaftler das Gehirn als eine sich selbst organisierende „Informations-Mischmaschine". In unauf-

hörlicher Reaktion auf sich selbst und die Welt entstehen und zerfallen im Gehirn geistige Strukturen, um so immer neu jene „bewegliche Ordnung" aufrecht zu erhalten, die nach Goethe das Kennzeichen des Lebendigen ist. Daß ein solches Verständnis unseres Denkorgans nicht völlig aus der Luft gegriffen sein dürfte, machen die gelungenen Simulationen dem Gehirn nachempfundener Neuronaler Netzwerke deutlich. Solche auf Computern nachgestellten „Neuronalen Netzwerke" erkennen bereits Gesichter, balancieren Stäbe und lernen selbsttätig, englische Wörter auszusprechen – wobei sie wie kleine Kinder eine Lall- und Brabbelphase durchlaufen.

Doch nicht nur mit dem Blick aufs neuronale Detail versuchen Forscher die Prinzipien zu verstehen, welche die Leistungen des Gehirns ermöglichen. Schon im Elektroencephalogramm (EEG), des Bildes jener scheinbar wirren, von der Kopfhaut oder direkt von der Hirnoberfläche ableitbaren „Gehirnströme", könnte mehr Information über die Arbeitsweise der Gedankenfabrik stecken, als man noch vor kurzem ahnte. Durch mathematische Analysen haben Wissenschaftler plausibel zu machen versucht, daß das unregelmäßige Gezitter in den Hirnströmen keineswegs zufälliges „Rauschen" ist, sondern jene gesetzmäßig erzeugte „Gesetzlosigkeit", deren Entdeckung in der jüngsten Zeit nicht nur die Physik revolutioniert hat: ein *deterministisches Chaos.*

Hat der Hirnforscher Walter Freeman aus dem kalifornischen Berkeley recht, dann ist das Chaos keineswegs nur eine kuriose Begleiterscheinung unserer Nervenaktivität, sondern unabdingbar für alle höhere Geistestätigkeit. Ohne das raffinierte Spiel mit dem deterministischen Chaos würde – so Freeman – unser Gehirn so gut wie nichts lernen und vollkommen unfähig sein zu komplexen, kreativen Gedanken. Laut Freeman ist es gerade das Chaos, das die „bewegliche Ordnung" in unserem Kopf überhaupt erst ermöglicht.

Walter Freeman hatte die Experimente, die ihn schließlich Mitte der achtziger Jahre auf das Chaos im Gehirn stoßen ließen, ursprünglich keineswegs mit diesem Ziel begonnen. Vielmehr versuchte er jahrelang mit seinen Kollegen Ordnung im anscheinend so wirren EEG zu finden – wiedererkennbare Aktivitätsmuster also, die etwas über Details der zugrundeliegenden Hirntätigkeit verraten.

Das große Vorhaben, im EEG gewissermaßen Gedanken lesen zu wollen, starteten die amerikanischen Wissenschaftler mit Untersuchungen einer Hirnaktivität, die ihnen simpel genug schien und vielleicht noch am einfachsten zu belauschen: dem Riechen.

Die Großhirnrinde hat sich evolutionär aus neuronalen Strukturen entwickelt, die dem Riechen dienten, und noch heute findet sich am vorderen Ende des Säugerhirns der sogenannte „Riechkolben". Dieser über

den Nasenraum vorgestülpte Hirnteil ist bei uns Menschen nur jeweils links und rechts ein Stiftchen mit einer kleinen Verdickung am Vorderende, bei vielen Tieren jedoch noch ein mächtiger Lappen – beispielsweise bei Kaninchen, die Freeman und seine Kollegen für ihre Experimente benutzten. Die Forscher pflanzten ihren Versuchstieren ein quadratisches Bündel von 8 mal 8 gleich 64 feinsten Elektroden ein, mit deren Hilfe sie Punkt für Punkt die elektrische Oberflächenaktivität des linken Riechlappens registrierten. Sie hofften, als Antwort auf bestimmte Gerüche spezifische Aktivitätsmuster des Riechlappens finden zu können. Jedoch tüftelten sie lange Jahre vergebens – zu schwierig war es, im allgegenwärtigen „Rauschen", der scheinbar zufälligen Nervenzelltätigkeit, auch nur geringste Hinweise auf versteckte Ordnungsstrukturen zu entdecken.

Als die Forscher dann doch noch fündig wurden, waren sie überrascht. Denn die Information darüber, welchen Geruch das Kaninchen gerade riecht, steckt nicht im zeitlichen Verlauf der EEG-Wellen, sondern ist ausschließlich in der räumlichen Verteilung der relativen elektrischen Aktivitätsstärke enthalten. Als Antwort auf jeden Geruch findet sich danach auf der Oberfläche des Riechkolben ein typischer, wiedererkennbarer Aktivitäts-„Fingerabdruck", der beim Einatmen erscheint und beim Ausatmen wieder verschwindet. Solche Fingerabdrücke erscheinen jedoch nur dann, wenn das Kaninchen aufmerksam einen Geruch erwartet und den schließlich präsentierten schon kennt. Neue Gerüche führen erst nach und nach zu stabilen Mustern.

Ein schönes Ergebnis, bei dem die Forscher es hätten bewenden lassen können. Hatten sie doch gefunden, wonach sie mit solcher Mühe gesucht hatten. Doch nun ging das Tüfteln erst richtig los. Denn die genauere Analyse der Riechkolbenaktivität ließ rätselhafte Details sichtbar werden, faszinierende Hinweise, daß in diesem Hirnteil Verblüffendes und zunächst vollkommen Unverständliches vorzugehen schien. So hatten die Forscher erwartet, daß nur einige wenige, einzeln oder als Kollektiv spezialisierte Nervenzellen auf einen bestimmten Geruch antworten würden. Tatsächlich schienen jedoch sehr viele, wenn nicht alle Riechkolbenneuronen zu reagieren.

Wie ist es möglich, daß die geballte Aktiviät dieser Neuronenmasse so vielfältige, immer wieder neue, charakteristische Aktivitätsmuster erzeugen kann? Nicht weniger eigenartig war: Wenn das Kaninchen einen neuen Geruch lernte, veränderten sich beiläufig die Antwortmuster auch auf alle anderen bereits altbekannten Gerüche. Und zum dritten war die Dynamik des Erscheinens und Verschwindens der „Fingerabdrücke" selbst überaus rätselhaft. Erwartete das Kaninchen einen Geruch, dann erhöhte sich auch die scheinbar zufällige Aktivität des Riech-

kolbens. Ebenso verwunderlich: Der „Fingerabdruck" im Gehirn erschien keineswegs allmählich beim Einatmen des Riechstoffes, sondern blitzartig gegen Ende des Atemzuges, um ebenso blitzartig zu Beginn des Ausatmens wieder zu verschwinden.

Die Details der Riechkolbendynamik ließen immerhin dringend vermuten, daß sich die Aktivität der gesamten Neuronenmasse als Antwort auf gelernte Gerüche in jeweils charakteristischer Weise „selbst organisiert". Diese spontane Bildung typischer Antwortmuster wird stark beeinflußt von Gedächtnisspuren, die sich ihrerseits erst in einem Selbstorganisationsprozeß dem Riechkolben einprägen müssen. So wie die Strudel und Wellen eines Baches von der Form eines hineingehaltenen Gegenstandes geprägt werden, so die elektrischen Aktivitäten des Riechkolbens von den geruchsspezifischen Gedächtnisspuren.

Doch wie die Selbstorganisationsprozesse im Riechkolben im einzelnen aussehen könnten, blieb fürs erste ein unlösbares Rätsel. Bis Walter Freeman sich in die Erkenntnisse der neuen Chaosforschung vertiefte, in deren Licht ihm die beobachteten Seltsamkeiten plötzlich erklärbar schienen. Hatte der Wissenschaftler ursprünglich als selbstverständlich angenommen, die elektrische Aktivität des Riechkolbens, die ihn bei seinen Experimenten so behindert hatte, sei ein von anderen Hirnteilen verursachtes statistisches Rauschen, so dämmerte ihm nun: dieses Rauschen könne in Wirklichkeit deterministisches Chaos sein, produziert vom Riechkolben selbst.

Freeman und seine Mitarbeiter waren elektrisiert, denn eine genauere Analyse ihrer Daten im Lichte der Chaosmathematik ließ sie dringend vermuten, daß der Riechkolben tatsächlich deterministisches Chaos erzeugt. Und mehr als das: Das systematische Spiel mit dem Chaos – so glaubten sie aus ihren Ergebnissen folgern zu dürfen – ist eines der fundamentalen Funktionsprinzipien unseres Gehirns, das die ständig neue Selbstorganisation der „beweglichen Ordnung" darin, kurz: unsere Wahrnehmungen, Gedanken und Phantasien überhaupt erst ermöglicht.

Dafür, daß der scheinbare „Zufall" in Wahrheit deterministisches Chaos ist, sprechen Freeman zufolge mehrere Indizien. So legte seine mathematische Analyse nahe, daß die EEG-Aktivität kein Zufallsprodukt ist, sondern einem „seltsamen Attraktor" (siehe Beitrag Richter „Physik zwischen Chaos und Ordnung") mit vier bis sieben Dimensionen gehorchen könnte – ein starker Hinweis auf deterministisches Chaos. Die Wellenform des EEG während der „Fingerabdruck"-Phasen scheint dagegen von „periodischen Attraktoren" regiert zu werden. Das Erkennen eines Geruches, vielleicht ganz allgemein das Erwecken einer Erinnerung oder eines Gedankens im Gehirn bedeutet nach Freeman das kurzzeitige Auftauchen einer „Insel der Ordnung" aus dem schäumenden Chaos.

Zum zweiten erzeugten auf einem Supercomputer simulierte, der zellulären Architektur des Riechkolbens nachempfundene „neuronale Netze" mal geordnete, mal chaotische Aktivitätsmuster – je nach den speziellen Bedingungen. Der Grund für dieses instabile Verhalten: Die Nervenzellen im Riechkolben sind hochgradig rückgekoppelt. Und die „nichtlinearen Differentialgleichungen", die ein solches Zusammenspiel plausibel beschreiben, erzeugen je nach den Randbedingungen – mit denen man spielen kann – mal chaotische, mal regelmäßige Lösungen, also: mal statistischer Zufall, mal deterministischer Fingerabdruck.

Zum dritten scheint nur die Annahme, daß der Riechkolben ein Chaosgenerator ist, in der Lage, die blitzschnellen Wechsel von elektrischem Wirrwarr und hochspezifischen Aktivitätsmustern, von Chaos und Ordnung zu erklären. Denn statistisches Rauschen dürfte sich im Gehirn nur langsam verändern – analog zum „thermischen" Rauschen, etwa in der Bewegungsvielfalt der Luftmoleküle, das sich nur durch Herabsetzen der Temperatur vermindern läßt. Deterministisches Chaos dagegen kann ganz plötzlich entstehen oder vergehen, wenn sich die inneren Zustände des erzeugenden Systems nur geringfügig verändern.

Besondere Überzeugungskraft – und letztlich auch ihre Bedeutung für eine mögliche Revolutionierung unserer Vorstellungen von der Gei-

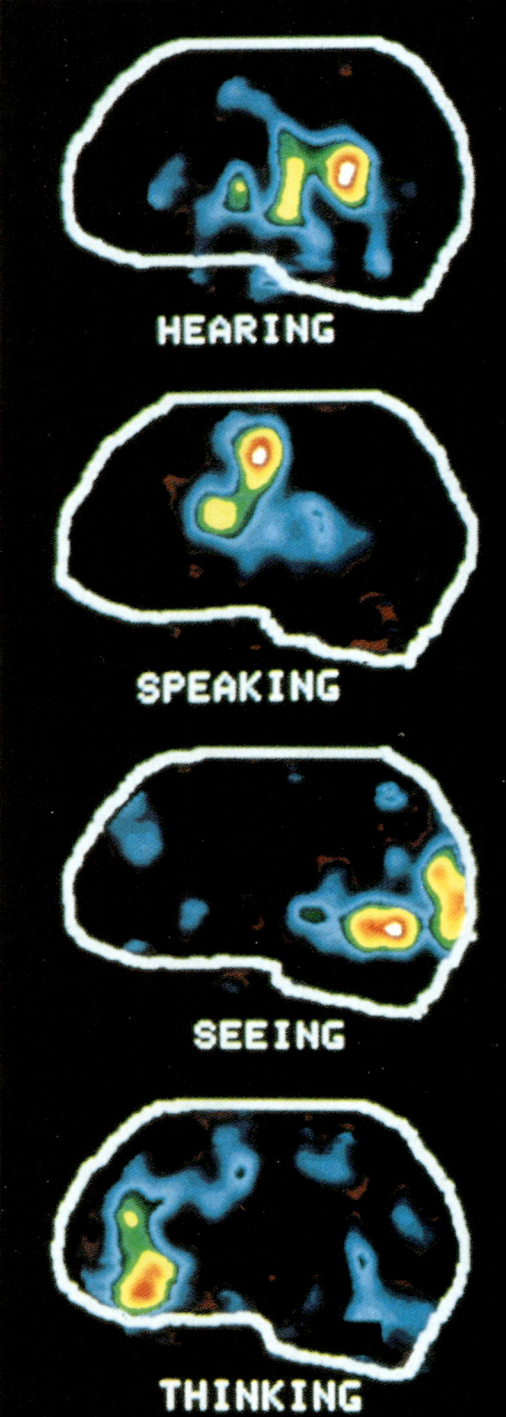

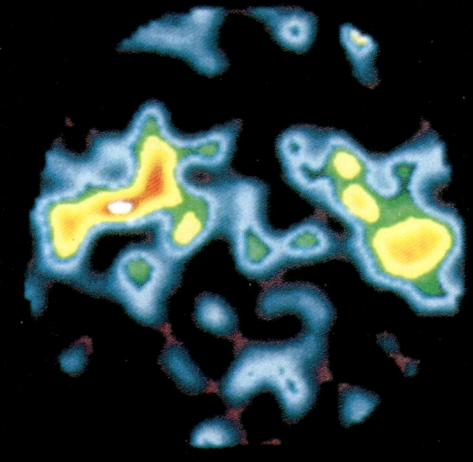

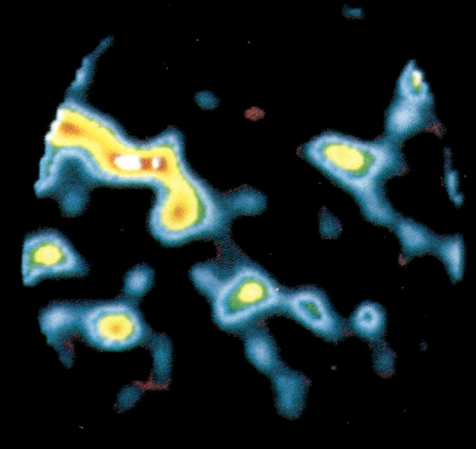

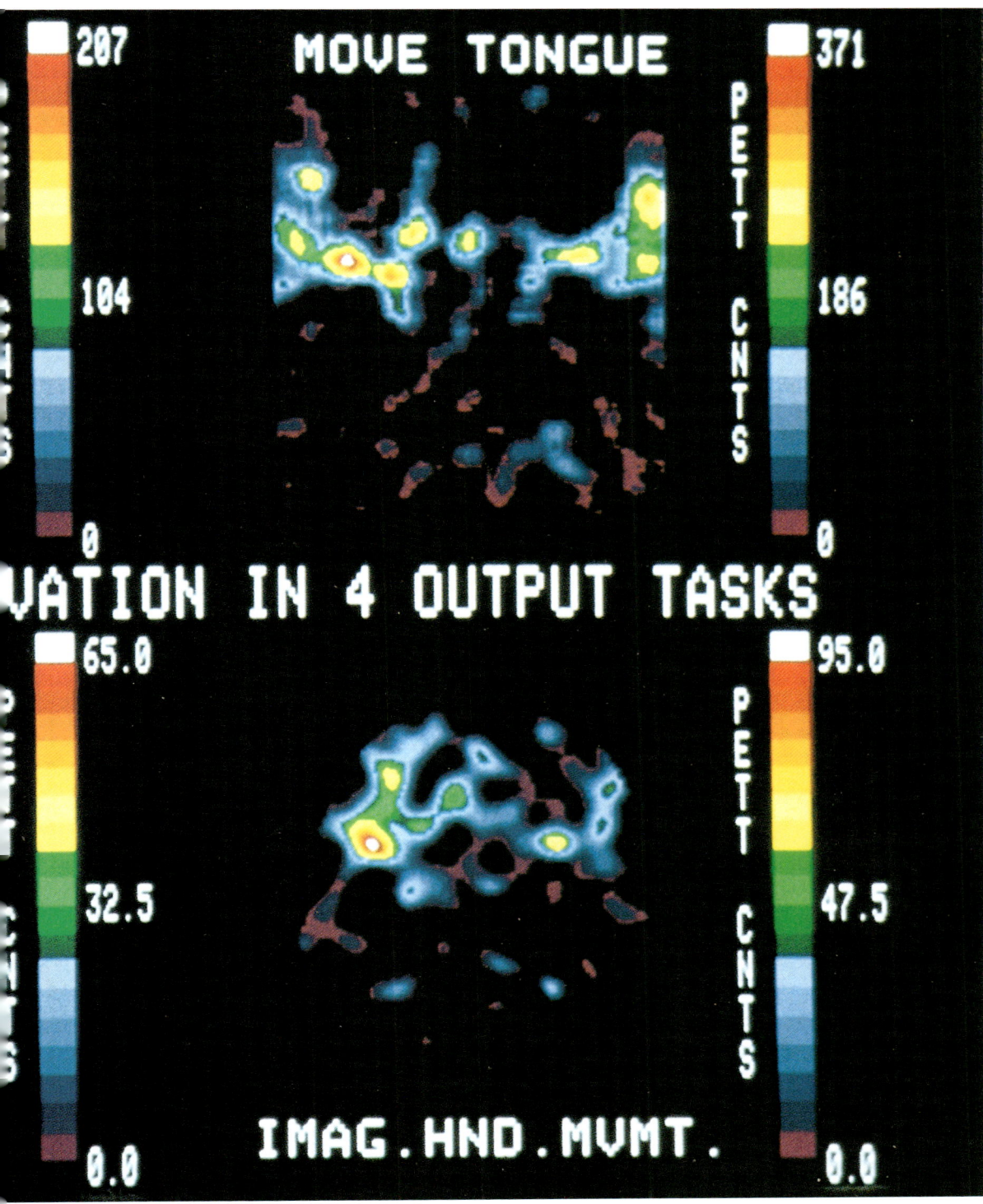

Gehirnfunktionen sichtbar gemacht: Die PET-Technik läßt besondere Hirnareale aufleuchten. Linke Reihe (von oben): hören, sprechen, sehen, denken. Daneben oben: Worte wiederholen, Zunge bewegen; unten: aktive Handbewegung, vorgestellte Handbewegung.

stestätigkeit – gewinnt die Argumentation Freemans und seiner Mitarbeiter dadurch, daß das Gehirn aus einem geschickten Spiel mit dem deterministischem Chaos erhebliche Vorteile ziehen könnte. So kann ein periodischer Attraktor – wie er vielleicht Erinnerungen oder Gedankenelemente kennzeichnet – blitzartig angesteuert werden, ausgelöst schon durch geringfügige Veränderung des internen Milieus, der sogenannten „Netzwerkparameter". Damit entfalle unter anderem ein langwieriges Absuchen von Gedächtnisspeichern.

Chaos ermöglicht aber auch, durch leichte Parameterveränderung einen einmal angesteuerten periodischen Attraktor wieder zu verlassen und so etwa zu verhindern, daß eine einmal aktivierte Erinnerung auf unabsehbare Zeit präsent bleibt – so daß etwa unser Kaninchen ewig den gleichen Geruch riechen müßte. Der Vorteil des „Chaos im Kopf" läge aus Sicht des Gehirnforschers Walter Freeman weniger im Chaos selbst, als vielmehr in der Möglichkeit, durch winzige Veränderungen der Eigenschaften („Parameter") einen dynamischen Wechsel von Chaos und Ordnung zu inszenieren – ein Wechselspiel, das überhaupt erst ein effektives Wahrnehmen, Lernen und vielleicht auch Denken ermöglicht.

Es ist verlockend, sich vorzustellen, daß die von Freeman postulierten Vorteile des Chaos nicht nur auf der von ihm untersuchten „niederen" Ebene zur Geltung kommen: das Wechselspiel von Chaos und Ordnung könnte die Quelle des Reichtums unserer Gedanken und Gefühle sein, indem es ununterbrochen geistige Inhalte aktiviert und durcheinanderwirft, nicht Gespeichertes wieder verschwinden läßt und so dem Hirn immer wieder neues Material anbietet, das es kombinieren und in dem es nach Sinn suchen kann. Kurz: Das Chaos könnte die Basis unserer Kreativität sein.

Daß Freemans Vorstellungen noch mit Unwägbarkeiten behaftet und bislang in Teilen noch spekulativ sind, mindert ihren Wert nicht. Schließlich sind es solche Gedanken, die den Humus bilden für die derzeit entstehende neue Theorie der Geistestätigkeit. Es scheint, als seien die Forscher gerade dabei, durch das Wechselspiel von Experiment, Computersimulation und Spekulation endlich einige der fundamentalen Tricks des Gehirns zu enträtseln.

Gleichwohl wird die Zitadelle unseres Geistes wohl noch auf lange Zeit das am wenigsten verstandene Organ bleiben. Ratlos sind die behendesten Theoretiker, wenn es etwa darum geht, auch nur eine der komplexeren Leistungen zu begreifen, die gleichwohl zum Minimalstandard der Nervenmasse im Schädel gehören. Völlig rätselhaft ist beispielsweise, wie wir sprechen:

• wie wir aus wolkigen Gedanken formulierbare Botschaften machen, wie wir die rechten Worte aus zehntausenden auswählen;

- wie wir sie nach Regeln, die uns oft nicht bewußt sind, in die grammatisch korrekte Form bringen, wie wir das Zusammenspiel der Sprechmuskeln oft stundenlang auf die Millisekunde genau steuern. Ebenso obskur ist,
- wie wir Sätze, gar kaum merkliche Winke und Gesten sofort im Zusammenhang richtig begreifen, wie wir etwa „Kalt, nich?" keineswegs als Frage, sondern als Aufforderung verstehen, das Fenster zu schließen.

Vielleicht spielt das deterministische Chaos bei den Selbstorganisationsprozessen im Gehirn tatsächlich jene fundamentale Rolle, die Walter Freeman ihm zutraut. Viele Wissenschaftler – wie etwa die Belgierin Agnessa Babloyantz – glauben, daß auch die großflächig von der Kopfhaut ableitbaren EEG-Signale nicht aufgrund des Rauschens so verzittert aussehen. Sie sehen die Aktivität vieler Hirnstrukturen, vor allem jedoch die Tätigkeit der Hirnrinde von den Regeln des Chaos bestimmt. Je nach den experimentellen Bedingungen und den angewandten mathematischen Prozeduren schwanken die Dimensionsangaben der verschiedenen Forscher für die Attraktoren, welche die verschiedenen Hirnzustände „regieren", doch ergibt sich etwa für den Tiefschlaf stets eine geringere fraktale Dimension des zugehörigen Attraktors als für den Wachzustand. Eine im Vergleich extrem niedrige Dimension hat der Attraktor beim epileptischen Anfall. So er-

mittelte Agnessa Babloyantz für den Tiefschlafattraktor eine Dimension von 4.0–4.4, für die „Alpha-Aktivität" des EEG im Wachen eine Dimension von 6.1 und für die epileptische Attacke eine Dimension von 2.05.

Was immer solche Zahlen bedeuten mögen – es darf in diesem Zusammenhang nicht verschwiegen werden, daß die Wissenschaftler sich noch keineswegs einig sind, ob und wie die Chaosmathematik überhaupt auf das Gehirn anwendbar ist, wie eventuell beigemischte Zufallsaktivität sauber von der chaotischen zu trennen ist, ob es nicht vermessen ist, fraktale Dimensionen vermuteter Attraktoren kommagenau angeben zu wollen. Manche Wissenschaftler sind angesichts des ausgebrochenen „Chaosfiebers" skeptisch ob der erhaltenen Resultate und halten es noch nicht für gesichert, daß das Gehirn tatsächlich deterministisches Chaos erzeugen kann.

Doch welche Rolle das Chaos in unserer Gedankenfabrik auch immer spielt – ein genaueres Begreifen der Arbeitsweise des Gehirns und der eventuellen Nützlichkeit des Chaos dabei wird nur möglich sein, wenn wir besser verstehen, wie die Neuronennetze im Kopf genau funktionieren. Denn die genaue Verschaltung der Nervenzellen ist nicht nur dafür verantwortlich, unter welchen Bedingungen Chaos entsteht oder vergeht, sondern auch, auf welche Weise das Wechselspiel von Chaos und Ordnung letztlich höhere Gehirnprozesse beeinflußt – das Abrufen von

Gedächtnisinhalten etwa in immer neuen Kombinationen.

Nun haben nicht nur Hirnanatomie und -physiologie, sondern auch die Theorie neuronaler Netzwerke in der letzten Zeit große Fortschritte gemacht. Es existieren mittlerweile detaillierte Modelle, die verschiedene Basisaktivitäten des Gehirns aus der Verschaltung seiner Neuronen erklären. Diese Modelle bedeuten einen qualitativen Sprung in unserem Verständnis des Gehirns.

Anders als in digitalen Computern gibt es in ihnen keine Trennung von „Hardware" und „Software", keine separaten Gedächtnisspeicher und keine zentrale, überwachende und steuernde Instanz. Unser Geist steckt nicht in raffinierten Programmen, sondern in der Dynamik von Neuronennetzen, die sich in diffizilen Lernprozessen durch „Selbstorganisation" strukturieren und lebenslang verändern.

Schon unsere – im Vergleich zu Computern – äußerst bescheidene Fähigkeit, mit Zahlen umzugehen, zeigt überdeutlich, daß das Gehirn nicht zum Rechnen da ist. Doch wenn das Gehirn kein Rechenautomat ist, was ist es dann? Vielleicht könnte man es eine „Intuitionsmaschine" nennen, die vor allem dafür sorgen muß, daß wir in komplexen Szenen mit im Prinzip unbegrenztem Informationsgehalt das für unsere momentanen Interessen Wichtige erkennen und das Richtige tun. Wollte das Gehirn alles, was es wissen möchte oder muß, um eine Szene zu beurtei-

len, hundertprozentig wasserdicht berechnen, müßte es weit größer sein als alle existierenden Computer zusammen. Und es müßte dennoch verzweifeln. Denn zum präzisen Berechnen ist die Welt viel zu komplex.

Auf situativ brauchbare, effiziente Intuition kommt es an. Und im Gewinnen von intuitiven Urteilen sind Hirne den Rechnern haushoch überlegen. Selbst in der Mathematik: denn Computer sind nur Rechner, keine Mathematiker. Es ist diese intuitive szenische Intelligenz, die dem Gehirn seinen Charme und seine Überlegenheit über elektronische Rechner verleiht – die Kunst, aus einer gewaltigen Vielfalt von Informationen unmittelbar die wichtigen und richtigen auszusortieren und zu einem balancierten Urteil zu verarbeiten.

Läßt sich die Art und Weise, wie das Gehirn sich in Szenen orientiert, am Ende in keine wie auch immer komplizierte Rechenvorschrift, in keinen „Algorithmus" fassen? Ist unser Denkorgan ein „nichtalgorithmischer Rechner"? Dieser ketzerisch anmutende Gedanke, der das konventionelle Verständnis des Gehirns als Rechenmaschine zur Makulatur erklärt, wird mittlerweile von Wissenschaftlern wie Roger Penrose (Universität Oxford) und Christoph von der Malsburg (Max-Planck-Institut für Hirnforschung in Frankfurt) ernsthaft vertreten. Wobei diese Forscher natürlich keineswegs bestreiten, daß den Selbstorganisationsprozessen auf der neuronalen Ebene strenge Gesetzmäßigkeiten zugrunde liegen, elementare Mechanismen, die beispielsweise beim Lernen die Verknüpfungsstärke zwischen Neuronen regulieren. Haben diese Ketzer recht, dann nutzt das Gehirn jedoch solche Gesetzmäßigkeiten, die von der Malsburg „triviale Algorithmen" nennt, um vor allem nichtalgorithmische Leistungen zu vollbringen.

Die Vorstellung, das Gehirn gewinne seine Intuitionen im Wesentlichen „nichtalgorithmisch", ist deswegen so ketzerisch, weil sie äußerst fraglich macht, ob die Lehrsätze über exakte Rechenmaschinen irgendeine Bedeutung für das Gehirn haben – was bedeuten würde, daß für das Verständnis des Gehirns eine ganz neue Informatik entwickelt werden muß. Im Wissenschaftsjargon ausgedrückt: Es ist sehr zweifelhaft, ob das Gehirn – wie angenommen – eine sogenannte Turing-Maschine ist, also ein Apparat, der eine bestimte Aufgabe nach einer Vorschrift (Algorithmus) löst. Diese Ungewißheit beinhaltet andere, zum Beispiel: ob das viel beschworene Gödel-Theorem (Kurt Gödel, 1906–1978, Wiener Mathematiker) tatsächlich die Erkenntnismöglichkeiten unseres Denkorgans begrenzt.

Intuitionsmaschine Gehirn: Es ist eine uralte Idee, daß in unserer Psyche ungeregelte mit Prozessen zusammenwirken, die Ordnung schaffen. Schon griechische Philosophen unterschieden im wesentlichen zwei Mechanismen der Geistestätigkeit: einerseits das weitgehend freie, oft wilde, phantastische Spiel der wuchernden Assoziationen, andererseits die strenge, disziplinierende Tätigkeit der Logik.

Die Frage nach der jeweiligen Bedeutung von Freiheit und Ordnung für unser Denken und Erkennen faszinierte die Denker über die Jahrhunderte hinweg. Philosophen der Neuzeit stellten eine weitere Frage, die das Grübeln über Geist und Gehirn bis heute bestimmt. Wie kommt die „Einheit des Bewußtseins" zustande? Wie geht es zum Beispiel zu, daß ein akustisch wahrgenommener Schrei sich mit dem visuellen Bild eines Federtieres im Geist zur einheitlichen Wahrnehmung eines krähenden Hahnes verbindet? Als Antwort auf diese fundamentale Frage formulierten Philosophen zwei konträre Thesen, die auch heute noch die Diskussion bestimmen.

Die erste, gewissermaßen „ordentliche" Alternative, deren Essenz noch in jüngster Zeit den meisten Hirnwissenschaftlern, Psychologen und Experten für „Künstliche Intelligenz" als quasi selbstverständlich galt, wurde im sechzehnten Jahrhundert von René Descartes formuliert und lautet im Prinzip: Die Geistestätigkeit wird von einer zentralen Instanz gesteuert. Im Gegensatz zu heutigen Kognitionsforschern, die sich oft einen koordinierenden Prozessor namens „Arbeitsgedächtnis" im Gehirn denken, sah der fromme Descartes die unsterbliche Seele als die alles überwachende und regelnde Instanz an. Von der Mitte des Ge-

hirns aus betrachtet die Seele gleichsam wie im Kino die von außen kom-
menden Botschaften der verschiedenen Sinne und verknüpft sie auf
nicht mehr erklärbare Weise zur
„Vorstellung". Es war David Hume,
der ein Jahrhundert später dieser
These vom monarchisch regierten
und kontrollierten Geist das „unor-
dentliche", anarchische Modell einer
Psyche ohne Herrscher gegenüber-
stellte – eine Idee, die in den heutigen Theorien zur „Selbstorganisation" des Gehirns mächtig wiederauf-
lebt. Der englische Philosoph verkündete: Der Geist ist nichts als die
ständig schwankende Verbindung
und Trennung der „Vorstellungen"
selbst, ein „Ich" als zusammenfas-
sende, einheitsstiftende Instanz gibt
es nicht.

Als im neunzehnten Jahrhundert
immer deutlicher wurde, wie stark
unser Seelenleben vom Gehirn und
besonders von der Hirnrinde abhängig ist, beflügelte das den Ehrgeiz
von Wissenschaftlern, das Wirken
des Geistes nicht mehr einer immateriellen Seele zuzuschreiben, sondern im Detail zu erforschen, wie die
graue Masse im Kopf diese wun-
derbaren Leistungen vollbringen
könnte. Sie identifizierten Hirnareale, ohne die wir nicht sprechen
oder verstehen können. Und sie fanden Nervenbahnen, welche die
Areale der Hirnrinde kreuz und
quer verbinden – eine Entdeckung,
die die Forscher in helle Aufregung
versetzte: denn wozu waren die hin-
und herlaufenden Leitungen da,

wenn nicht, um die geistigen Inhalte
der verschiedenen Hirnteile miteinander zu verknüpfen?

Ein fundamentaler Mechanismus
der Geistestätigkeit, die „Assozia-
tion", das freie Kombinieren vielfältiger Informationen schien plötzlich
naturwissenschaftlich begreifbar:
„Im Aufbau unseres Geistes", schrieb
der Psychiater und Hirnanatom Paul
Flechsig im Jahre 1896, „in den
großen, beharrenden Zügen seiner
Gliederung, spiegelt sich klar und
deutlich die Architektur unseres Gehirns wieder." Das Theoretisieren
über das Gehirn nahm einen ersten
großen Aufschwung, besonders inspiriert durch die Entdeckung und
schließlich detaillierte Beschreibung
der Nervenzellen – auch Sigmund
Freud versuchte in seiner Frühzeit,
ein neuronales Modell unseres See-
lenlebens zu entwerfen.

Wirklich erhellende Erkenntnisse
über die Arbeitsweise der Neuronennetze blieben jedoch zunächst aus.
Mehr und mehr galt das Gehirn als
hoffnungslos komplex, vielleicht auf
ewig unenträtselbar. Die Informationstheorie Claude Shannons und
vor allem Allan Turings zunächst abstrakte Überlegungen zur Möglichkeit, Rechenmaschinen zu bauen, be-
reiteten schließlich den Boden für eine Arbeit, welche die Mathematiker
Warren McCulloch und Gordon Pitts
im Jahre 1944 veröffentlichten: Aus
Turings Theorie läßt sich nämlich
ableiten, daß sich für jede nach Regeln – algorithmisch – lösbare Aufgabe eine Maschine aus sogenannten

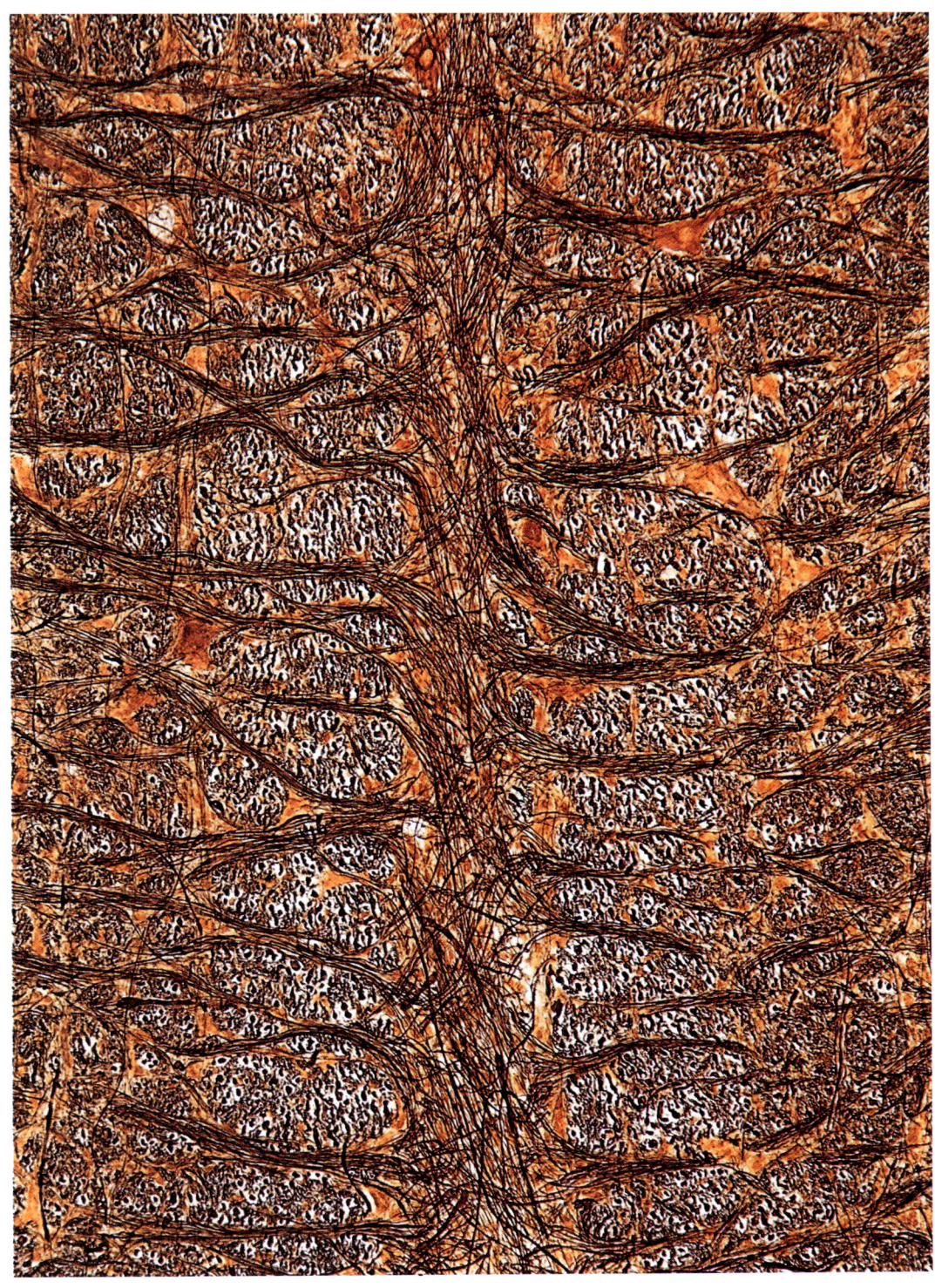

Über zahlreiche „Leitungen" sind die Nervenzellen des Gehirns miteinander
verflochten. In diesen „neuronalen Netzwerken" spielen nach Meinung von
Hirnforschern chaotische Prozesse eine Rolle.

logischen Schaltern bauen läßt, die das gewählte Problem exakt bewältigt.

McCulloch und Pitts behaupteten nun in ihrem Papier, daß Neuronen nichts anderes seien als solche logischen Schaltelemente und Gehirne folglich Turingmaschinen. Der Durchbruch zur Enträtselung des logischen Denkens schien geschafft. Wer ein Gehirn nachbauen wolle, muß nach McCulloch und Pitts nichts anderes tun, als ein paar Schaltelemente richtig zusammenzusetzen! Die Wirkung dieses Papiers war phänomenal. Der geniale Mathematiker John von Neumann befand, „daß diese vereinfachten Neuronenfunktionen durch Telegrafenrelais oder Vakuumröhren imitiert werden können." Von dieser Idee fasziniert gab von Neumann in den vierziger Jahren entscheidende Impulse zur Entwicklung eines „Elektronengehirns" und gab damit das Startsignal für die damals beginnende Suche nach „Künstlicher Intelligenz".

Die glatte Bauchlandung der Intelligenzbastler, die wachsende Erkenntnis, daß unser Geist keine „Software" und das Gehirn nicht als unwesentliche „Hardware" ignorierbar ist, lenkt nun heute den Blick zurück aufs neuronale Detail, vor allem auf die Hirnrinde, den sogenannten Cortex. Denn im Verknüpfungsmuster der Hirnrindenzellen scheint ein wesentlicher Teil des Geheimnisses zu stecken, warum wir uns trotz unserer kläglichen logischen Fähigkeiten soviel intelligenter

dünken dürfen als die trickreichsten Supercomputer.

Die Hirnrinde hat nun wenig Ähnlichkeit mit den kompliziert verdrahteten, aus verschiedensten Bauteilen zusammengesetzten elektronischen Schaltkreisen. Gemessen am Reichtum unserer Geistestätigkeit ist sogar erstaunlich, wie einförmig und langweilig der Cortex aufgebaut ist – offensichtlich ist der Natur hier eine genial einfache Erfindung gelungen. Im wesentlichen ist die Gehirnrinde vollgepackt mit einer einzigen Neuronensorte, den sogenannten Pyramidenzellen. Dicht an dicht sitzen diese „kleinen grauen Zellen" nebeneinander wie viel zu eng gepflanzte, verschieden große Bäume, deren Wurzeln und Äste sich verfilzen – etwa zwanzig Millionen im Cortex einer Maus, zehn Milliarden in der menschlichen Hirnrinde. Manche Pyramidenzellen werden von Sinnesorganen und Neuronen aus anderen Hirnteilen beeinflußt, manche steuern ihrerseits Muskeln und Drüsen. Vor allem jedoch erregen sich die Rindenneuronen gegenseitig. Die meisten Nervenzellfortsätze, die aus dem Cortex herausführen, führen an einer anderen Stelle wieder hinein. Doch während die Elemente in elektronischen Schaltungen meist nur mit zwei oder drei anderen Bauteilen verbunden sind, sendet jede Pyramidenzelle aktivierende Signale an etwa zehntausend andere Pyramidenzellen und empfängt Botschaften von ebensovielen!

Schon vor zwanzig Jahren wiesen Hirntheoretiker wie der Tübinger Max-Planck-Direktor Valentin Braitenberg darauf hin, daß diese gewaltige interne Vernetzung nicht gerade für eine exakt logische Arbeitsweise der Hirnrinde spricht. Vielmehr scheine in der Mikro-Anatomie des Cortex quasi direkt die Fähigkeit des Gehirns sichtbar zu werden, riesige Informationsmengen auf immer neue Weise durcheinanderzuschieben, praktisch alles mit allem zu verknüpfen und aus solch kreativem Chaos seine Intuitionen zu gewinnen.

Die Idee, daß die Architektur des Cortex hervorragend geeignet sein könnte, Informationen hochsensibel aus dem jeweiligen Kontext zu interpretieren, war von großer Tragweite. Wissenschaftler haben seitdem nicht nur versucht, die Fähigkeiten der kortikalen Nervenzellgeflechte theoretisch zu ergründen, sondern diesen Geflechten nachempfundene „Neuronale Netze" mit beeindruckenden Ergebnissen auf Computern simuliert. So entwickelte der US-amerikanische Psychologe Jay McClelland schon in den siebziger Jahren ein Neuronales Netzwerk, das Wörter, die man ihm beigebracht hat, auch mit teilweise verdeckten und verzerrten Buchstaben lesen kann. Der Trick: Das Netzwerk betrachtet das Gelesene nicht Buchstabe für Buchstabe, um schließlich an der Mehrdeutigkeit der verzerrten Lettern zu scheitern, sondern das ganze Wort, so daß es die Ambivalenzen aus dem

Zusammenhang heraus richtig interpretieren kann.

Ähnliche Prozesse könnten uns – McClellands Gedanken weitergesponnen – beispielsweise erlauben, auch Wörter aus dem Satzzusammenhang und Sätze aus der Situation heraus zu verstehen: die mittlerweile sehr zahlreichen gelungenen Simulationen Neuronaler Netze für Bild- und Spracherkennung machen deutlich, daß die Grundverschaltung des Cortex tatsächlich hervorragend geeignet scheint, auf relativ simple Weise in komplexen Szenen zwar nicht hundertprozentig bewiesene, aber in der Regel doch sinnvolle Intuitionen zu gewinnen.

Das zu solcher Szenendeutung nötige Wissen ist nun nicht von vornherein im Netzwerk enthalten. So müssen wir nicht nur der deutschen Sprache mächtig sein und lesen gelernt haben, sondern auch dies und das von der Welt kennen, um etwa zu begreifen, daß das Wort „Herren" auf einer Tür nicht bedeutet, daß dahinter Fürsten versammelt sind. Wie kommt solches Wissen in die Pyramidenzellen der Hirnrinde?

Die entscheidende Idee dazu, die praktisch allen heutigen Theorien zur Selbstorganisation des Gehirns sowie dem Boom der Neuralnetzsimulationen zugrunde liegt, ist schon im Jahre 1949 von Donald Hebb formuliert worden. Der kanadische Psychologe Hebb stellte die Hypothese auf, daß die Verbindungen zwischen den Pyramidenzellen nicht genetisch festgelegt sind, sondern sich zunächst weitgehend zufällig ausbilden. Sinnvolle Strukturen entstehen in diesem diffusen Netzwerk in einem „selbstorganisierten" Lernprozess. Als Basismechanismus dieses Prozesses postulierte Hebb eine simple Lernregel: Wenn bestimmte Pyramidenzellen – beispielsweise als Antwort auf ein gesehenes Gesicht – gemeinsam aktiv werden, dann verstärken sich die Verbindungen zwischen diesen Zellen. So entstehen Gruppen eng miteinander verknüpfter Neuronen, sogenannte „Cell Assemblies".

Diese durch Lernen entstandenen Zellverbände neigen dazu, auch dann als Ganzes zu feuern, wenn zunächst nur ein Teil ihrer Neuronen aktiviert wird. Diese Neuronen „zünden" dann den Rest der Zellgruppe: Wenn also das einmal gelernte Gesicht nur unvollständig oder verzerrt oder nach Jahren verändert gesehen wird, macht das nichts: die Gruppe feuert, das Gesicht ist erkannt. Und da jede Gruppe mit anderen verbunden ist, assoziieren wir zu dem Gesicht gleich andere, mit ihm verknüpfte Gedächtnisinhalte – etwa, was wir mit der Person erlebt haben, was wir von ihr halten.

Da Hebbs Theorie nicht zu der Vorstellung paßte, daß der Geist ein Computerprogramm sei, wurden seine Ideen jahrzehntelang nur von wenigen Forschern aufgegriffen und weiterentwickelt. So zeigten etwa der Finne Teuvo Kohonen und der Deutsche Günter Palm durch ma-

thematische Betrachtungen, daß Nervenzellen tatsächlich in der Lage sein könnten, selbstorganisiert nach Hebbs Prinzipien zu lernen. Als Hebbs Grundideen aber im Jahre 1949 durch Simulationen bestätigt werden konnten, wurden mehr und mehr Forscher auf sie aufmerksam – bis das Interesse schließlich in den letzten Jahren in den heutigen Boom mit den Neuronalen Netzen explodierte.

Schon wenige Hebb-artig miteinander verbundene Modellneurone können Beachtliches leisten. So konstruierte der amerikanische Wissenschaftler Terrence Sejnowski ein „NET Talk" genanntes Netzwerk aus nur dreihundert Neuronen, das nach Durchlaufen einer „Lallphase" recht passabel englische Wörter vorlesen kann.

Anders als herkömmliche Computer müssen sich selbst organisierende Neuronale Netze nicht zuvor exakt instruiert werden, *Wie*, sondern nur, *Was* sie lernen sollen. Was die Aufgabe des menschlichen „Lehrers" erheblich vereinfacht, der keine hochkomplizierten Programme mehr schreiben muß – allerdings am Ende selbst nicht weiß, wie sein Wundernetz im einzelnen funktioniert. Untersucht man jedoch gewissermaßen wie ein Hirnforscher Modellneuron für Modellneuron des arbeitenden Netzwerkes, dann zeigen sich auch im Detail verblüffende Ähnlichkeiten zwischen künstlichen und natürlichen Neuronalen Netzen. Was wiederum sehr dafür spricht, daß die

Spuren der Kreativität: Wie ein spontanes Abbild seiner Phantasie wirkt dieses sprachdurchsetzte Bild, das Henry Miller 1966 malte. Gehirnforscher hoffen, daß die Theorie der Selbstorganisation auch bei der Erklärung der Kreativität weiterhilft.

Hirnrinde tatsächlich nach Hebb-artigen Prinzipien funktioniert.

Das Instruieren künstlicher Netzwerke, was sie genau lernen sollen, stellt ein Problem dar. Denn von sich selbst aus haben die Netzwerke keinen Bezug zur Welt, keine Neugier und keinen Impuls, sich um irgendetwas zu kümmern. Die heutigen Instruktionsmethoden – etwa über ein „Backpropagation" genanntes Verfahren – sind wohl nicht die, nach denen das Gehirn sich seine Fähigkeiten aneignet.

Lebewesen lernen vielmehr, weil sie von Anfang an eine Urbeziehung zur Welt besitzen und eingebaute Ahnungen, was darin wichtig ist. So ist das Gehirn des Säuglings schon genetisch darauf programmiert, an der Brustwarze zu saugen, sie schließlich zu suchen, auf Formen, die Gesichtern ähneln, zu achten, Gegenstände interessanter zu finden als die Luft zwischen ihnen, sein Greifen nach Dingen zu verbessern, die komischen Laute der Mutter nachzuahmen und so fort. Das Lernen wird also von letztlich evolutionär vorprogrammierten Basisintuitionen in Gang gesetzt, ohne die alle Hilfe von außen vergebens wäre – denn das Kind wüßte einfach nicht, was wichtig ist in dem Durcheinander der Eindrücke.

Unsere gewaltige Lernfähigkeit und damit Flexibilität beruht also keineswegs auf totaler Freiheit und Offenheit für alles, sondern könnte paradoxerweise viel stärker von rigorosen Vorprogrammierungen abhängen, als das bis heute bekannt ist. Denn die Abwesenheit jeder Regel verhindert das Lernen ebenso wie vollkommen starre Reaktionszwänge – Chaos allein ist so unproduktiv wie Ordnung allein. Und Basisintuitionen sparen Zeit und Aufwand. So scheint es, daß angeborene Ahnungen über die Strukturierung der Sprache dem Kind das Sprechenlernen ungemein erleichtern.

„Geschickt genutztes Vorwissen scheint der eigentliche Trick zu sein, mit dem das Gehirn seine Aufgaben bewältigt" behauptet denn auch der Bochumer Neuroinformatiker Werner von Seelen. „Es scheint sehr sinnvoll zu sein, in das Gehirn von vornherein die Annahme einzubauen, daß sich entfernende Objekte nicht wirklich kleiner werden. Ein komplizierter Mechanismus, der dies berechnet, erübrigt sich dann." Schon in der Struktur des Gehirns und besonders der Hirnrinde steckt ein enormes implizites Vorwissen über die Art der Aufgaben, die Säugetiere hauptsächlich bewältigen müssen: „Flächenhaft angeordnete Prozessoren sind für eine diffizile Szenenanalyse hervorragend geeignet." Frühere Hirnforscher haben sich beispielsweise gewundert, wieso es in der Sehrinde so viele „Karten" des Gesichtsfeldes gibt. Heute ist die Antwort klar: gewisse elementare Eigenschaften der Sehwelt wie Farbe, Bewegung oder Begrenzungslinien werden jede für sich in einer speziellen „Karte" analysiert – wobei der Ort im Gesichtsfeld schlicht durch den

Ort der Kartenaktivität dargestellt wird. Ebenso werden die Frequenzen von Tönen, die Tastempfindungen an der Körperoberfläche, kurz: eine gewaltige Zahl von elementaren und komplexen Aspekten der Welt jeweils gesondert in Karten dargestellt.

Lebewesen ohne Cortex, wie beispielsweise die Reptilien, reagieren relativ starr auf ganz bestimmte Außenweltreize. Sie besitzen so ein hocheffektives, aber auch hochspezialisiertes Überlebensprogramm. Hätte die Natur, als sie den Cortex „erfand", nur die Starrheit aufgelöst und durch Offenheit ersetzt, so hätte kein Tier mit Hirnrinde überlebt. Orientierungslos wäre das arme Vieh vom Chaos der vielfältigen, nun ohne Interpretation sinnlosen Informationen überflutet worden. Von Anfang an muß die Flexibilität, die der Cortex ermöglicht, rigoros gebändigt gewesen sein.

Das ökonomische Prinzip „Cortex plus interpretationsleitendes Vorwissen", das in der Natur so überaus erfolgreich ist, inspiriert nun auch Ingenieure. So ist es der Forschergruppe um Werner von Seelen kürzlich gelungen, einen Roboter zu entwickeln, der Hindernisse erkennt und umfährt. Er orientiert sich mit Hilfe eines der Hirnrinde nachempfundenen Neuralnetzes. Gleichwohl muß er nicht alles, was er an Wissen braucht, lernen, sondern „weiß" a priori, daß die Außenwelt stabil ist – auch wenn deren wahrgenommenes Bild sich beim Herumfahren verän-

dert. So erspart sich die Maschine eine Menge Rechenaufwand. Sich derart im Raum zu bewegen – das haben konventionelle Computer bis jetzt noch nicht geschafft. Doch nicht alle Genialität, die in dem Gerät steckt, reklamiert von Seelen für sich selbst: „Wir haben das Ding ja nicht erfunden, sondern nur der Natur abgeschaut."

Nicht nur theoretische Überlegungen und Simulationen, sondern auch direkte Experimente am Gehirn zeigen immer deutlicher, daß im Gespinst der cortikalen Neuronen Hebb-ähnliche Lernprozesse stattfinden könnten. So strukturiert sich die zunächst diffus verschaltete Sehrinde in der frühen Kindheit in einem selbstorganisierten, adaptiven Prozess, bei dem viele Synapsen vergehen und andere durchlässiger werden. Der Amerikaner Michael Merzenich entdeckte vor einigen Jahren, daß die Struktur der motorischen Hirnrinde von Affen auch im Erwachsenenalter noch flexibel ist. Wird ein Finger sehr stark beansprucht, vergrößert sich das für diesen „zuständige" Areal der Hirnrinde.

Prinzip Cortex: Hebb-artige Regeln gehören offenbar zu den „Basistricks" des Gehirns. Die Erklärung der Dynamik des Gehirns durch die Aktivität Hebb'scher Zellgruppen läßt gleichwohl viele Fragen offen; etwa, wie wir blitzschnell das Wesentliche in nie gesehenen Szenen erfassen können, oder wie wir auf qualitativ neue Gedanken kommen. Der

Frankfurter Hirntheoretiker Christoph von der Malsburg stellte auch die naheliegende Frage, wie das Hirn sich vor der Überflutung durch sinnlose Information schützt; wie es entscheidet, welche von den prinzipiell unendlich vielen Eigenschaften einer Szene wahrgenommen oder gar in den Zellgruppen abgespeichert werden. Ebensowenig erklärte die Theorie der Zellgruppen, wie wir uns beispielsweise ein nur einmal wahrgenommenes Gesicht sofort merken können. Denn die Hebb'schen Regeln erlauben nur ein allmähliches Ausbilden von Zellgruppen – wir müßten also ein Gesicht sehr oft sehen, bevor es endgültig gespeichert wäre. Zur Lösung des Problems schlägt von der Malsburg unter anderem vor, daß Synapsen sich auch blitzartig verstärken können – eine spekulative These, für die es gleichwohl experimentelle Hinweise gibt.

Um komplexe Szenen je nach Lebenslage und Interesse unter immer wieder neuen Aspekten interpretieren zu können, extrahieren verschiedene Hirnteile – wie beschrieben – unterschiedlichste Charakteristika aus dem Strom der Informationen. Doch wenn es keinen zentralen Prozessor gibt, wenn unsere Geistestätigkeit sich weitgehend selbst organisiert – wie werden die auseinandergerissenen Informationsfetzen zu sinnvollen Wahrnehmungen und Gedanken kombiniert? Wie kommt im Hirn zusammen, was in der Welt zusammengehört, etwa die Form des Apfels mit seiner Farbe? Auch für dieses Problem hat von der Malsburg eine mögliche Lösung vorgeschlagen. Neuronen, die Zusammengehörendes repräsentieren, könnten in schnellen, synchronisierten Schwingungen gemeinsam feuern. Wenn etwa eine „Karte" in der visuellen Hirnrinde an einer bestimmten Stelle die Form eines Apfels sieht und eine andere Karte an der korrespondierenden Stelle die Farbe Rot, dann werden beide Informationen durch gemeinsame Aktivität der Neuronen verbunden. Obwohl die „Korrelationstheorie" von der Malsburgs gewiß nicht die ganze Wahrheit über die „Einheit des Bewußtseins" bedeuten muß, häufen sich in letzter Zeit experimentelle Belege, daß synchronisiertes Feuern von Nervenzellen tatsächlich ein wichtiger Trick sein könnte, der Ordnung im Chaos der neuronalen Gewitter schafft.

Gibt es eine Möglichkeit, die Theorie der Zellgruppen mit den Spekulationen Walter Freemans zur Rolle des Chaos im Gehirn zusammenzubringen? Auf den ersten Blick scheint sich da eine schwer überwindbare Schwierigkeit aufzutun. Nicht nur durch Walter Freemans Experimente ist es mehr als wahrscheinlich, daß schon bei den einfachsten Wahrnehmungen ein gewaltiger Prozentsatz der Cortexneuronen aktiv ist. Eine Gedächtnisspur in Form einer Zellgruppe kann jedoch nur relativ wenige Neuronen umfassen, da sie sich den Platz in der Hirnrinde mit unzähligen anderen Gedächtnisspuren teilen muß.

Doch der Widerspruch könnte auflösbar sein, wenn man die Vorstellung aufgibt, daß in der Hirnrinde nur die jeweils aktivierten Zellgruppen in geordneter Weise tätig sind, während der Rest der Neuronen schweigt oder – je nach Höhe des allgemeinen Erregungspegels – mehr oder weniger intensiv, aber zufällig feuert. Im Lichte von Freemans Theorie könnten einmal gezündete Zellgruppen dadurch wirksam werden, daß sie gewissermaßen als geprägte Keime die Aktivität des Gewebes in jeweils spezifischer Weise beeinflussen – so wie der in fließendes Wasser gehaltene Gegenstand die Strudel und Wellen in charakteristischer Weise formt. Die im Zusammenwirken mit subcorticalen Hirnstrukturen gesteuerte Erhöhung und Erniedrigung des allgemeinen Erregungspegels und damit der Parameter könnte dafür sorgen, daß von Zellgruppen geordnete Aktivität mit chaotischer, die Ordnung wieder löschender Tätigkeit der Neurone abwechselt.

In der schnellen Periodizität des EEG könnte sich durchaus ein periodisch fluktuierendes Erzeugen und Auflösen von Ordnung in der gesamten Hirnrinde abbilden. Der Züricher Hirnforscher Dietrich Leh-mann hat das EEG mit 49 auf der Kopfhaut verteilten Elektroden großflächig aufgenommen und gezeigt, das verschiedene Arten zu denken mit jeweils wiedererkennbaren, charakteristischen räumlichen Aktivitätsmustern des EEG einhergehen. Jedes dieser Spezialmuster bleibt bis eine halbe Sekunde lang stabil, um dann blitzschnell zu verschwinden, worauf es sich wiederholt oder ein neues Muster erscheint. „Atome des Denkens" vermutet Lehmann in den großflächig aufblitzenden und verlöschenden Mustern. Ihnen glaubt er etwa ansehen zu können, ob die Versuchsperson sich innerlich gerade mit der Vergangenheit oder mit der Zukunft beschäftigt. Lehmann vermutet sogar, daß das Gehirn über diese fluktuierende Aktivität verschiedene Denkstrategien ein- und abschalten kann.

„Auf lokaler Ebene deterministisch, auf mittlerer Ebene chaotisch und auf hoher Ebene gestaltbildnerisch" – so sieht Christoph von der Malsburg das Denkorgan. Vielleicht hat er mit diesem Statement den Erklärungsrahmen abgesteckt, innerhalb dessen sich einst der Bewußtseinsstrom im *Ulysses* ebenso begreifen läßt wie die Entstehung der Relativitätstheorie in Einsteins Gehirn.

Folgende Seite:
Die Symmetrie eines Gesichtes signalisiert dem Genetiker, daß bestimmte Erbfaktoren
das Immunsystem stärken – Ausdruck nichtlinearer Wechselwirkung zwischen
den Erbfaktoren.

Barbara Ritzert

GESUNDHEIT UND KRANKHEIT – WIEVIEL CHAOS BRAUCHT DER MENSCH?

„Man muß sich so unterhalten, daß man lange Zeit die Illusion hat, sich verstehen zu können", sagt der Physiker Gregor Morfill. „Aber nur wenn man den Mut hat, auch schwierige Wege zu gehen, kann man wissenschaftliches Neuland betreten", ergänzt der Mediziner Georg Schmidt.

Szenen einer ungewöhnlichen Ehe: Der Direktor des Münchener Max-Planck-Instituts für extraterrestrische Physik, normalerweise wie Captain Kirk und seine Besatzung der Enterprise „in den unendlichen Weiten des Weltalls" zu Hause, und der Arzt von der Medizinischen Klinik der Technischen Universität München, tagtäglich konfrontiert mit Angst und Leid herzkranker Erdenbürger, haben sich zusammengetan und vor einem Jahr ein gemeinsames Institut gegründet. An diesem „Zentrum für Nichtlineare Dynamik in der Kardiologie", getragen vom Max-Planck-Institut und der Technischen Universität, untersuchen rund zwanzig Wissenschaftler – Physiker, Mediziner, Ingenieure und Computerspezialisten – mit neuen Methoden das rhythmische Pochen des menschlichen Herzens. In dem auf den ersten Blick gleichmäßigen Zick-Zack-Muster eines Elektrokardiogrammes scheinen nämlich mehr Informationen zu stecken als die Mediziner bislang vermutet haben. „Wenn es uns gelingt, diese Informationen aufzuspüren und zu analysieren, können wir bei Patienten in der Zukunft vielleicht das Risiko eines plötzlichen Herztodes besser abschätzen als dies zur Zeit möglich ist", erklärt Georg Schmidt.

Um an diese bisher vernachlässigten Informationen heranzukommen, nutzt die buntgemischte Expertenschar die Erkenntnisse der Chaosforschung. Denn auch der Rhythmus des Herzens wird – ähnlich wie das Wetter oder die Bewegung der Planeten – regiert von den Gesetzmäßigkeiten des deterministischen Chaos oder, wie Gregor Morfill lieber sagt, von den Regeln der „komplexen oder nicht-linearen Dynamik": die

Schlagfrequenz des Herzens, das sich etwa siebzig Mal pro Minute zusammenzieht, variiert bei gesunden Menschen unvorhersehbar. Diese Beobachtung machten der amerikanische Kardiologe Ary Goldberger von der renommierten Harvard Medical School und andere US-Forscher bereits Anfang der achtziger Jahre. Die chaotische Spontanvariabilität der Herzfrequenz wird jedoch bei herkömmlichen Analysen eines EKG als nichtssagendes „Hintergrundrauschen" mathematisch ausgegrenzt. Heute glauben indes viele Forscher, daß gerade in diesen vermeintlichen „Signalverschmutzungen" eine wichtige, wenn nicht sogar oft die eigentliche Information stecken könnte.

Solche Vermutungen hegen nicht nur jene Wissenschaftler, die Herzfrequenzen analysieren. Möglicherweise handelt es sich bei solchen komplexen Rhythmusschwankungen um ein generelles Prinzip biologischer Systeme – denn Chaos herrscht nicht nur im Herzen. Auch in der Aktivität von Gehirn und Blutgefäßen sowie im Immun- und Hormonsystem entdeckten die Forscher in den vergangenen Jahren immer häufiger das Walten des Unvorhersehbaren.

Chaos im Organismus – eine Idee, die traditionellen Vorstellungen zu widersprechen scheint. Denn schon für die Mediziner und Philosophen der Antike war Gesundheit gleichbedeutend mit Ordnung und Harmonie, Krankheit bedeutete indes Unordnung, also Chaos und Disharmonie: „Gesundheit bewahrend", schreibt der Gelehrte Aetios von Amida im 6. Jahrhundert, „ist die Gleichstellung der Kräfte, des Feuchten, Trockenen, Kalten, Warmen, Bitteren, Süßen ... Alleinherrschaft einer einzigen Kraft jedoch bedeutet Krankheit. Die Gesundheit beruht indes auf der gleichmäßigen Mischung der Qualitäten."

Fast tausend Jahre später jedoch interpretierte Paracelsus, der mit seinem Aufbegehren gegen die Autoritäten das hippokratische Weltbild der damaligen Chefärzte ins Wanken brachte, das Chaos als „materia prima", als Urmaterial der Schöpfung. Der größte Medizinkritiker des Mittelalters scheint schon vor fast fünfhundert Jahren geahnt zu haben, was Wissenschaftler des zwanzigsten Jahrhunderts mit mathematischen Formeln und aufwendigen Computerprogrammen herausgefunden haben: ohne Chaos keine hochkomplexe Ordnung. Komplexe Strukturen – und was wäre dafür ein besseres Beispiel als das Leben in seiner ganzen Vielfalt – können nur entstehen, wenn sich die Einzelteile eines Systems nicht einfach addieren, sondern wenn die Bestandteile zu vielfach interagierenden, dynamischen Netzwerken verwoben sind. Denn nur solche Systeme haben die Möglichkeit – quasi ohne eine ordnende Hand – sich selbst zu immer komplizierteren Mustern zu organisieren.

In einfachen Systemen, die mit linearen Gleichungen berechnet werden können, addieren sich A und B zu C. Eine geringfügige Veränderung der Ausgangsbedingungen bewirkt daher auch nur eine geringfügige Änderung des Endzustandes. Anders ist es indes bei komplexen Systemen, die nicht-linearen Gesetzmäßigkeiten unterliegen: schon die geringste Veränderung der Ausgangsbedingungen kann sich gravierend auf das Verhalten eines solchen Systems auswirken. Somit ist eine enorme Variationsbreite in der Entwicklung möglich, die auch ungeordnet – eben chaotisch – schwanken kann. Aufgrund der Vielzahl von Verhaltensmöglichkeiten kann die Entwicklung solcher Systeme für längere Zeiträume nicht mehr vorausgesagt werden, obwohl auch sie mathematischen Regeln gehorcht. Das ist die Ursache dafür, daß Mathematiker für dieses Phänomen den scheinbar in sich widersprüchlichen Begriff „deterministisches Chaos" prägten.

Für jene Mediziner, die heute auf Paracelsus' Spuren wandeln, ist daher Chaos nicht gleichbedeutend mit Unordnung, Disharmonie und Krankheit, sondern Voraussetzung für das Entstehen einer hochkomplexen Ordnung, die aufgrund ihrer Dynamik auch auf Änderungen und Störfaktoren flexibel reagieren kann. „Die Unvorhersehbarkeit komplexer biologischer Systeme entspricht unserer täglichen ärztlichen Erfahrung", sagt der Hormonforscher Rolf Dieter Hesch aus Konstanz und Professor an der Medizinischen Hoch-

schule Hannover. Zwar will jeder Kranke wissen, ob und wann er wieder gesund wird, aber die ärztliche Prognose kann sich immer nur an statistischen Wahrscheinlichkeiten orientieren; für den Einzelfall ist diese Vorhersage indes nie absolut sicher. Zu groß ist die Zahl der Faktoren, die die Balance zwischen Gesundheit und Krankheit beeinflussen, und die das empfindliche Gleichgewicht unvorhersehbar auf die eine oder andere Seite kippen lassen können.

Kein Mediziner kann erklären, warum ein Kind krebskrank wird, obwohl es unter den gleichen Bedingungen aufwächst wie tausend andere. Und jeder Arzt, der einem Patienten rät, bestimmte Risikofaktoren zu meiden, kennt als Reaktion darauf die Geschichte vom Großonkel, den weder Alkohol noch Zigarren daran hindern können, noch im hohen Alter von fünfundachtzig Jahren putzmunter und gesund zu sein. „Daß der Arzt in solchen Fällen von Schicksal spricht, zeigt deutlich das für ihn Unverständliche der Natur", schreibt der Freiburger Mediziner Wolfgang Gerok.

Die Einsichten der Chaosforscher auf dem Gebiet der Medizin könnten dieses Unverständliche in Zukunft vielleicht ein bißchen verstehbarer, wenn auch nicht berechenbarer machen. Um chaotisches Verhalten im Herz-Kreislauf-, Nerven- oder Hormonsystem zu untersuchen, müssen Physiker und Mathematiker mit Medizinern und Biologen zusammenarbeiten. Doch dieses interdisziplinäre

Arbeiten kann nicht nur stimulierend sein, sondern bringt oft auch Probleme mit sich. Die unterschiedlichen Fachsprachen der beteiligten Forscher erleichtern nicht gerade die Kommunikation und sorgen häufig für Mißverständnisse. Der Brückenschlag zwischen den Disziplinen erfordert viel Geduld – und kann auch einer Karriere hinderlich sein. „Unsere Doktoranden haben manchmal Schwierigkeiten, von den beteiligten Disziplinen ernstgenommen zu werden", beschreibt Georg Schmidt die Folgen für Nachwuchswissenschaftler, die sich der neuen Forschungsrichtung verschrieben haben. In der Tat halten viele Mediziner und Biologen die mathematischen Strategien der nichtlinearen Dynamik für fragwürdige Methoden, mit denen selbst dort noch Muster entdeckt werden können, wo – aufgrund herkömmlicher Analysen – keine mehr sind.

Darüber hinaus sind die hochabstrakten Berechnungen und Aussagen nicht gerade einfach nachzuvollziehen und zu verstehen, wenn man in jenem mathematisch-physikalischen Denkgebäude nicht beheimatet ist, in dem es von unterschiedlichen Attraktoren und Phasenräumen nur so wimmelt, in dem sich „Korrelationsdimensionen und Ljapunow-Exponenten, Julia- und Cantormengen, Bifurkationen und Fraktale, Periodenverdoppelungen und Akkumulationspunkte" tummeln, und nicht zuletzt und vor allem das „Feigenbaum-Szenario" selbst dann noch weiterhilft, wenn die „Ljapunow-Ex-

ponenten versagen". Und was könne überhaupt schon dabei herauskommen, munkeln Skeptiker, wenn Ingenieure, die Bauteile des astronomischen Rosat-Satelliten konstruiert haben, Apparaturen für medizinische Zwecke entwerfen und programmieren? Physiker und Mathematiker tun sich hingegen schwer, wenn es darum geht, die biologischen und medizinischen Voraussetzungen nachzuvollziehen – was bitte ist eine „ST-Strecken-Senkung", eine „Tachykardie" oder eine „Purkinje-Faser"? Und beim sogenannten Kammerflimmern handelt sich auch nicht um eine architektonische Neuentwicklung, sondern um eine lebensbedrohliche Situation, die dem Herzstillstand vorausgeht. Wer sich als Wanderer zwischen solchen Welten erproben will, sitzt schnell zwischen allen Stühlen und fällt bei der Beschaffung von Forschungsgeldern auch leicht durch den Rost der überwiegend auf Einzeldisziplinen fixierten Förderinstitutionen.

Um das Maß voll zu machen, löcken die Chaosforscher auch den Stachel wider einen generellen Trend in den biomedizinischen Wissenschaften – der Untersuchung immer winzigerer Details, wenn es etwa darum geht, herauszufinden, wie Enzyme und Gene, Zellen und Moleküle funktionieren. Ihr reduktionistischer „Schloß-und-Schlüssel-Ansatz" hat zwar unbestritten in den vergangenen zwanzig Jahren zu einem explosionsartigen Erkenntniszuwachs geführt. Doch wer Leben in

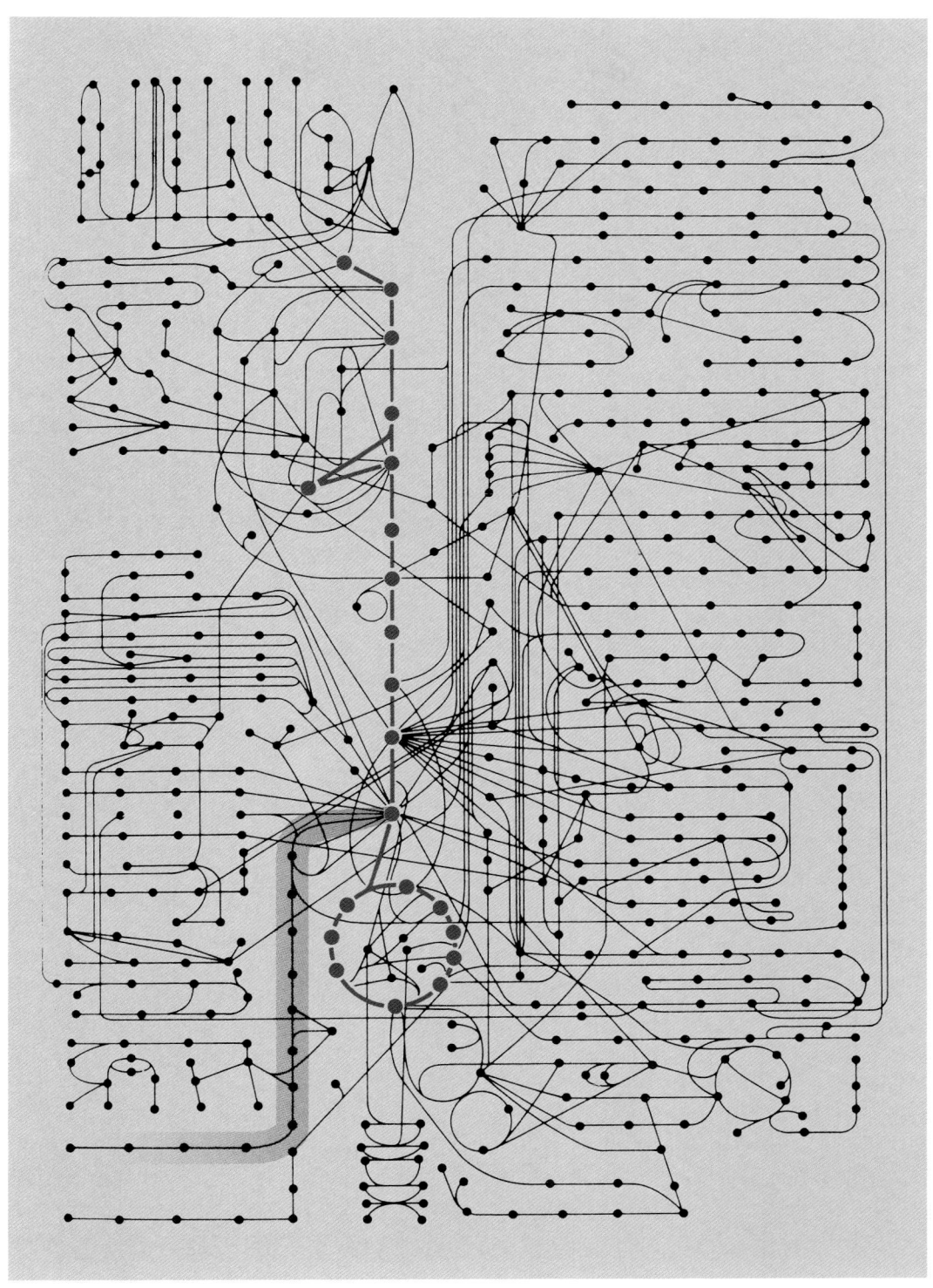

Eine Leberzelle im Netzwerk ihrer zahllosen Stoffwechselreaktionen:
Um ihre Funktion – wie die Synthese von Cholesterin oder den Glukoseabbau –
zu gewährleisten, müssen alle diese Prozesse ständig in einem halbwegs stabilen
Gleichgewicht miteinander stehen.

immer kleinere Einheiten zerpflückt, in Reagenzglasreaktionen aufspaltet und schließlich nur noch die Faltung eines einzigen Moleküls analysiert, dem kann es geschehen, daß ihm dabei das, was er eigentlich untersuchen will, das Leben nämlich, durch die Finger rinnt. Und allzuoft stehen die Forscher vor einem Haufen wild durcheinandergewirbelter Mosaiksteinchen, die sich trotz aller Mühe nicht mehr zu einem Bild zusammenfügen lassen – vermutlich deshalb, weil sich hochkomplexe Systeme nicht aufgrund von Analysen der einzelnen Details erklären lassen: Das Ganze ist eben mehr als die Summe seiner Teile. „Wenn man Struktur und Dynamik trennt, macht man das Leben kaputt", sagt Rolf Dieter Hesch kategorisch.

Chaosforscher betonen zwar, wie wichtig und unverzichtbar dieser reduktionistische Ansatz ist. Aber sie glauben dennoch, daß die Ergebnisse ihrer Forschungsstrategien „sich wie ein Film über die alten Denkmuster legen und zu einer Erweiterung und Ergänzung der Sichtweisen führen werden", wie Hesch formuliert.

Im Gegensatz zu den konventionell arbeitenden Wissenschaftlern interessieren sich die Chaosforscher nämlich mehr für prinzipielle Zusammenhänge. Sie untersuchen, welche Verbindungen zwischen verschiedenen dynamischen Strukturen, das heißt zeitlich veränderlichen Abläufen bestehen und wie die Teile eines biologischen Systems miteinander verbunden sind und zusammen-

wirken. Entsprechend dieser Betrachtungsweise liegt der Unterschied zwischen Gesundheit und Krankheit, zwischen Leben und Tod weniger in den stofflichen Strukturen selbst – der „Hardware" – begründet als vielmehr darin, wie sich dynamische Prozesse, der „Software" vergleichbar, ändern. Diese Sichtweise hat auch dazu geführt, daß die Wissenschaftler den eher verwirrenden Begriff der „dynamischen Krankheit" prägten: Krankheiten entstehen dann, wenn sich Körperrhythmen verändern und entgleisen.

„Der menschliche Körper ist ein kompliziertes Mosaik von nichtlinearen dynamischen Systemen", formuliert der Physiologe Leon Glass von der McGill-Universität in Montreal das Credo der Chaosforscher. „Diese Systeme interagieren untereinander und mit der Umwelt, und alles steht unter der Kontrolle von Rückkoppelungsschleifen. Wenn man solche dynamischen Vorgänge verstehen will, geht dies nur, wenn man die mathematischen Methoden der nichtlinearen Dynamik einsetzt."

Mit diesem Instrumentarium hat auch das Team von Gregor Morfill und Georg Schmidt am Münchener Zentrum für Nichtlineare Dynamik in der Kardiologie bislang 250 Langzeit-Elektrokardiogramme von gesunden und herzkranken Menschen ausgewertet – insgesamt sollen in den fünf Jahren der Zusammenarbeit 6000 solcher Herzstromkurven analysiert werden. Damit die Kurven auch jene Daten liefern, die die Forscher für ihre Analysen brauchen, hat das Team zunächst ein neues digitalisiertes und vor allem tragbares EKG-Gerät entwickelt, das sensibler reagiert und mehr Werte erfassen kann als herkömmliche Geräte. Die nachfolgenden Berechnungen sind derartig kompliziert, daß ein Cray-Computer, der zu den leistungsfähigsten und größten gehört, vier Stunden arbeiten muß, um eine Sekunde Herzaktion entsprechend den mathematischen Vorgaben der Physiker zu berechnen. Was dabei am Ende herauskommt, visualisieren die Forscher in einer speziellen Grafik – einem abstrakten, mathematischen „Portrait" der Dynamik der Herzfrequenz. Die Meßpunkte bilden in dieser Darstellung zigarrenförmige oder bizarre Haufen, angeordnet in einem dreidimensionalen Würfel, einem sogenannten Phasenraum.

In solchen Darstellungen werden Bewegungsmuster wie der Herzrhythmus graphisch anschaulich. Dazu werden Werte, die in regelmäßigen Abständen gemessen werden – eine sogenannte Zeitreihe – nacheinander den Achsen des Phasenraums zugeordnet und durch Punkte repräsentiert. Aus den nächsten Messungen, die oft nur um eine Sekunde versetzt sind, ergibt sich der nächste Punkt. Werden in einem solchen Phasenraum zufällig erzeugte Werte abgebildet, ist der Raum gleichförmig mit Punkten bedeckt. Ein System, dessen Signale nach den Regeln des deterministi-

schen Chaos entstehen, liefert indes Punktklumpen.

Ein zigarrenförmiger Punkthaufen entsteht, wenn die Herzstromkurven eines gesunden Menschen analysiert werden. Sie zeigen die dynamischen Reaktionen des Herzmuskels, der seine Schlagfrequenz Treppensteigen und sportlicher Betätigung (die kleinen Zeitabstände am unteren Ende der „Figur") sowie Schlafen und Entspannung (lange Zeitabstände zwischen den Schlägen am oberen Ende der Figur) flexibel anpassen kann. Bei Herzpatienten kann diese Anpassungsfähigkeit des Herzens beeinträchtigt sein – das Herz schlägt „starrer". Sichtbare Veränderung im mathematischen Portrait: Die Zigarrenfigur verschwindet und bizarre Verformungen treten an ihre Stelle.

Zusätzliche, quasi „außerplanmäßige" Herzschläge, sogenannte Extrasystolen, liefern ebenfalls Punkthaufen, die als mehr oder weniger zusammenhängende Strukturen abgebildet werden. Da auch die meisten Extrasystolen im Phasenraum keine wirren Punktmuster, sondern deutlich geformte Objekte bilden, folgern die Münchener Forscher, daß auch diese Herzschläge nicht zufällig auftreten, sondern den Regeln der nicht-linearen Dynamik entsprechend in den Gesamtrhythmus eingeordnet sind.

Aber wie gefährlich sind diese Arhythmien für Herzkranke tatsächlich? Die konventionelle EKG-Analyse liefert den Ärzten dafür nur wenige Anhaltspunkte. Zwar gelten bestimmte Muster als risikoträchtig, doch die Treffsicherheit dieser herkömmlichen Analysen ist äußerst gering. Können die Chaosforscher genauere Angaben über das Risiko eines Patienten machen, vom plötzlichen Herztod bedroht zu sein? „Bislang sind unsere Prognosen noch nicht exakter als die der herkömmlichen EKG-Analyse, selbst wenn bei unserer Methode Artefakte seltener sind", stellt Georg Schmidt selbstkritisch fest. Aber das Team steht ja auch erst am Anfang der Arbeit: „Wir wollen mit den gleichen Methoden auch noch andere Abschnitte von EKGs untersuchen und nicht nur die Zeitabstände zwischen zwei Schlägen", erklärt Schmidt. Und solche Untersuchungen könnten bislang übersehene Informationen in Herzstromkurven zutage fördern. Vielleicht bestätigen sich bei diesen Analysen die ersten noch vorsichtig formulierten Vermutungen, die die Münchener Forscher entwickelt haben: Schlägt ein Herz „starr", also weniger dynamisch, deutet dies auf eine Erkrankung hin. Ein solches Herz kann auch Störungen wie Extrasystolen weniger gut verkraften, da es nicht mehr so elastisch reagieren kann wie ein gesünderes Herz, dem die außerplanmäßigen Schläge wenig auszumachen scheinen. Möglicherweise sind also nicht Herzrhythmusstörungen per se gefährlich, sondern nur dann, wenn sie in einem Herzen auftreten, das solche „Stöße" nicht mehr auffangen und kompensieren kann.

Daß die Münchener Forscher auf der richtigen Spur sind, belegen neueste Forschungsergebnisse, die das Team von J. E. Skinner vom Baylor College of Medicine in Houston im vergangenen Jahr im Fachblatt *Circulation Research* veröffentlichte: Das Forscherteam untersuchte an acht Schweinen, welche Auswirkungen ein verstopftes Herzkranzgefäß auf das dynamische Muster des Herzrhythmus hat.

Doch für praktisch tätige Ärzte sind derartige Anwendungen der Chaosforschung sicherlich noch ebenso Zukunftsmusik wie Versuche, den chaotisch entgleisten Rhythmus eines Herzmuskels etwa durch eine Art „Gegen-Chaos" zu normalisieren. Im Reagenzglas ist dies im vergangenen Jahr US-Forschern gelungen: Sie konnten arhythmisch und hochgradig chaotisch pulsierende Herzmuskelzellen von Kaninchen wieder zum normalen Schlagen bringen. Wie das Team aus Medizinern und Physikern 1992 im US-Fachblatt *Science* beschrieb, ließen die Wissenschaftler die Abstände der unregelmäßigen Frequenzen von einem Computer überwachen und ebenfalls in ein mathematisches Portrait des Rhythmus umwandeln. Erstes Ergebnis: Die arhythmischen Kontraktionen der Zellen ereigneten sich nicht zufällig, sondern folgten den Regeln des deterministischen Chaos.

Aufgrund der Analyse des Portraits berechnete der Computer, wann den Zellen ein elektrischer Impuls gegeben werden sollte. Der

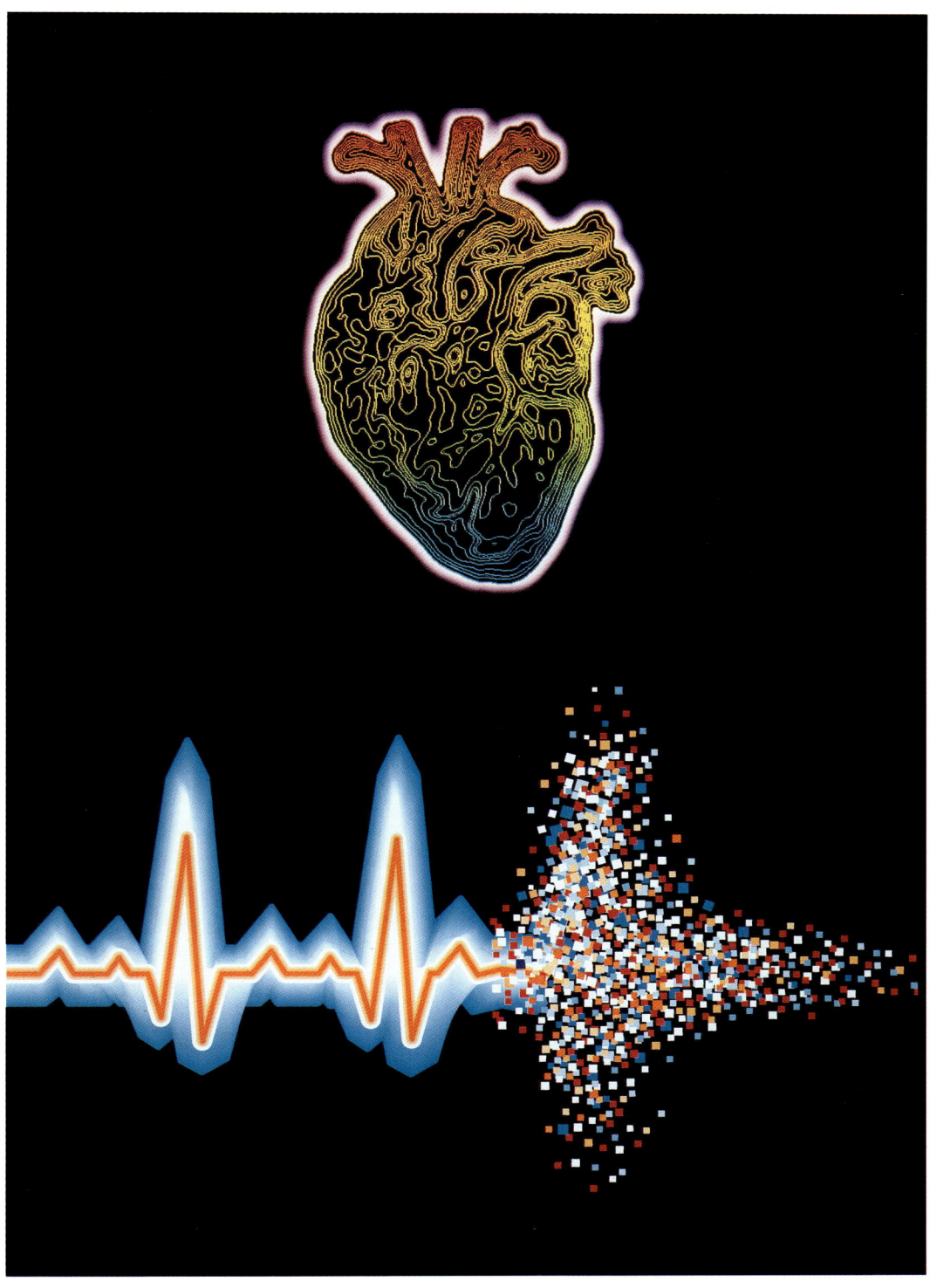

Gesundheit, sagen Mediziner, sei ein Balanceakt zwischen Chaos und Ordnung. Unkontrolliertes Herzflimmern kurz vor einem Herztod zeigt Strukturen, wie sie auch das deterministische Chaos beschreibt.

Rechner setzte diese Impulse nur sporadisch und in unregelmäßigen Abständen – den Gesetzmäßigkeiten des deterministischen Chaos entsprechend. Chaos wurde mit Chaos bekämpft. Den Wissenschaftlern gelang es in den meisten Fällen, mit dieser Strategie die Herzmuskelzellen wieder zum normalen Schlagen zu veranlassen. Kamen die Impulse indes regelmäßig oder in einem zufälligen Muster, blieb der Effekt aus.

Ob diese Ergebnisse aus dem Reagenzglas – die Arhythmien wurden durch das Medikament Digitalis ausgelöst – jedoch mit der Situation herzkranker Patienten vergleichbar ist, wissen die Forscher nicht. Es sei noch unklar, in welchem Ausmaß Arhythmien bei menschlichen Herzleiden tatsächlich den Gesetzen des deterministischen Chaos gehorchen. Dennoch habe man vorsorglich ein Patent auf eine neue Art von Herzschrittmacher angemeldet, der als eine Art „Chaos-Kontrolleur" fungieren soll: Der Schrittmacher überwacht die Herzfrequenz und greift blitzschnell mit „chaotischen" Gegenimpulsen ein, wenn die Herzfrequenz arhythmisch wird.

Epilepsie – Chaos im Kopf?

Ähnlich wie das EKG scheint auch das EEG, das Elektroenzephalogramm, das bioelektrische Potentialschwankungen des Gehirnes in Meßkurven umsetzt, mehr Informationen zu enthalten, als die Neurologen bislang herauslesen konnten. Im Gegensatz zu einer Herzstromkurve ist das Muster eines EEGs, das aus oberflächennahen Schichten der Großhirnrinde abgeleitet wird, weitaus unregelmäßiger.

Nur bei einem epileptischen Anfall werden die Ausschläge deutlich rhythmischer und heftiger. Der Grund: Während gesunde Nervenzellen ihre Botschaften mit etwa 20 bis 30 elektrischen Impulsen pro Sekunde übertragen, feuern bei einem Anfall die Nervenzellen sogenannter „hyperaktiver Herde" 500 bis 800 Mal in der Sekunde. Agnessa Babloyantz (siehe auch Beitrag Mechsner „Das Chaos im Kopf") und ihre Mitarbeiter von der Universität Brüssel haben Mitte der achtziger Jahre die Gehirnstromkurven von gesunden Menschen und Patienten während eines epileptischen Anfalles mit den Methoden der nicht-linearen Dynamik untersucht. Ergebnis: Sowohl im gesunden Gehirn als auch bei einem epileptischen Anfall entdeckten die Wissenschaftler chaotisches Verhalten. Es scheint, als sei das Gehirn der größte Chaot im menschlichen Organismus. Bei einem epileptischen Anfall reagiert das Gehirn also weniger chaotisch als im Normalzustand.

Erol Basar vom physiologischen Institut der Universität Lübeck vertrat schon zu Beginn der achtziger Jahre die Hypothese, daß Hirnstromkurven mehr repräsentieren als die zufällige Aktivität feuernder Neuronen. Agnessa Babloyantz bestätigte diese Resultate, als sie EEGs analysierte, die von tieferen Gehirnregionen der Katze abgeleitet waren.

Was ist der Grund für Chaos im Kopf? Vermutlich handelt es sich bei dem Gehirn um „ein gigantisches dynamisches System", wie der Chemiker Otto Rössler von der Universität Tübingen vermutet. Chaos ist höchstwahrscheinlich die Voraussetzung dafür, daß sich das Gehirn blitzartig an wandelnde Eindrücke aus der Umwelt anpassen und neue Reaktionsmuster entwickeln kann. Wird das Gehirn mit einem Reiz konfrontiert, feuern bestimmte Neurone rhythmisch-synchron. Es entstehen sogenannte „evozierte Potentiale" oder evozierte Rhythmen. „Dabei handelt es sich um eine Verstärkung der spontanen EEG-Aktivität, die ebenfalls den Gesetzmäßigkeiten des deterministischen Chaos unterliegt", erklärt Basar. Und derartige Rhythmen werden nicht nur durch Sinnesreize von außen, sondern auch durch Denkprozesse ausgelöst, wie das Team von Basar und andere Forschergruppen nachweisen konnten.

Zwar kann sich der Lübecker Hirnforscher vorstellen, daß in der Zukunft die Berechnung von Chaosfaktoren des Gehirns als eine Art „Frühwarnsystem" benutzt werden könnte, um frühzeitig auf sich anbahnende krankhafte Gehirnveränderungen aufmerksam zu werden. Es ist auch durchaus denkbar, daß diese Strategie es ermöglichen könnte, mit einer vorbeugenden Behandlung solche gefährlichen Veränderungen der

Gehirnaktivität zu verhindern. Allerdings warnt Basar gleichzeitig vor verfrühten Schlußfolgerungen: Denn einige Forschungsergebnisse deuten darauf hin, daß es nicht ratsam ist, sich ausschließlich auf die Berechnung von Chaoswerten zu verlassen, wenn die Gehirntätigkeit analysiert wird. Als amerikanische Forscher Ende der achtziger Jahre Hirnstromkurven bei epileptischen Anfällen untersuchten, fanden sie weitaus höhere Chaoswerte als das Team von Agnessa Babloyanz. Dies könne zwar durch Unterschiede bei der Untersuchung verursacht worden sein. Möglicherweise müßten aber auch die Computerprogramme den Besonderheiten biologischer Daten noch besser angepaßt werden.

Hormone im Aufruhr – Chaos im Stoffwechsel

Chaos reagiert nicht nur die Dynamik der elektrischen Kommunikation innerhalb und zwischen den verschiedenen Systemen in einem Organismus. Auch chemische Reaktionen im Stoffwechsel und die Kommunikationssignale des Hormonsystems können chaotisch schwanken.

In biologischen und medizinischen Laboratorien, zumindest in solchen, in denen Stoffwechselprozesse untersucht werden, hängt häufig ein großes, für den Laien verwirrendes Poster. Neben ihm nimmt sich auch noch die konfuseste Straßenkarte aus wie ein übersichtlicher Lageplan. Die

„biochemical pathways" ermöglichen eine aufregende Reise durch die komplizierten Stoffwechselprozesse in einer lebenden Zelle.

Wenn man mit dem Finger einen der unzähligen Wege verfolgt, landet man in immer feineren Verzweigungen, kommt zurück zum Ausgangspunkt oder kann einen der vielen Seitenwege einschlagen und findet sich dabei plötzlich am anderen Ende der Karte wieder. Die Überschreibung der genetischen Information in einen Botenstoff ist in dieser biochemischen Landkarte ebenso enthalten, wie der Abbau von Blutzucker, die Glukose, im sogenannten Zitratzyklus oder die Synthese von Cholesterin. Und jeder Biologiestudent dürfte mindestens einmal in seinem Studium vor dieser Karte stehen und sich fragen, wie in drei Teufels Namen dieses ganze Netzwerk funktioniert und gesteuert werden kann, ohne daß alles durcheinandergerät. Eine Antwort darauf haben sicherlich die Chaosforscher: Um Störungen und Ungleichgewichte auszubalancieren, müssen auch Stoffwechselprozesse dynamisch reagieren können. Sie verfügen über eine große Palette von Verhaltensmöglichkeiten – von regelmäßigen bis hin zu chaotischen Zuständen.

Ein Beispiel dafür ist der Abbau von Glukose. Diesen Prozeß hat ein Forscherteam um Benno Hess und Mario Markus vom Dort- munder Max Planck-Institut für Ernährungsforschung bei der Hefe untersucht. Diese Mikroorganismen bauen Glukose nicht kontinuierlich, sondern in periodischen Wellen ab, was die Energieausbeute steigert. Durch Veränderungen in der Häufigkeit der Nahrungszufuhr gelang es den Forschern, das gleichmäßig schwingende System zunächst in einen oszillierenden und schließlich in einen chaotisch schwankenden Zustand zu versetzen. Der Blutzuckerabbau dürfte darüber hinaus die Grundlage einer inneren, biologischen Uhr sein. Bedingt durch einander überlagernde Oszillationen des Systems hat diese Uhr einen Stunden- und einen Minutenzeiger.

Brüchig wegen zu großer Starrheit – Knochenschwund

Was geschieht, wenn die dynamische Flexibilität eines Systems verlorengeht, mit der es auf wechselnde Reize, Anforderungen und Störfaktoren plastisch reagieren kann, wird deutlich an einer volkswirtschaftlich bedeutsamen Erkrankung, dem Osteoporose genannten Knochenschwund. An dem schleichenden Abbau der Knochenmasse leiden allein in der Bundesrepublik vier bis fünf Millionen Frauen. Jede dritte Frau ist in Gefahr, während oder nach den Wechseljahren an Osteoporose zu erkranken. Auch Männer – vor allem im fortgeschrittenen Lebensalter – sind betroffen, wenn auch seltener. Im Laufe der Jahre führt der Verlust an Knochenmasse dazu, daß sich beispielsweise die

Wirbelkörper des Rückgrates verformen – es entsteht ein Rundrücken –, oder die porös werdenden Knochen leichter brechen. In den USA gehen jährlich allein 1,3 Millionen Frakturen auf das Konto dieser Erkrankung.

Beim gesunden Menschen wird die Knochensubstanz ständig auf- und abgebaut – ein dynamisches Gleichgewicht. Balanciert wird dieses Gleichgewicht von einer komplizierten Hormonkaskade. Ein wichtiger Regulator des Knochenumbaus ist das sogenannte Parat-Hormon. Es wird von der Nebenschilddrüse produziert, abhängig von der Calciumkonzentration im Blut. Sinkt der Calciumspiegel im Blut, weil Calcium in den Knochen eingebaut wurde, werden mehr Parat-Hormone ausgeschüttet. Dieser Stoff sorgt nun dafür, daß vermehrt Knochenmasse abgebaut wird – der Calciumspiegel steigt wieder und drosselt dadurch seine eigene Produktion.

Werden die Konzentrationen von Parat-Hormon und Calcium bei gesunden Menschen und Osteoporosekranken mit konventionellen Methoden bestimmt, finden die Ärzte allerdings keinen Unterschied. Haben also diese beiden Regulatoren des Knochenumbaus gar nichts mit der Osteoporose zu tun?

Weit gefehlt. Der Teufel steckt, wie die Forschergruppe um Rolf Dieter Hesch und Klaus Prank herausgefunden hat, wie immer im Detail – genauer gesagt in einer normalerweise dynamischen Schwankung der Hormonsekretion. Diese Schwankung entdeckten die Ärzte erst, als sie Patienten und Versuchspersonen Blut im Abstand von zwei Minuten abzapften und nicht – wie bei konventionellen Untersuchungen üblich – einmal täglich auf nüchternen Magen.

Als die Wissenschaftler die Ausschüttung des Parat-Hormons mit den Methoden der nicht-linearen Dynamik untersuchten, fanden sie heraus, daß die Ausschüttung bei Gesunden chaotisch schwankt, während bei Osteoporose-Patienten diese Dynamik fast vollständig fehlt. Wieder ist es die Starre eines Systems, die krank zu machen scheint.

Nach diesen ersten Befunden hat Klaus Prank, der mittlerweile am Salk Institut in San Diego forscht, mit seinen Kollegen die Hormonausschüttung mit Hilfe von besonders „intelligenten" Computern, sogenannten neuronalen Netzwerken, weiter analysiert. Ergebnis: Bei Gesunden schwanken die Parat-Hormonkonzentrationen zwischen zwei Phasen, die jeweils unterschiedlich gut berechenbar sind. Eine Phase kann vergleichsweise gut vorausgesagt werden – ein Indiz dafür, daß dieser Zustand nur schwach chaotisch ist. Demgegenüber ist die andere Phase hochgradig chaotisch – ihre Entwicklung ist kaum vorhersagbar. Bei Osteoporose-Patienten verharrt die Hormon-Ausschüttung indes im Zustand der schwachen Vorhersagbarkeit, also im Chaos. Den Kranken fehlt die Dynamik zwi-

D.THEOPRASTVS. PARA
CELSVS. PHILOSOPHVS.
MEDICVS. MATHEMAT. CH
IMISTA: CABALISTA NATVRA.
INDVSTRIVS. INDAGATOR

Paracelsus, bedeutendster Medizinkritiker des Mittelalters, ahnte es schon vor fast fünfhundert Jahren: ohne Chaos keine hochkomplexe Ordnung.

schen Chaos und relativem Gleich-
maß. „Sie haben das gut organisierte
Chaos verloren", veranschaulicht
Rolf Dieter Hesch. Diese Ergebnisse
erklärten auch, warum es möglich
sei, mit einer sogenannten intermit-
tierenden Therapie, bei der das Hormon in Abständen verabreicht wird,
Knochenmasse bei Osteoporose-
Kranken wieder aufzubauen.

Für Rolf Dieter Hesch wäre die
Lehre von der hormonellen Kommunikation im Organismus, die
Endokrinologie, ein Paradebeispiel
für eine Systemwissenschaft, die
„nicht mehr nur Spezialwissen unzu-
sammenhängend anhäuft, sondern
allgemeinere Ordnungs- und Funktionsprinzipien über das Wesen
biologischer Systeme untersucht". So
zeige nicht zuletzt das Beispiel der
Osteoporose, daß auf die sogenannten Mittelwerte oft wenig Verlaß ist.
Ist die Dynamik der Hormonausschüttung oder der Signalüber-
tragung auf und in Zellen gestört,
könne dies ebenso schwerwiegende
Folgen haben wie eine generelle
Über- oder Unterproduktion des Bo-
tenstoffes. Wenn es um die Übertragung biologischer Signale geht, stellt
Hesch darum dem in der Erbsub-
stanz verschlüsselten genetischen
Code einen weiteren „dynamischen
Code" als gleichwertig an die Seite.
Dieser Code enthalte die physiko-
chemischen Prinzipien der Signal-
vermittlung – etwa Veränderungen
in der Gestalt von Molekülen, wenn
sie sich mit anderen Molekülen
verbinden.

Diese Einsichten, so beschreibt
Klaus Hesch seine Zukunftsvision
von einer sehr individuellen Medizin,
sollten zukünftig in der Diagnostik
berücksichtigt werden. Er nennt dies
„eine dynamikorientierte Diagnostik", die selbst dann noch Störungen
bei einem Patienten entdecken kann,
wenn der Mittelwert suggeriert, daß
alles „in Ordnung" sei. Auch auf die
Therapie würde dies Auswirkungen
haben. Die kann bei einer feineren
Diagnostik früher und damit vielfach
präventiv einsetzen, lange bevor
zunächst geringfügige Störungen in
einem System sich aufschaukeln und
den Organismus krank machen. Und
ähnlich wie die US-Forscher, die das
Patent auf den Schrittmacher angemeldet haben, der Chaos mit Gegen-
Chaos kontrollieren soll, ist Hesch
davon überzeugt, daß Patienten mit
Hormonstörungen in der Zukunft
nicht mehr einmal pro Woche eine
Spritze bekommen, sondern einen
intelligenten Apparat tragen, der ein
Hormon genau dann in die Blutbahn
pumpt, wenn es dort zur Normalisie-
rung eines gestörten Gleichgewichts
wirklich erforderlich ist.

Trotz Optimismus, Aufbruchstim-
mung und mannigfachen Zukunfts-
visionen gilt aber auch: Die Chaosforschung steckt auf dem Gebiet der
Medizin immer noch in den Kinder-
schuhen. „Viele Veröffentlichungen
über angeblich chaotisches Verhalten
biologischer Systeme beruhen auf
fehlerhaften Berechnungen", kon-
statiert Paul Rapp von der Universität von Philadelphia. Auch die

Chaosforscher selbst bleiben also von den Gesetzmäßigkeiten des Objektes ihrer Begierde nicht verschont. Wie immer, wenn sich ein neues Forschungsgebiet entwickelt, entsteht – neben vielen neuen und aufregenden Erkenntnissen – auch erst einmal das, was die beteiligten Wissenschaftler im vorliegenden Fall eigentlich erforschen wollen, nämlich Chaos.

Wieviel Chaos braucht der Mensch, um gesund zu bleiben?

„Noch fehlt uns eine in sich geschlossene Theorie", stellt Leon Glass, einer der Pioniere der neuen Forschungsrichtung fest. Wie viel Chaos braucht der Mensch, um gesund zu bleiben? Wie viel Chaos hält der Körper aus, ohne krank zu werden? Wann sind chaotische Schwankungen normal und wann gefährlich? Darauf hat zur Zeit noch kein Forscher eine definitive Antwort. „Diese Fragen werden wir sicherlich nur individuell für verschiedene Systeme beantworten können, wenn wir sie genau untersucht haben", meint Erol Basar. Warum auch sollten alle Körpersysteme sich identisch verhalten? Eine Dynamik, bei der das Gehirn einen epileptischen Anfall produziert, kann für ein Organ wie das Herz gerade richtig sein, damit es korrekt arbeitet. Pauschale Äußerungen wie „Gesunde Systeme wollen keine Homöostase, sie wollen Chaos", so zitiert zumindest die Fachzeitschrift *Science* den nicht unumstrittenen US-Forscher Ary Gold-

berger, sind daher vorsichtigeren Leuten wie Basar ein Dorn im Auge: „Ich bin gegen chaotische Statements in der Chaosforschung", sagt er und bringt seine Einwände gegen allzu voreilige Schlußfolgerungen so auf den Punkt: „Sollen wir denn sagen, daß ein normal schlagendes Herz oder regelmäßige Gehirnstromkurven ungesund und eine Herzrhythmusstörung oder ein chaotisches und asynchrones EEG gesund sind?"

Aber vielleicht kann den bei der Sinnsuche bedrängten Chaosforschern ja der schon erwähnte Gelehrte Aetios von Amida weiterhelfen. Der sprach schließlich schon im 6. Jahrhundert, wenn auch wenig präzise, von „der gleichmäßigen Mischung der Qualitäten."

Vielleicht löst sich das Problem der Wissenschaftler dann, wenn Chaos und Ordnung, Gesundheit und Krankheit nicht länger getrennt voneinander und als strikte Gegensätze gesehen werden, sondern als höchst dynamische Prozesse – eben „Darstellungsformen des Lebens", wie Rolf Dieter Hesch formuliert. „Der Mensch ist in seinem Leben unterwegs an den Grenzen von Phasen der Ordnung und Unordnung, zwischen Gesundsein und Kranksein."

Aber auch das haben die Ärzte früherer Epochen schon geahnt: Vor fast 1200 Jahren leitete nämlich ein Klosterarzt den sogenannten „Bamberger Kodex" mit den folgenden Worten ein: „Wir tragen unsere Krankheit im Fleische, tragen zeitlebens mit uns diesen Stachel des Todes. Wir alle befinden uns in der Lage eines Reisenden, des *homo viator*, der unterwegs – *in statu viatoris* – allein von der Hoffnung lebt und sein Heil zu wirken hat unter Furcht und Zittern."

Folgende Seite:
Manager als Lokführer ihren Unternehmenszug steuernd oder auf einem reißenden Fluß in einem Boot treibend; die Ideen des „Management by Chaos" stellen für viele Firmen eine Herausforderung dar – vor allem in schlechten Zeiten.

Barbara Heitger

CHAOS-MANAGEMENT – ZUR KARRIERE EINES BEGRIFFS

Chaostheorie hat Konjunktur – auch im Management. Wurde Chaos früher als negativ besetzter Begriff verwendet, etwa für „wilde Unordnung", so werden dem Chaos heute auch schöpferische und innovative Dimensionen zugeordnet.

In schnellem Schritt wurden die Erkenntnisse der naturwissenschaftlichen Chaostheorie auch für das Management rezipiert, nicht selten nur in popularisierter Fassung, schließlich sind ihre Elemente Nicht-Mathematikern ja nicht sogleich zugänglich. Wie ist diese Begriffskarriere zu erklären, der Wandel von einer Bedrohung zur Chance und einem Modebegriff? Wem nützt die Chaostheorie, was bietet sie dem Management an Neuem?

Unternimmt man einen Streifzug durch die aktuelle Managementliteratur, tauchen ein Übermaß an Ideen und Konzepten auf: Lean Management, Gemeinkostenanalyse, Kernkompetenzen, Diversifikation, Strategische Allianzen, Outsourcing, Downsizing, Dezentralisierung, Heter-

archie statt Hierarchie, Centerkonzepte (kleine, bewegliche autonome Einheiten), Qualitätsmanagement, Relationshipmarketing, die Rückkehr zum „Leader" als Führungskraft, Netzwerkorganisation, Time Based Management, … die Reihe der Ansätze ist kunterbunt und ließe sich fortsetzen.

Viele dieser Modelle und Methoden widersprechen einander zum Teil. Sie wirken chaotisch und unüberschaubar, zeigen aber zugleich, daß der Appetit auf neue Managementideen enorm ist – ein Indiz dafür, daß gängige und bewährte Managementkonzepte an die Grenzen ihrer Wirksamkeit stoßen. Welche Entwicklungen in den Märkten und Unternehmen sind es, die dem Management neue Konzepte abverlangen?

Für uns stellt sich damit die Frage nach dem Kontext von Management, genauer: Wie sehen Manager sich selbst in ihrem Umfeld? Hier einige Kostproben:

„Ich sitze in einem Paddelboot in einem reißenden Fluß und werde durch den Fluß getrieben – manchmal paddle ich mit der Strömung, dann gegen sie ... und manchmal komme ich auch ans Ufer und gestalte den Flußlauf mit kleinen Dämmen ....." So beschreibt ein Industrie-Vorstand seine Situation. Ein anderer sagt: „Ich komme mir vor wie ein Lokführer auf einem Gleis, schneller oder langsamer fahren – ja, das kann ich entscheiden, aber der Weg ist vorgegeben." Ein dritter meint: „Ich hab' noch nie das Gefühl gehabt, zugleich soviel und so wenig entscheiden zu können – Gestaltung und Abhängigkeit liegen ganz eng zusammen."

Diese Zitate drücken Skepsis beziehungsweise Wandel im Verständnis von Management aus: Chaos als Wahrnehmung des Kontextes von Management („der reißende Fluß"); die Grenzen der Steuerbarkeit („Gleise") und Zweifel daran, ob das Unternehmen angemessen gesteuert werden kann.

Chaos wird zur Kontextbeschreibung von Management. Die Märkte, in denen die meisten Unternehmen agieren, beschleunigen sich zunehmend, bei wachsender Vielfalt. Dies sind einige aktuelle Trends:

Die Heimmärkte werden bedroht durch Internationalisierung und Deregulierung. Daher müssen internationale Marktnischen gefunden oder strategische Allianzen mit ausländischen Partnern gesucht werden. In reifen und gesättigten Märkten, wo Wettbewerber nur auf Kosten anderer expandieren können, müssen sich Firmen mit ihren Produkten von Konkurrenten unterscheiden und sich auf ihre Kernkompetenzen konzentrieren.

Wahrnehmungsvielfalt: Worin genau liegen jeweils aus Kundenperspektive der Nutzen oder die Wertschöpfung von Produkten und Dienstleistungen? Dies und schneller Zielgruppenwandel relativieren oft strategische Planung. Um so flexibler müssen sich Firmen auf die Kunden einstellen. Kunden erwarten „Maßschneiderei" und „kaufen" nicht mehr nur Produkte, sondern zunehmend „Kooperationserwartungen" – nach dem Motto: „Wir entscheiden uns für den Lieferanten, der auch unvorhergesehene Probleme bewältigen kann – einen fairen Lieferanten, der mit uns durch dick und dünn geht."

Informations- und Kommunikationssysteme verkürzen Raum und Zeit. Information wird jederzeit und überall zugänglich, was die Komplexität und den Entscheidungsdruck erhöht. Dadurch stellen sich auf Dauer unsere traditionellen Vorstellungen von Organisation auf den Kopf (eindeutige Zuordnung von Funktionen/Aufgaben im Ablaufprozeß). Die neuen Kommunikationsmedien ermöglichen Teamarbeit, führen Planung und Kontrolle enger zusammen, fördern die Integration innerhalb der Firmen, aber auch mit den Marktpartnern wie Lieferanten, Händlern oder Kunden.

Wachsende Vernetzung und Abhängigkeiten bestimmen zunehmend

das Handeln der Manager. Unternehmen bewegen sich auf einem ambivalenten Markt der erheblichen Möglichkeiten, aber auch unüberschaubarer Risiken: Was heute wesentlich zum Erfolg beigetragen hat, kann rasch zum Mißerfolg der Zukunft werden. Die Manager müssen immer auch Risikomanager sein – eine Provokation für ein modisches Lean Management, wenn es sich nur auf Rationalisierung beschränkt.

Auch die Entwicklung der Gesellschaft wirkt immer stärker in die Unternehmen hinein. Die großen gesellschaftlichen Entwürfe haben verspielt – alle Leitideen, die einst gesellschaftlichen Konsens stifteten und Heil versprachen, sind brüchig geworden. Weder brachten Aufklärung und Wissenschaft die Emanzipation, noch der Kapitalismus den Reichtum für alle.

Im Gegenteil: In der Wirtschaft geht es um Geld und die Produktion von Zahlungsfähigkeit, in der Wissenschaft um Wahrheit und die Produktion von Wissen und Erkenntnis, in der Politik um Macht und (Wahl-) Mehrheiten. Diese funktionale Differenzierung in der Gesellschaft führt zu einem Mehr an Optionen einerseits (Expertentum durch hohe Spezialisierung), andererseits aber auch zu „Problemexport" von allem, was dem systemeigenen Code des Subsystems nicht entspricht. So ist zum Beispiel Umweltschutz für die Wirtschaft solange kein „Mußthema", als Umwelt umsonst ist und nichts kostet; für die Politik nicht relevant,

solange Umweltfragen Mehrheiten nicht beeinflussen. Das Ende der großen Entwürfe dokumentiert sich vor allem darin, daß keines der gesellschaftlichen Subsysteme das Ganze repräsentiert oder für die Integration des Ganzen verantwortlich ist – wenn auch der Politik manchmal noch dieser illusionäre Anspruch zugeordnet wird.

Es gibt kein *Metasystem* mehr. Das Ende der großen Entwürfe macht einem Netzwerk von Teilsystemen – wie Wirtschaft oder Politik – Platz, die es nicht leicht haben, miteinander zu kommunizieren. Das bringt natürlich auch Verunsicherung für Wirtschaft und Management mit sich. Wie sollen sie ihre Relationen zu anderen Teilsystemen gestalten? Wer übernimmt wofür die Verantwortung? Wie lassen sich die jeweiligen Kosten-Nutzen-Relationen aushandeln? Andererseits geraten auch Vorgänge in den Unternehmen in Zweifel (etwa die Kooperation zwischen den Bereichen) – scheint sich doch die fehlende Integrationskraft eines Metasystems in der Gesellschaft auch in einer Krise des Integrationsprinzip „Hierarchie" widerzuspiegeln.

Daß Chaos als Metapher in die Selbstwahrnehmung des Managements einzieht, verwundert also nicht. Wachsende Komplexität, Beschleunigung, Turbulenzen und Unvorhersehbarkeit führen zu Gefühlen von Chaos, Unsicherheit und Streß. Sie stellen die Frage nach praxisorientierten Steuerungsmodellen für dieses Umfeld – eine Erklärung jedenfalls für die Inflation von neuen Managementkonzepten. Orientierung und Berechenbarkeit sicherzustellen – etwa zu Strategien und Zielen – und zugleich Flexibilität und „Chaosfähigkeit" zu entwickeln, wie sie mit der „lernenden Organisation" gemeint ist – das ist ein wesentliches Gestaltungsparadox für Manager. Als zweites sind sie gehalten, einerseits für kurzfristige Erfolge zu sorgen und Krisen effizient zu managen, andererseits langfristig vielfältige Zukunftsoptionen für das Unternehmen zu eröffnen.

Bisheriges Fazit: Das Handlungsfeld, der Kontext von Management wird häufig als Chaos wahrgenommen. Diese Beschreibung wirft natürlich auch ein Licht auf das tradierte Selbstverständnis des Managers und seiner Aufgaben. Beobachter, in diesem Fall die Manager selbst, und das Chaos als Diagnose hängen ja eng zusammen. Wie kommt es also zum Chaos als Metapher? Welche Vorstellung von Management und von Unternehmenssteuerung wirken da hinein?

Hier zeigt sich jetzt ein interessantes Phänomen. – Ähnlich wie es heute Tendenzen gibt, die Chaostheorie von den Naturwissenschaften für das Management nutzbar zu machen, wurde schon einmal die Managementwissenschaft von den Naturwissenschaften stark beeinflußt: nämlich vor allem durch die Physik zu Beginn des 20. Jahrhunderts.

Alte und neue Paradigmen des Managements

„Die Grundsätze wissenschaftlicher Betriebsführung" Taylors waren das Standardwerk, dessen Elemente die Funktion des Managements und das Konzept von Organisation bis heute prägen. Die wichtigsten Prinzipien, die Taylor formulierte, waren:
- Fragmentierung, Spezialisierung und Standardisierung des Arbeitsprozesses, formale Regeln zur Effizienzsteigerung der Produktion
- Trennung von Planen, Entscheiden, Kontrollieren einerseits (Management) und Ausführen andererseits (Arbeiter)
- Auswahl und Weiterbildung der geeigneten Arbeitskräfte für jeweils isolierte Arbeitsschritte.

Diese Gestaltungselemente sollten die Unternehmen planbarer und steuerbarer machen. Dies entsprach den Grundlagen des wissenschaftlichen Denkens der Neuzeit: Theorien sollen widerspruchsfrei und eindeutig, reproduzierbar und begründbar, quantifizierbar und analysierbar sein.

Solchen Paradigmen entspricht das Bild einer Organisation, das am ehesten dem einer Maschine gleicht. Der Manager greift wie der Ingenieur oder Mechaniker von außen gestaltend ein. Weite Teile der Betriebswirtschaft knüpfen an diese Theorie an, der es vor allem um Ordnung, um Berechenbarkeit geht. Das Management hat zu integrieren und übernimmt die Gesamtverantwortung.

Dieses Managementverständnis hat sich lange Zeit bewährt und einigen Fortschritt ermöglicht. Spezialisierung und Experten-Knowhow zählen auch heute noch zu den Erfolgsfaktoren. Allerdings hat man sich auch Nachteile eingehandelt: Unordentliches, Ungeplantes wie informelle Kommunikation werden entweder eher bekämpft oder ignoriert. Zugleich entstehen auch „Kosten", vor allem in folgenden Bereichen:

Die Trennung von Entscheiden und Handeln führt zu Implementierungsballast. Entscheidungen des Managements wirken falsch, unverständlich, nicht nachvollziehbar. Rückkoppelungsprozesse werden langsam und unflexibel. Zuviele Spezialisten in hoch ausdifferenzierten Einheiten brauchen viele Anknüpfungsstellen zu anderen Abteilungen. Sie kämpfen zunehmend gegen einen Ballast von „Schnittstellen" – sie sprechen verschiedene Sprachen und haben zu unterschiedliche Erfolgsvorstellungen.

Hierarchien stiften zwar Sicherheit und Orientierung, sind aber bei dynamischen und komplexen Entscheidungen als Steuerungsinstrument schnell überfordert. Wichtige Informationen breiten sich zu langsam aus oder bleiben auf dem Weg „nach unten oder oben" ganz auf der Strecke. Die Berührungsflächen zum Markt sind gering, oft trifft nur das Topmanagement die marktrelevanten Entscheidungen. Die Eigendynamik solcher Systeme ist – Parkinson läßt grüßen – hoch. Die Bürokratie neigt dazu, gesetzgeberhaft Regeln für Alles aufzustellen und lähmt sich damit selbst.

Es scheint relativ klar, daß vom Standpunkt dieser Theorie aus das heutige Umfeld von Unternehmen als chaotisch und unsteuerbar wahrgenommen wird. Wie also könnte sich Management weiterentwickeln? Enthalten die Theorien von Chaos und Selbstorganisation neue Anregungen für Organisation und Management? Bieten sie gar eine neue Alternative?

Wieder scheint es, daß hier interessante Anregungen aus den Naturwissenschaften kommen. Einige wesentliche Elemente der Chaostheorie beziehungsweise der Theorie selbstorganisierender Systeme seien kurz skizziert und für die Verhältnisse einer Organisation übertragen:

Fraktale Strukturen von Organismen

Organismen, die – so wie Unternehmen – zu ihrem Überleben auf einen intensiven Energieaustausch mit ihrer Umwelt angewiesen sind, haben häufig fraktale Strukturen. Die Struktur des Ganzen findet sich in der Struktur ihrer Teile wieder. So spiegelt sich die Struktur des Baumes (Stamm – Äste) wider zwischen Ästen und Zweigen bzw. in den Äderchen der Blätter (siehe das Kapitel „Fraktale").

Fraktale Strukturen sind charakterisiert durch Selbstähnlichkeit: Im

Wirrwarr in der Konsumwelt unserer Warenhäuser: In den Augen der Manager am liebsten ein Fall von „kontrolliertem Chaos".

Detail findet sich das Ganze wieder und umgekehrt. Die Außenoberfläche fraktaler Strukturen ist – so wie heute bei vielen dezentralen, profitcenter-orientierten Unternehmen, die in turbulenten Märkten agieren – besonders groß, so daß der Energieaustausch mit der Umwelt und die Sensitivität nach außen sehr hoch sind.

Die Zukunft komplexer, oft auch schon simpler Prozesse wird unvorhersagbar. Ursache und Wirkung stehen bei diesen in keiner erkennbaren Beziehung mehr. Kleinste Veränderungen in den Anfangsbedingungen können bereits zu großen Unterschieden in den Auswirkungen führen (Schmetterlingseffekt). Das Ursache-Wirkungs-Prinzip wird ersetzt durch die „Macht des Zufalls" beziehungsweise durch die Wahrscheinlichkeit von Alternativen, die sich an mehreren Anziehungspunkten – sogenannten Attraktoren – orientieren.

Selbstorganisation dominiert: Statt auf Teile und ihre Spezialisierung zu achten, treten Dynamik und Muster der Kommunikation und der Entscheidungsabläufe in den Vordergrund.

Wie reagieren die Teile des Systems aufeinander? Wie organisiert sich das System selbst? Auf Unternehmen bezogen: Wie werden Informationen, wie wird Wissen produziert, was wird überhaupt als relevant wahrgenommen? Wie laufen Entscheidungen ab und wie werden Konflikte bewältigt? Konkret: Wie reagiert eine Firma auf Beschwerden oder Wünsche von Kunden? Was passiert, wenn der Umsatz sinkt?

Jedes Unternehmen reagiert darauf nach einem Muster, das seiner Identität entspricht. Solche Muster sind oft sogar stabiler als seine formale Organisation, sie überdauern oft sogar Generationen ihrer Führungskräfte. Auf Unternehmen übertragen bedeutet das: Manager mit ihren Handlungen sind zugleich Gestalter und Gestaltete, Beobachter und Beobachtete. Sie sind keineswegs nur Ingenieure, die von außen eingreifen, ohne daß auch sie von der „Unternehmensmaschine" mitverändert würden.

Bifurkationen treten auf als Entwicklungssprünge: Chaos wird so zur Bedingung für eine mögliche Evolution. Neue Ordnung entsteht aus Turbulenzen. Das Wechseln und Balancieren zwischen Chaos und Ordnung wird als Entwicklungszyklus eines sozialen Systems betrachtet. Qualitative Entwicklungssprünge in Unternehmen, so meint die neue Theorie, brauchen geradezu Chaos, Kreativität und Experimentierfreude. Große Reorganisationen wie sie in Krisenzeiten in Gang gebracht werden, sind dafür ein gutes Beispiel. Auch große, schwerfällige Firmen unterwerfen sich da oft einem dramatischen Kurswechsel.

Im Blickwinkel der Theorie vom Chaos und der selbstorganisierenden Systeme werden Organisationen als lebende Organismen betrachtet. Manager werden zu Gestalter und Gestalteten zugleich – eher zu Impulsgebern die Steuerungsangebote machen, die durch die Kommunikationsmuster ihres Unternehmens geprägt sind.

Die Tatsache, daß die Chaostheorie komplexe und anpassungsfähige Systeme in der Natur besser beschreibt als die traditionelle Naturwissenschaft, läßt interessante Impulse für die Steuerung von Unternehmen erwarten. Unternehmen ähneln solchen natürlichen Systemen. Sie sind angewiesen auf hohen Energieaustausch mit dem Markt, auf die Gestaltung hoher Komplexität und das Entwickeln hoher Anpassungsfähigkeit.

Ein Beispiel von Management by Chaos: Strategische Marktorientierung

In der Vertriebsniederlassung eines EDV-Herstellers entschied sich das Management, die Organisation umzugestalten – und zwar von funktionaler, produktbezogener Orientierung hin zu Zielgruppen einer speziellen Branche.

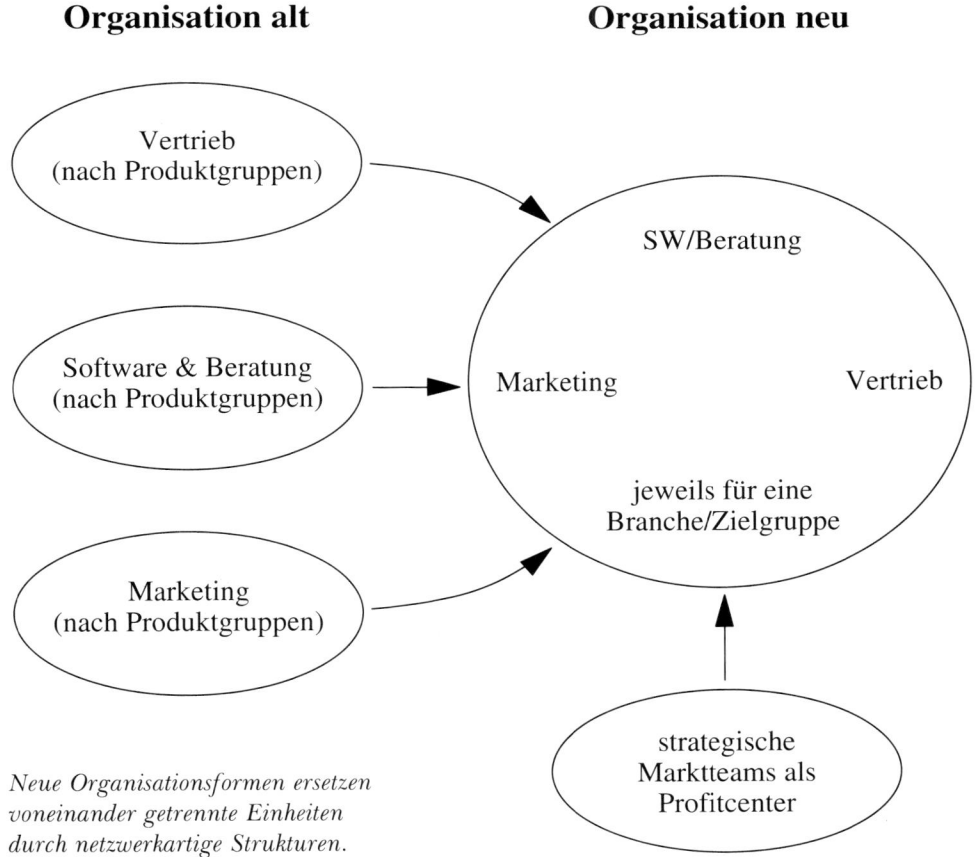

Organisation alt   **Organisation neu**

Vertrieb (nach Produktgruppen)

Software & Beratung (nach Produktgruppen)

Marketing (nach Produktgruppen)

SW/Beratung

Marketing   Vertrieb

jeweils für eine Branche/Zielgruppe

strategische Marktteams als Profitcenter

Neue Organisationsformen ersetzen voneinander getrennte Einheiten durch netzwerkartige Strukturen.

Geplant war also, die produktorientierten funktionalen Einheiten im Vertrieb, im Software- und Marketingbereich aufzulösen. Stattdessen sollten Profitcenter entstehen, wo Marketing, Vertrieb und Softwareberater sich jeweils gemeinsam auf eine Zielgruppe konzentrieren – ein durchaus anspruchsvolles Vorhaben. Frei nach Taylor wäre man jetzt mit Strategischer Planung, Organigrammen, Stellenbeschreibungen und neuen Ablauf- und Entscheidungsregeln ans Werk gegangen.

Hier nun ging das Management anders vor. Es orientierte sich an den Mustern der Selbstorganisation. Solche Muster können durch die qualitative Analyse von Erfolgs- und Mißerfolgsprojekten, durch die Interpretation der Firmengeschichte, der Wachstums- und Krisenstrategien herausgearbeitet werden.

Oft sind es Bilder zum Unternehmen, die die Muster im Unternehmen besonders klar sichtbar werden lassen. Die Auswertung von Kunden- und Mitarbeiterinterviews verdeutlichte hier die Unternehmensidentität, an die es anzukoppeln galt. Zwei Beispiele: Die Firma wurde einmal skizziert als ein Kreisel, der deswegen stabil ist, weil er sich ganz schnell dreht. In einem anderen Vergleich wurde das Unternehmen mit einem Grand Prix Auto beschrieben, an dem viele Mechaniker zwar sehr engagiert, aber unkoordiniert „herumbasteln". Das hätte zufolge, daß zwar der Motor lief, der Wagen aber nicht von der Stelle kam und viele Bestandteile hohen Verschleiß hatten.

Beide Vergleiche beschreiben eigentlich chaotische Situationen – zugleich verdeutlichen sie die Probleme und verweisen auf Lösungsansätze. Welche Muster von Selbstorganisation stecken nun in diesen „Botschaften"?

Sie zeigen, daß Dynamik und Engagement im Unternehmen vorherrschen. In Krisen- und Drucksituationen herrschen jedoch Konkurrenz statt Integration, verstärkter Aktionismus und starke Personenorientierung vor. Zu viele glauben zu wissen, „wo der Fehler liegt". Der Circulus vitiosus des Unternehmens liegt in folgender sich selbst verstärkender Schleife:

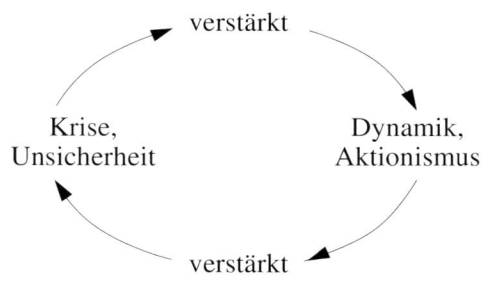

Zugleich ist klar, daß eine langsame Vorgangsweise des Managements Widerstand auslösen würde; wenn man langsamer weitermachte, würde der Kreisel ja umfallen.

Wie ließen sich diese Bilder für das Umsetzen der Managemententscheidung so nutzen, daß die Reorganisation möglichst schnell griff?

Das Management griff Personenorientierung und das Dynamikprinzip auf und entschied folgendes:

Einmal wurden die personelle Management-Besetzung der strategischen Marktteams – jeweils ein Vertreter aus Vertrieb, Software und Marketing – ernannt. Für diese Managementteams wurden Erfolgskriterien vereinbart – ein Mix aus gemeinsamen Meßkriterien (Deckungsbeitrag.). Die Marktteams bekamen einen Auftrag zur Selbstorganisation. Ihre Aufgabe war es, für ihre Branche innerhalb der nächsten sechs Monate eine Marktdiagnose und Strategie zu entwickeln, ihre Organisation zu konzipieren und zu erproben: in Rollen, für die Struktur ihrer Besprechungen, für die Verteilung von Know-how und Ressourcen.

Die alte und die neue Organisation liefen die nächsten sechs Monate im Parallelbetrieb – ein schleifender Übergang war angesagt. Die Marktteams konnten bei Bedarf externe Beraterunterstützung in Anspruch nehmen. Die Piloterfahrungen und der Status quo waren monatlich in offenen Gesprächsrunden mit dem Topmanagement zu diskutieren, offene Fragen zu klären.

Vorweg sei festgehalten, daß die Implementierung der Reorganisation mit diesen wenigen Entscheidungen sehr schnell gelang. Warum hatten diese Entscheidungen den gewünschten Effekt?

Das Management griff Dynamik und Engagement auf (Auftrag zur Selbstorganisation). Durch die Marktteams und die gemeinsamen Erfolgskriterien verschob sich der Wettbewerb zwischen den funktionalen Abteilungen, wo er das Geschäft behinderte, auf den Wettbewerb zwischen den Marktteams. Das Management baute durch die monatlichen Diskussionen häufige Aushandlungs- und Rückkoppelungsschleifen ein und verzichtete damit auf große Konzepte mit Planungs- und Organisationshandbüchern. Schnelles Agieren und Ausprobieren entsprechen dem Bild des Kreisels, der stabil ist, weil er sich so schnell dreht.

Der Parallelbetrieb von zwei Organisationen wirkt vielleicht chaotisch, greift aber das positive Element von Chaos auf: „Unordnung spornt an" – „nur in Turbulenzen entsteht etwas Neues".

Der Entscheidungsmix des Managements beinhaltete klare Personenentscheidung (Basis für Netzwerke), Entscheidungen über Anreizsysteme (offene und eng gefaßte Meßkriterien für Leistung und Erfolg). Er regte außerdem die Selbstorganisation an, delegierte die strategische und organisatorische Gestaltungskompetenz, und stellte sicher, daß die Beteiligten ständig miteinander verhandelten und ihre Handlungen analysierten. Darin lag wohl der Erfolg: Offen und indirekt in der Steuerung weisen sie den Weg, wie die Chaostheorie für das Management adaptiert werden kann.

Anregungen aus der Chaostheorie für das Management

Im folgenden möchte ich einige Gedankenexperimente schildern, wie sie zum Teil für die Managementpraxis noch neu sein mögen, zum Teil aber auch schon erfolgreich erprobt sind.

Fraktale Strukturen: Wenn wir ihre Selbstähnlichkeit einmal als Redundanz interpretieren, als Wiederholung ähnlicher Muster auf verschiedenen Ebenen einer Hierarchie, dann kann solche Redundanz den internen Wettbewerb stimulieren und Flexibilität erhöhen. Wissen und Erfahrungen werden dann nicht – wie in der Taylorschen Organisation – nur einmal bereitgehalten, sondern zugleich an vielen Orten im Unternehmen gefördert und ausgetauscht. Bisher wurde solche Redundanz als kostenverschlingende „Doppelarbeit" verpönt und daher bei jeder Sparwelle wegrationalisiert. Monopolisiertes Wissen kann jedoch nutzlos werden, wenn es das Unternehmen schafft, den jeweiligen Informationspool als Ganzes zu nützen.

Beispiel Marketing: Früher waren Knowhow und Verantwortung an eine – und nur eine – Abteilung delegiert. Heute gehen immer mehr Unternehmen dazu, Marketing als Aufgabe in jeden Bereich zu integrieren und die verteilten Ressourcen miteinander zu vernetzen. Kleine autonome Einheiten repräsentieren dann latent das Ganze. Dezentralisierung und Centermodelle vergrößern die Kontaktfläche zum Markt, und das bei gleicher Mitarbeiterzahl. Sie werden zu Unternehmen im Unternehmen und können wegen der größeren Eigenständigkeit flexibler auf dem Markt agieren.

Das Große bildet sich auch im Kleinen ab und umgekehrt. Das schützt zum Beispiel vor Informationsüberflutung. Es ist jedoch wichtig, die Muster der Selbstorganisation zu verstehen: So ist es nicht immer erforderlich, sich stets alle Detailinformationen zu besorgen. Wesentlich ist das Wissen darum, *wie* funktioniert unser Unternehmen, wie sehen Entscheidungsprozesse aus, oder nach welchen Spielregeln entwickelt sich unsere Organisation. Um dieses Wissen *kollektiv* zu erarbeiten, müssen die Mitarbeiter ihr Handeln auch zusammen reflektieren.

Beispiel Projektauswertung: Wie sind Projekte gelaufen, haben sie zu Erfolgen oder Mißerfolgen geführt? Solche Analysen werden nicht wie früher an Stabstellen oder an das Linienmanagement delegiert. Vielmehr: Die Projektteilnehmer sind selbst zugleich Gestalter und Gestaltete, Agierende und Nachdenker. Der frühere Glauben, alles von außen oder „von oben" direktiv steuern zu können, wird so von vornherein als Illusion verworfen. Hierarchie und „Anweisung per Order" werden aufgegeben zugunsten stabiler Vertrauensnetzwerke. Die Chaosmanager sprechen von „Heterarchie" statt klassischer Hierarchie.

Heterarchie: Gleichgestellte können relativ autonom agieren; andererseits sind sie aber in hohem Maß aufeinander angewiesen. Um gemeinsam wirksam zu werden, müssen sie ständig miteinander kommunizieren – Sichtweisen und Wissen austauschen, Interessen aushandeln.

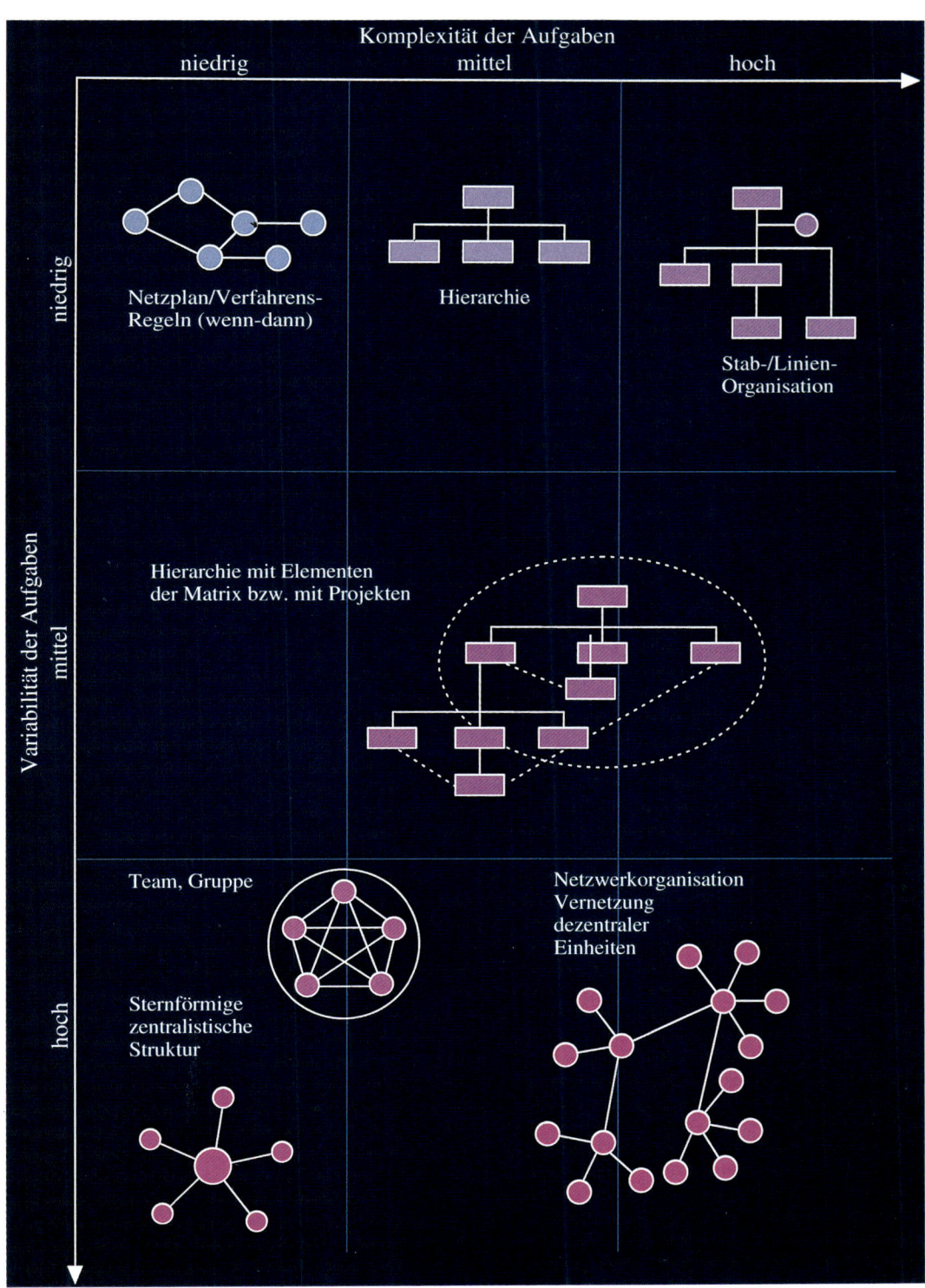

Verschiedene Formen der Organisation in Unternehmen:
Zwischen strenger Hierarchie und einem ebenso streng dezentralen Netzwerk
liegen die Möglichkeiten.

Die Manager neuen Typs werden sich also zuerst mehr darum kümmern, stabile Beziehungen und persönliche Netzwerke aufzubauen – und darum langfristig effizienter handeln, weil ihre Unternehmen dann auch für unvorhergesehene Situationen besser gewappnet sind. Die Wertschöpfung durch Wissensvernetzung gewinnt dabei besonders an Bedeutung. Je schneller nämlich sich die Aufgaben verändern und je komplizierter sie werden, umso mehr sind die Manager auf solche lose gekoppelten Netzwerke angewiesen. Pionierprojekte oder Planungsprozesse sind deutliche Beispiele für diese Entwicklung.

Chaosmanager sehen ihre Organisation eher als „Mobile" denn als Maschine. Das heißt, das Unternehmen erscheint ihnen als ein flexibles und sensibles Netzwerk von Relationen zwischen den Menschen.

Management heißt dann auch, den Rahmen für Selbstorganisation und für Selbstentwicklung schaffen, sowohl für Organisationseinheiten, für Teams als auch für einzelne Mitarbeiter. Die Kunst dabei besteht darin, herauszufinden, was in ihrem System nun die Muster der Selbstorganisation sind. Welchen „Tanz" tanzt das Unternehmen, welche Kooperationsangebote macht es?

Die Macht des Zufalls braucht nun nicht als Betriebsunfall oder lästiger Störfall bekämpft werden. Stattdessen kann sie neue Einsichten vermitteln. Wenn kleine Eingriffe große Wirkung haben können, geraten

traditionelle Planungssysteme ins Schleudern. Statt Hochmut kommt hier die Planung vor dem Fall, jedenfalls dann, wenn sie in Anspruch nimmt, die Zukunft zu kennen. Planung konnte im Licht der Selbstorganisation und der Chaostheorie andere wichtige Funktionen bekommen. Szenarien und Optionen werden gemeinsam entwickelt – möglichst vielfältig und aus verschiedenen Perspektiven. Planung wird also nicht mehr bloß an Planer delegiert. Auch geht es nicht mehr darum, sich auf eine Sichtweise des Marktes zu einigen. Stattdessen steht die unternehmensweite Kommunikation im Vordergrund: über die Trends des Marktes, die Bedürfnisse der Kunden und über die Vernetzung der Strategie.

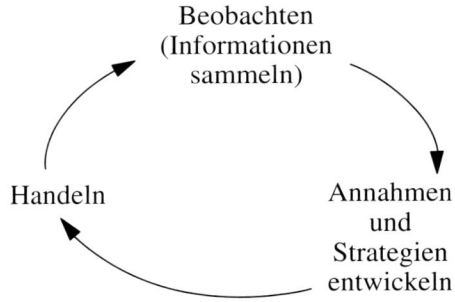

Im Rahmen der Chaosmetapher dient Planung also weniger der Steuerung oder der Absicherung gegen Irritationen. Vielmehr wird sie zu einem kontinuierlichen Prozeß im Unternehmen, der die permanente Orientierung auf Markt und Kunden fördert. So eine Aufgabe gelingt nur, wenn sie Teil der gesamten Firmenkultur wird. Das Management hat dann vorwiegend die Planungsabläufe zu gestalten und für seine Qualität zu sorgen. Das betrifft die kurzfristigen Erfolge, für die es zu sorgen hat und zugleich das langfristiges Überleben ermöglichen muß – häufig ein schwieriger Balanceakt. „Entscheide so, daß Du Deine Handlungsspielräume vergrößerst", sagt Heinz von Foerster.

Den „Attraktoren" der Chaostheorie entsprechen im Unternehmen die Anreize für gemeinsame Orientierungen. Diese können in chaotischen Märkten vor allem offen gestaltete Anreize wie Visionen, Leitbilder und Symbole bieten. Andere, enger gefaßte Anreize wirken über die Devise „Leistung muß sich lohnen". Leistungsorientierter Lohn produziert lohnorientierte Leistung – und oft nichts anderes. Wenn also etwa nur der Umsatz als Leistung honoriert wird, dann sind die Mitarbeiter natürlich bestrebt, vor allem den Umsatz zu steigern – und weniger auf höheren Gewinn oder mehr Kunden zu achten. Zu eng gefaßte Anreize verlieren damit schnell ihren Wert.

Die relativ offene Gestaltung von Anreizen ist daher bei einem dynamischen und komplexen Umfeld wichtig für die Selbstentwicklung eines Unternehmens als lernende Organisation. So werden in einer typischen Firma zur Unternehmensberatung die Leistungen schon seit 15 Jahren nach folgenden Kriterien bewertet: Umsatz, Akquisition, Wirkung

nach außen und Wirkung nach innen. Das zwischen Partnern ausgehandelte Ergebnis der Selbst- und Fremdeinschätzung bestimmt das jeweilige Jahresgehalt.

Wirkung und Bedeutung nach außen und innen sind sehr offen gestaltete Anreize, die jeweils – angepaßt an die Lage im Markt und im Unternehmen – zu konkretisieren sind. Die Berater werden dadurch angeregt, selbst unternehmerisch zu denken, ihre Innovationskraft mit einer leistungsfähigen Organisation zu verbinden.

Wenn die Beratungsleistungen alljährlich bewertet werden, dann hängt davon nicht nur das neue Gehalt ab. Auch die Identität der Beraterfirma entwickelt sich dabei. Worin lag denn, so die konkrete Frage, in diesem Jahr die Wirkung nach außen, wie nach innen? Welcher Vortrag wog mehr, welche Publikation weniger? Besonders in turbulenten Situationen gibt so ein System von Anreizen den Mitarbeitern Sicherheit, Orientierung und wirkt auf alle integrierend. Wie löst sich eine Firma aus erstarrten Strukturen, wie kann sie festgefahrene Gleise verlassen?

Unternehmen bewegen sich ständig in einem Kontinuum zwischen Chaos und Ordnung – beides ist unverzichtbar. Eine erstarrte Ordnung kann nur wiederkehrende Probleme lösen. An neuartigen Problemen scheitert sie, es kommt zur Krise. Ungesteuertes Chaos führt aber gleichfalls in den Abgrund. So erzeugt auch jeder Wachstumsprozeß phasenweise immer wieder auch die Möglichkeit seines Kollapses. Vor einem neuen Entwicklungssprung bildet sich Chaos.

Ordnung ist das halbe Leben, Unordnung, Chaos ist die andere Hälfte, Chaos ist so – als Funktion von Komplexität – die Ressource und Bedingung von Evolution im Sinn schöpferischer Instabilität. Management zwischen „Steuerung und Gelassenheit" hieße dann, die Relation zwischen Fremdorganisation und Selbstorganisation zu balancieren, einen Mittelweg zwischen Totalplanung und Chaos zu gehen.

Ausblick

In einigen Elementen scheint die Chaostheorie interessante Impulse zu liefern und neue Perspektiven und Optionen für das Management zu eröffnen. Wir wollen dabei betonen, daß es um ein ausgewogenes Gleichgewicht zwischen traditionellen und neuen Managementkonzepten geht – also darum, diejenigen Vorgänge, die der Taylorsche Ansatz verdrängt hat, neu zu bewerten und auf Chancen hin zu betrachten. Auf dem Weg dahin befinden wir uns – und neue Wege entstehen erst, indem man sie geht.

Folgende Seite:
Die erdrückende Kraft der Hierarchie: komplexen Aufgaben in einer
dynamischen Gesellschaft wird sie immer weniger gerecht.

Reinhard Löser

DIE FRAKTALE FABRIK – PRODUKTIONSKONZEPT FÜR EINE UNGEWISSE ZUKUNFT

Eine revolutionierend neue Idee von der Produktion der Zukunft greift um sich: Die fraktale Fabrik.

Sie ist der dynamische Fertigungsbetrieb, der sich ständig anpaßt und umstrukturiert. Anstelle der deterministischen Leitung und Planung von Unternehmensfunktionen wird den einzelnen Systemen und Subsystemen eine Eigendynamik zugestanden, die zur Selbstorganisation neuer Einheiten – der Fraktale – führt.

Solche Fraktale, die in ihrem Aktionskreis „klassisch-unternehmerisch" handeln, erreichen auf jeder Ebene maximale Produktivität. Dabei ähneln sich die Funktionen der einzelnen Einheiten – Bereich, Werk, Abteilung oder Team bis hin zum Individuum – ohne sich zu gleichen und weisen auch somit auf das Grundmuster der Fraktale hin.

Noch ist es dunkel und still, selbst die Vögel verkneifen sich ihre ersten Piepser. Es herrscht klirrende Kälte über dem Kleinstädtchen Triptis. Mit dem sechsten zarten Bimm des Stundenglöckleins vom Kirchturm braust jedoch in der verwinkelten Gerbergasse der Donner los:

Zischend und fauchend erhebt ein technisches Ungetüm seine Stimme – eine stationäre Dampfmaschine. Zwei Kriege hat sie schon überlebt und versieht immer noch ihren Dienst. Über eine Transmission bringt sie ein halbes Dutzend Riemenscheiben in Schwung und verkündet damit allen, daß im Handwerksbetrieb des Tischlermeisters Hugo Fach das Tagewerk beginnt. Einer der Gesellen setzt den Treibriemen des Abrichthobels in Gang, ein Lehrling wirft den Riemen auf die Welle der Bandsäge. Während ein Dritter die Fräsmaschine anlaufen läßt, macht der Chef sich selbst an die Drechselbank. Schnell schaukeln sich das Kreischen der Sägen, das Rattern der Kloben und das Surren der Bänder mit dem Stöhnen des Dampfkessels zu höllischem, aber für das Städtchen gewohntem Lärm auf.

Dennoch bleiben die Burschen. Die Arbeitsbedingungen sind zwar alles andere als ideal; gegenüber im Getriebewerk würde es wesentlich ziviler zugehen. Dort brauchten sie vor allem die allgegenwärtige Autorität des Meisters nicht zu fürchten. Denn hier ist er Übervater, Unternehmer und Vorarbeiter in einer Person. Er hat immer das Sagen – und meistens auch Recht; kennt er doch Betrieb und Kundschaft aus dem Effeff. Bei ihm läßt sich auch vieles abgucken, was in keinem Lehrbuch steht. Kein Wunder, ist er doch bei seinem eigenen Großvater in die Lehre gegangen. Das zählt für die jungen Tischler wieder als Pluspunkt. Und ewig muß der Job schließlich nicht dauern.

Drüben in der Fabrik beginnt die Frühschicht eine Stunde später. Schon längst haben Elektromotore die vorsintflutliche Transmission abgelöst. Keiner muß mehr zu nachtschlafender Zeit aufstehen und den Kessel heizen. Strom kommt bei Bedarf aus der Steckdose. Man tut seine Arbeit – meistens dieselbe – und fertig.

Diese Art der Aufgabenverteilung ist so seit hundert Jahren Usus. Sogar in viel moderneren Unternehmen. Beispielsweise bei den Musterbetrieben des Maschinen- und Fahrzeugbaus im schwäbischen Ländle. Obwohl dort die Arbeit dank elektronischer Informationsverarbeitung viel besser organisiert ist, tut der Werker genauso brav seine Pflicht, während das Management kühn entscheidet.

Doch in diesen Tagen kommen ernsthafte Zweifel an der Arbeitsteilung auf: Ob altmodischer oder Vorzeigebetrieb; ganze Branchen

rasseln in eine tiefe Krise. Gründlich haben sich die Manager vergaloppiert: So wie sie es erhofften, hat sich die Wirtschaft nicht entwickelt.

Analysen brachten inzwischen zweierlei zu Tage. Einmal beruht die Rezession auf einer strukturellen Krise. Das besagt, daß die Wirtschaftsdynamik nicht mit der Marktdynamik mithalten konnte. Zum anderen ist klargeworden, daß Informationen – Entscheidungsgrundlagen – eine äußerst wichtige Rolle im Produktionsprozeß spielen:

Demnach ist die Fertigung von Produkten nicht nur die Veränderung von Materialien mit Hilfe von Arbeitskraft und Energie, bei der das eingesetzte Kapital eine mehr oder minder große Wertschöpfung erfährt. Sondern dieser Vorgang läuft gesteuert ab: Im Handwerksbetrieb bestimmt der Meister noch allein, welche Aufträge angenommen werden, welches Material und welche Maschinen zum Einsatz gelangen und welcher Geselle sich um welchen Arbeitsgang kümmert. Schließlich macht der Chef auch selbst den Preis. In dieser begrenzten Welt ist die Menge der Informationen, die für die optimale Gestaltung der Ablauforganisation notwendig sind, noch überschaubar.

Anders im mittelständischen Unternehmen. Jeder Teilabschnitt der materiellen Produktion teilt sich in eine Vielzahl von Komponenten auf: Da ist der Markt zu beobachten, Aufträge sind zu akquirieren, Zulieferer zu binden. Produkte und Technologien sind auf dem Stand der Technik zu halten,

Arbeitsplätze einzurichten, Arbeitszeiten zu normen, Aufträge in Fertigung zu geben, Maschinenbelegungspläne auszuarbeiten. Es grenzt an ein Wunder, daß früher – als es noch keine Computer gab –, die industrielle Fertigung überhaupt funktionierte! Letztlich mußte der Geschäftsführer persönlich alle Prozeßschritte verantworten. Den Mangel an aktuell verfügbarer Information machte Erfahrung und eine gewisse Kontinuität in der Produktion wett. Immerhin konnte der Manager eines mittleren Unternehmens bisher davon ausgehen, daß sich der Markt nur langsam verändert; also die gewohnten Gesetzmäßigkeiten auch weiterhin gültig sind. Läuft die allgemeine Konjunktur, kann er damit rechnen, daß auch für die Produkte einer Maschinenbaufirma gute Absatzchancen bestehen, sofern sie nur den üblichen Anforderungen an Funktionalität, Qualität und Preis erfüllen.

Und nun? Den bislang in puncto Führungsqualitäten und Prognose scheinbar unfehlbaren Führungskräften erteilen die dramatischen Umsatz- und Ertragseinbrüche eine gehörige Ohrfeige. Wird damit – so fragen die Experten – das Ende der planbaren Wirtschaft – vielleicht das Ende der Industriekultur überhaupt – eingeläutet?

Offensichtlich hat sich diese Art der Produktionsorganisation tatsächlich festgefahren; so stürmisch, so unüberschaubar sind die Zeiten.

Doch bringt, wo die Not am größten ist, eine kühne Vision die Rettung: Die fraktale Fabrik – die bewegliche, die biokybernetische Art zu produzieren.

Das Unternehmen der Zukunft soll so organisiert sein, daß es sich stets flexibel einer veränderten Umwelt anpassen kann.[1] Charakteristische Elemente sind die aus der Chaostheorie entlehnten Fraktale, die Merkmale wie Selbststrukturierung, Selbstorganisation, Selbstoptimierung und Dynamik aufweisen.[2] Sie bilden quasi kleine, flexible Fabriken innerhalb größerer Fabriken, indem sie sich selbst organisieren und eigenverantwortlich entscheiden. Dem Werksteil, der Arbeitsbrigade bis hin zum einzelnen werden vor Ort hinreichende Freiräume zugestanden, damit sie sich schnell auf Kundenwünsche oder geänderte Marktverhältnisse einstellen können. Dort, wo die Störgröße angreift und demzufolge noch am geringsten ist, kann sie mit größter Effektivität, Effizienz und Qualität kompensiert werden.

Die fraktale Fabrik ist nicht bloß eine Variante für irgend eine Fabrik der Zukunft. Sie ist vielmehr die Verallgemeinerung für die Fabrik mit Zukunft. Sie steht für einen integrierenden Ansatz, in dem die Menschen mit ihrer Organisation und Technik diese Fraktale bilden – selbständig agierende Unternehmenseinheiten, deren Ziele und Leistung eindeutig – im „klassisch-unternehmerischen" Sinne – beschreibbar sind.

Die Fraktale bauen einen vitalen Organismus auf, der seinerseits

158

Analogien zu natürlich fraktalen Strukturen erkennen läßt: Dynamik, Selbstorganisation und Selbstähnlichkeit. Jedoch nicht im geometrisch-anatomischen Sinne soll die Ähnlichkeit verstanden sein. Sondern sie bezieht sich auf die Zweckfunktion – die Synchronisation der Zielausrichtung aller flexiblen Unternehmensstrukturen – der Einzelfraktale. Sie dient im Unternehmen letztendlich dazu, das gesamte, übergeordnete Unternehmensziel zu realisieren.

Die Verwandtschaft zur Biologie liegt auf der Hand: Ständig werden neue Zellen aufgebaut, verbrauchte ersetzt, alte abgestoßen. So, wie dies auch ein Organ oder der Gesamtorganismus braucht, um sich an neue Umweltbedingungen anzupassen, müssen sich je nach Auftragslage und internem Betriebszustand Gruppen von Menschen so verhalten – sich zusammenschließen, Strukturen bilden oder bei Bedarf auflösen. Auch weiße Blutkörperchen fragen nicht erst das Zentralgehirn, ob sie Bakterien abfangen sollen. Sondern sie orten und killen die Eindringlinge in einem Zuge. Diese Selbständigkeit wünschen sich die Väter der fraktalen Fabrik auch von den einzelnen Produktionseinheiten.

Doch wie sieht es heute noch in der Praxis aus?

Wie in jeder Fabrik sind auch im Triptiser Getriebewerk die einzelnen Arbeitsgänge vom Prozeßablauf streng, örtlich zumindest halbwegs voneinander getrennt. Dieses Prinzip

der Arbeitsteilung hat Tradition. Schon vor 70 Jahren hat es sich bei Ford[3] bestens bewährt.

Da gibt es zum einen die riesige Werkhalle mit ihrer zentralen mechanischen Fertigung. Hier krachen die Werkstücke mit lautem Scheppern von den Abkantmaschinen in die blechernen Transportbehälter und überlange Bohrer erzeugen durch waghalsige Vibrationen chromatische Tonleitern.

Daneben liegt die Schweißerwerkstatt, ein bißchen abseits die Lackiererei. Natürlich gibt es noch andere Einheiten, wie die Endmontage oder den Versand. In jedem Fall kümmert sich ein jeder Facharbeiter treu und redlich um seinen – und nur um seinen – Arbeitsplatz: Der eine läßt die Drehmaschine rotieren, ein anderer hält seine Hobelmaschine auf Trab und ein dritter zieht tagaus, tagein Punktnähte. Flexibilität, wie sie die fraktale Fabrik fordert, ist nur in Ansätzen zu erkennen:

So zieren beispielsweise einige sehr produktive Universalautomaten die Halle. Doch steht ihre Auslastung schon auf einem anderen Blatt: Denn während bei den schon abgeschriebenen, aber immer noch robusten Einzweckmaschinen die Letzte Ölung von Jahr zu Jahr verschoben wird, werden die teuren Alleskönner gehätschelt und getätschelt. Sie verlangen Pflege, auch ihre Einrichtung verschlingt gehörige Zeit und qualifiziertes – also teures – Personal.

Natürlich findet sich auch das obligate Vorzeigestück einer jeden mit-

Der Beginn des Maschinenzeitalters: eine Fabrik im letzten Jahrhundert.
Heute suchen Unternehmer mit der „fraktalen Fabrik" nach Auswegen
aus der „Zahnrädchen-Mentalität".

telständischen deutschen Fabrik, die etwas auf sich hält: Am Rande der Halle, durch Metallzäune vom übrigen Betrieb abgetrennt und mit extra Entlüftung und Beleuchtung ausgerüstet, thront ein einarmiger Riese – der Montageroboter. Inzwischen wissen die weißgekittelten Ingenieure, die ihn programmieren und testen, daß er das ungeliebte Überbleibsel einer sehr euphorischen Periode ist. Noch bis vor zehn, fünfzehn Jahren hatte das Management geglaubt, daß die große Zeit der Roboter angebrochen sei. Roboter für alles – für das Schweißen, Montieren, Lackieren oder das Transportieren. Doch der Standardroboter paßte nicht so recht in die vorhandenen Prozeßabläufe zur Produktion von Lenkgetrieben für Lastkraftwagen.

Mit großem Aufwand mußten denn die vor- und nachgetakteten Arbeitsschritte so hingetrickst werden, daß eine hinreichend befriedigende Prozeßkette zustande kam. Nadelöhre, an denen sich das Material staute und die so die rasche Fertigstellung eines Auftrages hinauszögerten, waren quasi vorprogrammiert.

Zudem war das Ungetüm schrecklich überdimensioniert: Bei den Kleinteilen, die überwiegend zu fertigen sind, wirken lange Hebel und große Tragkräfte eher störend als förderlich. Die Ingenieure hätten sich lieber Sensoren und Aktoren für die Preßkraft an den artifiziellen Händen oder gar Bilderkennungssysteme gewünscht, mit denen die Lage der Werkstücke beim Aufnehmen wirklich intelligent erfaßt werden könnte. Aber das waren – sowohl in technischer als auch in finanzieller Hinsicht – unerfüllbare Forderungen. Im Gegenteil: So, wie er dastand, war der Golem noch nicht einmal abgeschrieben. Verschrotten kam im Lenkgetriebewerk, das für knallharte Buchführung und sparsam-geizigen Umgang mit Betriebsmitteln und Material bekannt ist, sowieso nicht in Frage. Also wurde der Androide seit den schmerzlichen Erkenntnissen zwar am Leben, jedoch etwas abseits gehalten.

Das Fraktal als Keimzelle eines Arbeitsteams

Dabei hätte er gemeinsam mit dem Bedienpersonal die Keimzelle für ein Fraktal sein können: Verschiedene, sich je nach Auftragslage verändernde Engpässe hätte das flexible Team mit dem fixen Roboter wieder durchlaßfähig machen können. Doch: Diese Freiheit wäre dem Management zu weit gegangen. Zu hoch wären die Kosten für die ständige Umrüstung gewesen. Motto: Wir müssen den Baum fällen und haben keine Zeit, die Axt zu schärfen.

Deshalb entwickeln die Ingenieure ihre väterlichen Gefühle für den ruhigen Gesellen lieber außerhalb der regulären Arbeitszeit. Da basteln sie an ihm herum, ersinnen neue Programme und grübeln darüber nach, wie der unförmige Kumpan am Ende doch noch brauchbar in die Fertigungsabläufe eingepaßt werden kann.

Inzwischen gibt es aber auch komplexe Automatisierungssysteme, bei denen der Zusatz „flexibel" auf die variable Verwendbarkeit hinweisen soll. Sie sind die Weiterentwicklung der computergesteuerten (CNC-)Maschinen. Fräsen, Bohren und Schleifen um mehrere Achsen – Freiheitsgrade, wie sie der Fachmann nennt – werden in parallelen Arbeitsgängen möglich. So kann nicht bloß zentralsymmetrisch gedreht, sondern in einem Zug auch gefräst werden – beispielsweise Planteile oder Nuten.

Während so Teile mit recht komplizierter Geometrie entstehen, übernehmen dieselben Systeme – von einer speicherprogrammierbaren Steuerung befehligt – selbständig die Materialzuführung, den Werkzeugwechsel und die Qualitätsprüfung.

Obwohl solche Fertigungszentren – auffällig oft mit dem Zusatz „Made in Japan" – schon auf dem Markt angeboten werden, sind sie noch prohibitiv teuer. Vor allem kleinere Betriebe können sich kaum solch hochmoderne Fertigungssysteme leisten. Obendrein müssen die Anlagen optimal aufeinander abgestimmt sein, wenn die Produktion im „klassisch-arbeitsteiligen" Sinne klappen soll. Das erfordert zusätzlichen materiellen und finanziellen Aufwand.

Dennoch wird diese Entwicklungsrichtung unausweichlich sein. Für

manches Unternehmen, das sich an der kostspieligen Automatisierung nur überheben kann, wird das Auskommen. So eisern wirkt das Gesetz der wirtschaftlichen Evolution. Wie seinerzeit die Dampfmaschine rigoros die Handarbeit verdrängte und danach – in der zweiten industriellen Revolution – qualifizierte und organisierte Arbeit entscheidende Vorteile gegenüber minder qualifizierter Tätigkeit brachte, treten nun der Computer und die von ihm initiierte Informationsverarbeitung ihren Siegeszug an.[4] Einer gehen Verschmelzungen zu immer größeren Unternehmenskonglomeraten, die sich allein die kostspieligen Vorleistungen in Forschung und Entwicklung sowie im Informations- und Kommunikationsgerüst leisten können. Letztlich führt es dazu, daß die immer größer werdende Innovationsgeschwindigkeit die Welt verändert:

Großunternehmen treten global auf und bestimmen die Preise über imposante Kostensenkungsfaktoren, die durch ein hohes Produktivitätsniveau erreicht werden. Gleichzeitig führen sie in der Produkterneuerung durch innovative Elemente und Systeme sowie in der Qualität. Insgesamt geben die transnationalen Konzerne das Timing der Innovation, die Standards und nicht zuletzt das Niveau von Effektivität und Effizienz der Produktion vor. Wollen andere Unternehmen mithalten, dann müssen sie vor allem ihre Computertechnik modernisieren.

162

Heftig greifen denn auch beschwörende Formeln wie *Betriebsdatenerfassung (BDE)*, *Produktionsplanungs- und -steuerungssystem (PPS)*, *computergestützte Konstruktion (CAD gleich Computer Aided Design)* oder *computergestützte Fertigung (CAM gleich Computer Aided Manufacturing)* um sich. Task Forces für die betriebliche Informationsverarbeitung werden ins Leben gerufen. Der Stein der Weisen scheint gefunden.

Der Taylorismus und seine Irrtümmer in der Informatik

Wenn die Informatiker nun predigen, daß die vom Manchester-Kapitalismus herrührende, traditionelle Arbeitsteilung endlich durch an Prozeßabläufen orientierte Strukturen abgelöst werden soll, ist das zwar richtig, aber nur für einen bestimmten Zeitraum oder für ein definiertes System. Denn bei der Überwindung der tayloristischen[5] Trennung in Arbeitsbereiche, Abteilungen, Werkstätten und Arbeitsgänge durch neue betriebliche Aufbau- und Ablauforganisationen sind die Informationsstrategen einer ganze Reihe von Irrtümern aufgesessen:[6]
- Übertriebenes Vertrauen in die Fähigkeit von Rechnern
- Übertriebener Glaube an mathematische Optimierungsverfahren
- Mangelnde Prognosesicherheit
- Nicht adäquate Abbildung von Vorgängen in der Produktion
- Nichtausnutzung menschlicher Talente in automatisierten Abläufen

Dennoch zeigt sich die Mehrzahl der Unternehmen begeistert davon, daß immer schnellere neuronale oder parallele Supercomputer kolossale Datenmengen in immer kürzeren Rechenzeiten bewältigen können. Zwei Fragen drängen sich deshalb auf: Hängt zukünftig die Marktführerschaft der einzelnen Konzerne von den Gigaflops ihrer Rechenmaschinen ab? Oder werden auch die schnellsten Elektronengehirne die exorbitante Informationsflut nicht mehr eindämmen können?

Doch diese kritischen Fragen lassen die supergescheiten Manager und Berater gar nicht erst aufkommen. Statt dessen klammern sie sich an Liebgewonnenes.

So können denn Schlagworte und Theorien über Netzwerke, Datenaustausch, Expertenwissen oder integrierte Informationsverarbeitung unverdrossen ihre Kreise ziehen. Händeringend hält man nach jungen Wirtschaftsingenieuren für die Fabrikautomatisation und nach Wirtschaftsinformatikern für die Bürokommunikation Ausschau. Von ihnen erwarten die Bosse die Kraftakte, zu denen sie selbst nicht mehr in der Lage sind.

Allem voran sollen sie eine fixe Idee realisieren – die menschenleere Geisterfabrik mit computerintegrierter Fertigung (*CIM gleich Computer Integrated Manufacturing*[7]). Die Produktionsfetischisten, die jegliche Herstellung eines Produkts als olympischen Wettbewerb auf dem Markt betrachten – nach dem Motto *Mehr, schneller, besser und billiger* –, können sich nicht von der Faszination dieser Fata Morgana lösen.

Es wäre doch zu schön: Da thront in einem eisgekühlten Rechenzentrum das Superhirn – Mittelpunkt aller Informationsströme im Unternehmen. Angeschlossen an alle erdenklichen Abteilungen, alle supermodernen Automaten und Roboter; über Satellit und Standleitungen mit allen Vertriebs-, Entwicklungs- und Produktionsdependencen des Konzerns in der ganzen Welt verbunden.

Fragt ein potentieller Kunde per Telekommunikation nach einer Offerte an, kramt das Hirn in Sekundenschnelle in den Datenbeständen, berechnet und konstruiert Spezifizierungen, überprüft Standards, modelliert Automatenbelegungen, spielt den Materialfluß durch, optimiert die Logistik, kalkuliert und erstellt schließlich ein Preisangebot. Natürlich nicht ohne zu wissen, was die Konkurrenz für ähnliche Aufträge fordert. Die synthetische Stimme oder der Faxomat wird dem fremden Einkäufer sehr höflich und bestimmt Preis und Konditionen nennen. Der braucht dann nur noch in voller Zufriedenheit zu ordern.

Aber eines haben die CIM-Strategen vergessen: Sie zementieren damit alte Strukturen. Denn die Entwicklung und Einführung eines durchgängigen Fabrikkonzepts – von der automatisierten Materialbeschaffung über durchgängige Informations-, Kommunikations- und Fertigungsstrukturen bis hin zum Vertrieb – basiert auf funktions- und

datenorientierten Komponenten: Um zu einem gewissen Zeitpunkt einmal ein vollständiges CIM-Konzept realisiert zu haben, müßten das Konzept und alle Komponenten notwendigerweise gleichzeitig („im Stück") entwickelt werden. Denn erst die informationstechnische Verknüpfung aller Prozeßschritte läßt die gewünschte neue Qualität entstehen.

Tief überzeugt von der Richtigkeit des Ansatzes verkünden denn Informatiker, Ingenieure, Kaufleute sowie Wissenschaftler verschiedenster Couleurs in ihren Büchern, auf Expertentagungen und Workshops das Credo von CIM.[8] Mit Macht und Eifer – so ihre warme Empfehlung – sollten alle nur denkbaren Prozeßschritte schnellstens vom Computer unterstützt und miteinander verknüpft werden. Konstruktion, Modellierung, Fertigung oder Vertrieb – also die gesamte Kette des Produktionsprozesses – sei zu einer „ganzheitlichen" Informationsverarbeitung im Unternehmen zusammenzuführen.

Das aber überfordert alle materiellen und finanziellen Ressourcen. Was aus den CIM-Vorhaben herauskommt, bleibt nur CA-Patchwork, charakterisiert durch eine Vielzahl von Schnittstellen von unterschiedlichen, starren und hierarchisch differenzierten Systemkomponenten.

Den Strategen ist bedauerlicherweise nicht auszureden, daß durch den Einsatz rechnergestützter Informationssysteme die Organisationsstrukturen und betrieblichen Abläufe automatisch verbessert würden.

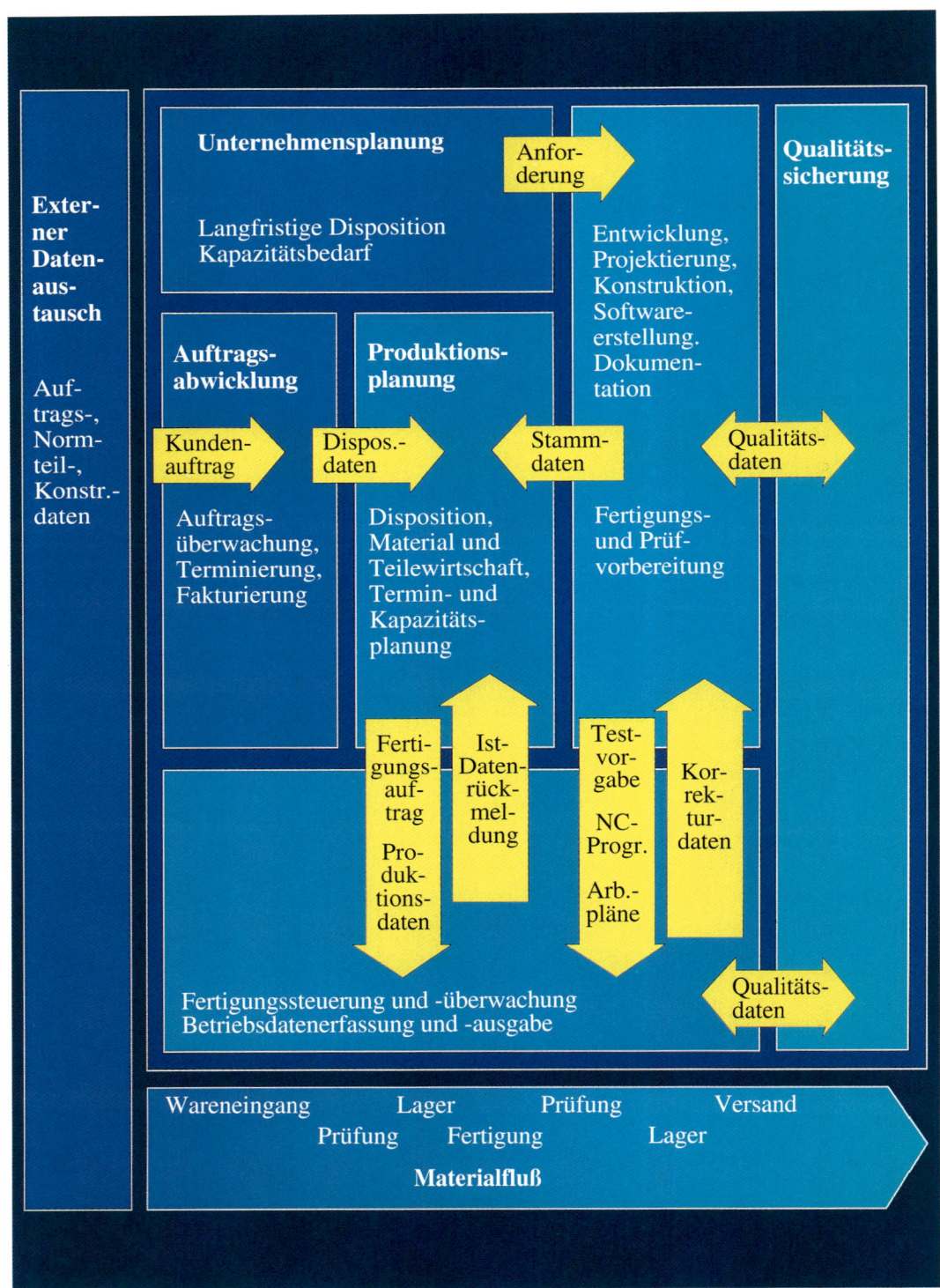

Das Netzwerk der klassischen Unternehmensplanung.

Dabei ist das ein gefährlicher Denkfehler: Denn die vorhandenen Abläufe und Unternehmensstrukturen werden zementiert statt sie zu verbessern. Darüber hinaus werden weiter notwendige Anpassungen oder nur die kontinuierliche Pflege über kurz oder lang unbezahlbar. Spätestens dadurch werden dann das Konzept zur Aufgabe oder das Unternehmen gar in den Ruin getrieben.

Mancher Schlaumeier propagiert deshalb, die Abläufe und Strukturen schon vor Beginn des CIM-Konzepts zu analysieren und zu optimieren. Doch auch das muß in die Irre führen. Weil nur für einen Moment – beziehungsweise nur für einen überschaubaren Zeitraum – das planerische Optimum eingefangen wird.

Wie schmerzlich die isolierte Einführung eines CA-Bausteins sein kann, zeigt das authentische Beispiel des Berliner Telefonbauers TeDeWe. Seit einigen Jahren leistete sich nämlich die Tochter der Gebr. Röchling KG aus Mannheim auf Unternehmensebene ein PPS-System. Es warf in schöner Regelmäßigkeit Listen mit den zu fertigenden Produktionsaufträgen aus. Dazu gehören neben Vermittlungseinrichtungen für das öffentliche Telefonnetz auch Nebenstellenanlagen sowie Kommunikationsendgeräte – wie es fachsprachlich geregelt ist – für Telefon, Telefax und Datenübertragung. Mit einem 91er Umsatz von 1,2 Milliarden Mark gehört der Kreuzberger Telefonhersteller zu

den größeren Anbietern auf dem deutschen Markt.

Computer und Chaos bei den Deutschen Telefonwerken

Was nützte aber das schönste PPS-System, wenn es auf interne Einflußfaktoren nicht reagieren konnte? Dem Werkstattmeister Bloch – seit 1953 bei der DeTeWe Deutsche Telephonwerke AG & Co. beschäftigt – standen mit genausolcher Regelmäßigkeit die Haare zu Berge: „Es herrschte wahres Chaos. Überall lagen angefangene Aufträge und Material herum. Durch die Werkstattgänge zwischen den Maschinen war manchmal kein Durchkommen." Der Grund: Jeder Werker suchte sich aus der Vielzahl neuer und angefangener Arbeit nur die Schmankerln heraus. Selbstredend solche mit großen Stückzahlen – das machte Menge – oder solche ohne großen Einrichtungsaufwand.

Was Wunder, wenn sich in der Werkstatt eine Unmenge komplizierterer Teile und Restposten wie Kraut und Rüben ansammelten. „Alle haben die Augen zugemacht", streut sich der Leiterplatten-Chef heute Asche aufs Haupt. „Daß manchmal eine millionenschwere Fernvermittlungsanlage für die Bundespost Telekom an einem Kleinteil hing, das in irgendeiner Ecke vor sich hingammelte, hab' auch ich oft zu spät erkannt." Der Hintergrund: Die computergestützte Fabrikationslenkung riß auf unterster Ebene – in der Werkstatt – ab: Der Meister mußte mangels besserer Information dem Betriebspersonal die Arbeit aus dem hohlen Bauch zuteilen. Sofern ihm diese verantwortungsvolle Aufgabe nicht schon die Werker abgenommen hatten. Und schließlich hatte auch einmal so ein alter Hase wie Bloch die Übersicht verloren.

Nach der bitteren Erkenntnis zog TeDeWe die Notbremse: Das Unternehmen mußte die Computertechnik zum Arbeiter heranrücken: Indem die Einzelkomponente PPS durch eine zweite – eine Werkstattsteuerung – erweitert wurde. Die Werkstattsteuerung berechnete die optimale Abfolge der einzelnen Fertigungsgänge im Leiterplattenatelier. Bereits nach kurzer Zeit wurden die lästigen „Hänger" und „Langläufer", die monatelang in der Halle vagabundierten, eleminiert. Lag vor Einführung der Steuerung die termingerechte Abarbeitung der Fertigungsgänge noch unter zehn Prozent, erreichte sie schon drei Monate später über 80 Prozent. „Nun liefert die Leiterplattenherstellung pünktlich", gratulierte sich Fabrikchef Schröder zu dem Coup.

Was in der Leiterplattenfertigung klappte, muß nun auch auf andere Fertigungsbereiche übertragen werden – auf die Leiterplattenbestükkung sowie die Vorfertigung mit Blechbearbeitung und Lackiererei. Nach innen hat die Firma ihre Abläufe optimieren können. Ob damit auch externe Veränderungen abgefangen werden, wird die Zukunft zeigen.

Das Beispiel macht eines überdeutlich: Daß die Einführung und Anwendung einzelner CA-Bausteine nicht zwangsläufig zu erhöhter Produktivität führt. Das Urteil von Professor Warnecke – einstmals glühender Verfechter von CIM und nun einer seiner heftigsten Kritiker – fällt vernichtend aus: Keine der heutigen CIM-Komponenten unterstützt „gegebenenfalls erforderliche Anpassungen der Abläufe und Strukturen aufgrund von sich verändernden äußeren und inneren Einflußfaktoren."[9]

Außerdem wandelt sich die Fertigung durch die wachsende Bedeutung des Produktionsfaktors Zeit zunehmend vom statischen zum dynamischen Typ. In einer solchen Umgebung zeigen die CA-Systeme ganz besonders ihre Schwachstellen. Allein deswegen mußte sich die CIM-Vision selbst ins Abseits manövrieren.

Es genügt nicht, daß überregionale Informations- und Fertigungsverbunde installiert werden. Anpassungsfähigkeit, umfassende Qualität, vor allem die Einbeziehung der Kreativität eines jeden Mitarbeiters auf allen Hierarchiestufen sind notwendig, um die zukünftige Produktion zu gewährleisten.

Die fraktale Fabrik bezieht die Kreativität der Mitarbeiter mit ein

Im Konzept der fraktalen Fabrik sind diese Aspekte berücksichtigt. Darin findet sich sogar für das CIM-Konzept noch ein Plätzchen, wenngleich in abgewandelter Form. CIM wird demnach nicht mehr als bloßes technisches Mittel zur Integration von computerisierten Fabrikinseln verstanden, sondern stellt für die jeweiligen Fraktale – temporären und von verschieden Funktionen geprägten Personal- und Technikstrukturen – flexible sowie leistungsfähige Informations- und Navigationssysteme bereit.

Was heißt das? Einmal sollen die Informationssysteme weiterhin die „klassischen", für die Herstellung von Produkten und den Einsatz von Betriebsmitteln notwendigen Daten vorhalten. Darüber hinaus haben die Navigationssysteme dafür zu sorgen, daß die Fraktale selbständig und kontinuierlich ihre Leistungsfähigkeit verbessern. Denn vom Gesamt- oder Führungssystem werden lediglich globale Unternehmensziele vorgegeben, die in relativ freier Entscheidung auf fraktal-lokaler Ebene umzusetzen sind. Das Verständnis von CIM wandelt sich von immer detaillierterer Kontrolle „traditioneller" Fabriksysteme hin zu einer qualitativ-ergebnisorientierten Beurteilung von Fraktalen. Von jedem Fraktal werden zudem die notwendigen Organisationsstrukturen eigenständig optimiert und angepaßt.

Das weist ganz deutlich auf ein charakteristisches Merkmal der Fraktale hin – die Selbstorganisation. Insbesondere deren operative Ebene wird vom neuen CIM-Konzept angesprochen. Operative Selbstorganisation bedeutet ganz allgemein die Anwendung flexibler und angepaßter Methoden zur Prozeßbeherrschung. Unterschiedliche Fraktale – eine Versandabteilung anders als eine Schweißerbrigade – werden auch unterschiedliche Methoden anwenden. Erste bewußte Experimente mit Elementen einer operativen Selbstorganisation werden in Deutschland bereits unternommen. So schreibt das *Manager-Magazin* über Hewlett-Packards Leiterplattenfabrik in Böblingen[10]:

„Jeder Mitarbeiter vom Chef zum Lageristen begreift, daß alle Vorgänge im Unternehmen – Entscheidungen, Handlungen oder Unterlassungen – einander in permanenter Rückkopplung beeinflussen. Wirkungen, die zum Ausgangspunkt wieder neuer Entwicklungen werden. Dabei können sich kleinste Störungen zu katastrophalen Ereignissen aufschaukeln. Wer dann nach der Ursache eines Effektes fragt, mißversteht den Prozeß. Und die rätselvollen Wechselbezüge lassen sich nur innerhalb enger Grenzen wirklich beherrschen.

In diesem System bilden die Mitarbeiter ein weitgehend autonomes Kommunikationsgefüge, das sie steuern und von dem zugleich sie gesteuert werden... Die Vorgesetzten blickten ihren Leuten nicht mehr auf die Finger, sondern definierten Aufgaben und Ziele so, ‚daß jeder weiß, worauf es ankommt'.

Für die 130 Beteiligten des Experiments sind Selbstregulation (‚Wie verteilen wir die Arbeit innerhalb der

Gruppe?'), Selbstbestimmung (,Welche Produktionsmethode wählen wir?') und Selbstverwaltung (,Wie gehen wir mit Gruppenmitgliedern um, die sich nicht an die Spielregeln halten?') inzwischen selbstverständlich."

Neben der operativen – unternehmensweiten – Selbstorganisation enthält das Konzept der fraktalen Fabrik auch eine taktisch-strategische Komponente. Sie bezieht sich auf die äußeren, weltweiten Ziele. Einige Firmen machen sich die dahinter steckende Erkenntnis bereits zu eigen: *Think global, act local.*

Müssen ein Unternehmen, eine Fabrik oder ein Fertigungssystem Strukturierungen oder Prozesse verändern, liegt das an wesentlichen Anstößen von außen, durch den Markt. Aller Regel nach werden sie immer erst dann registriert, wenn die Kluft zwischen Markterfordernis und unternehmerischem Korsett unüberbrückbar ist. Dann sind die Mängel nicht mehr zu übersehen, und die Änderung kommt eigentlich zu spät. Zu wenig wird verstanden, daß sowohl die betrieblichen Abläufe als auch die Strukturbildungsprozesse einer Dynamik unterliegen. Beide bedürfen einer unentwegten veränderlichen Anpassung – einer dynamischen Selbststrukturierung.

Neben dem Merkmal der Selbstorganisation weisen Fraktale im Konzept der zukünftigen Fabrik Selbststeuerung und Zielorientiertheit auf. Die Ziele der Produktion entstehen im Abstimmungsprozeß zwischen den beteiligten Fraktalen. Dazu ergänzt je nach Zweckmäßigkeit jedes Fraktal das mit der übergeordneten Ebene abgestimmte Zielsystem. Jedem Fraktal ist so ein individuelles, aktuelles und konsistentes Zielsystem immanent. Weil jeglicher Widerspruch unmittelbar erkannt wird, ist Konsistenz gewährleistet.

Je näher das Fraktal an der eigentlichen Produktionsaufgabe „sitzt", desto konkreter wird sein Zielsystem. Übergeordnete Fraktale – beispielsweise Unternehmensvorstände – bestimmen vor allem die strategischen, noch relativ unbestimmten Ziele der Produktion und überlassen das Wie den Fraktalen untergeordneter Ebenen.

Wichtig ist dabei, daß die Produktion mit ihren komplizierten und komplexen Systemen nur bedingt dem Ursache-Wirkungs-Prinzip genügt. Denn es ist ein gefährlicher Fehler, wenn amtierende Wirtschaftskapitäne glauben, daß die in den erforschten Fertigungsprozessen analysierten Kausalitäten auch beim Zusammenfügen eine deterministische Struktur annehmen.

Das ganze Gegenteil ist der Fall. Ein Unternehmen muß sich darauf einrichten, daß eine noch so geringe Abweichung von der Norm – sei es auf dem nachfragenden Markt, sei es ein Problem der Infrastruktur oder des Produktionsstandortes – zu ungeheuren Wirkungen führen kann. Die Realität schert sich nicht darum, ob dabei alle erdenklichen Modelle auf den Kopf gestellt werden.

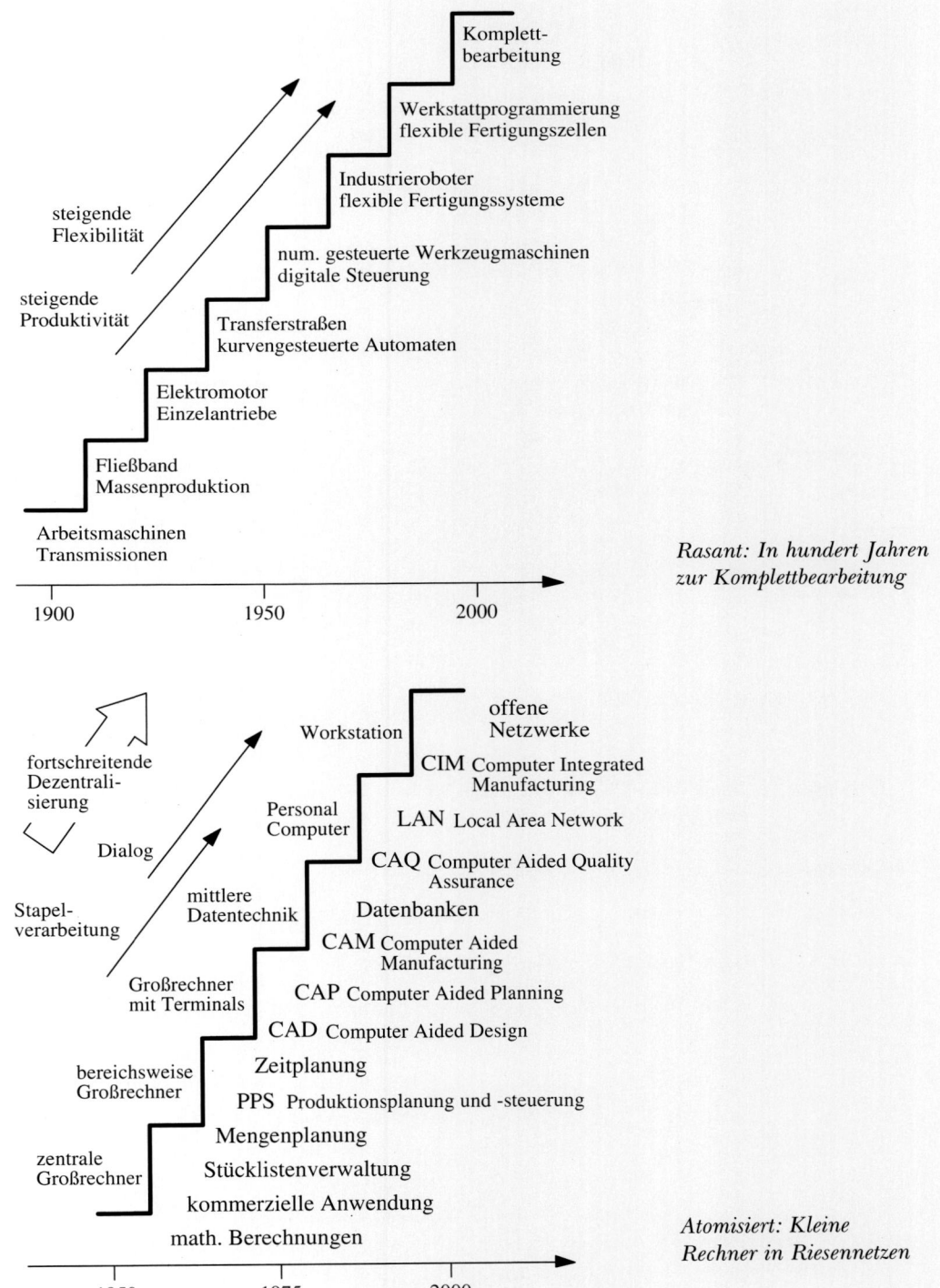

Komplett-
bearbeitung

Werkstattprogrammierung
flexible Fertigungszellen

Industrieroboter
flexible Fertigungssysteme

num. gesteuerte Werkzeugmaschinen
digitale Steuerung

Transferstraßen
kurvengesteuerte Automaten

steigende
Flexibilität

steigende
Produktivität

Elektromotor
Einzelantriebe

Fließband
Massenproduktion

Arbeitsmaschinen
Transmissionen

*Rasant: In hundert Jahren
zur Komplettbearbeitung*

1900   1950   2000

Workstation   offene
Netzwerke

CIM Computer Integrated
Manufacturing

Personal
Computer

LAN Local Area Network

CAQ Computer Aided Quality
Assurance

fortschreitende
Dezentrali-
sierung

Dialog

mittlere
Datentechnik

Datenbanken

CAM Computer Aided
Manufacturing

Stapel-
verarbeitung

Großrechner
mit Terminals

CAP Computer Aided Planning

CAD Computer Aided Design

Zeitplanung

bereichsweise
Großrechner

PPS Produktionsplanung und -steuerung

Mengenplanung

zentrale
Großrechner

Stücklistenverwaltung

kommerzielle Anwendung

math. Berechnungen

*Atomisiert: Kleine
Rechner in Riesennetzen*

1950   1975   2000

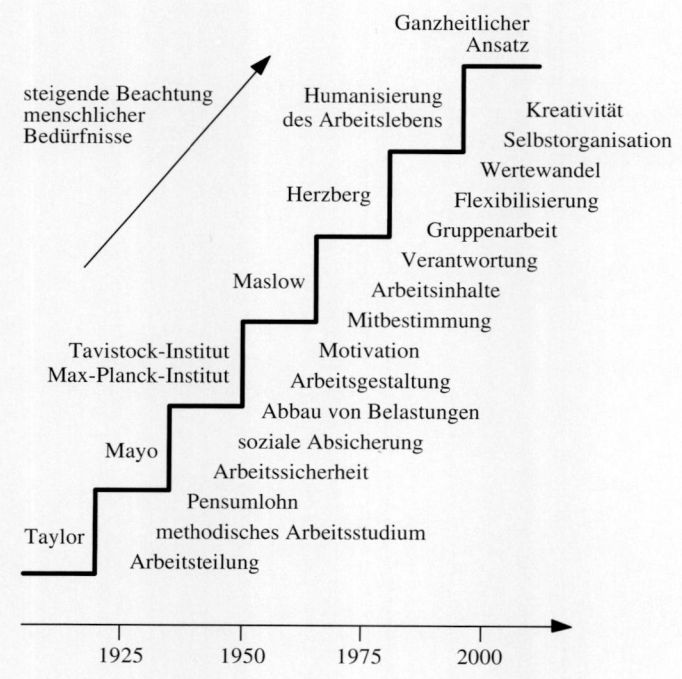

Ganzheitlicher
Ansatz

steigende Beachtung
menschlicher
Bedürfnisse

Humanisierung
des Arbeitslebens

Kreativität
Selbstorganisation
Wertewandel
Herzberg   Flexibilisierung
Gruppenarbeit
Verantwortung
Maslow   Arbeitsinhalte
Mitbestimmung
Tavistock-Institut   Motivation
Max-Planck-Institut   Arbeitsgestaltung
Abbau von Belastungen
Mayo   soziale Absicherung
Arbeitssicherheit
Pensumlohn
Taylor   methodisches Arbeitsstudium
Arbeitsteilung

1925   1950   1975   2000

*Zentral: Der Mensch in
der Arbeitswelt*

Problem: **Mangelhaftes Bild von der Zukunft bei
niedriger Reaktionsgeschwindigkeit**

Üblicher Ansatz: kleine Ursache ⟶ kleine Wirkung

große Ursache ⟶ große Wirkung

Realität: kleine Ursache   kleine Wirkung

große Ursache   große Wirkung

*Paradox: Kausalität und
Extrapolationsfalle*

Segmente / Fabriken in der Fabrik	Fraktale
• produzieren • werden einmalig, zeitpunktbezogen • sind geeignet für stabile Umwelt • arbeiten mit Zielvorgaben • sind selbstverantwortlich • werden ergebnisbezogen bewertet	• leisten (im weitesten Sinne) Dienste • unterliegen einem ständigen Wandlungsprozeß (dyn. Strukturierung) • sind geeignet für turbulente Umwelt • sind in den Zielfindungsprozeß integriert • organisieren und verwalten sich selbst • navigieren

Kreativ: Zwischen Stabilität und Turbulenz

Wirtschaftlichkeit

Menge (Economy of Scale)	*Vielfalt* (Economy of Scope)
Spezialist Mengen- Know-how- Konzentration spezialisierte Arbeitssituation starre Automatisierung	Generalist Organisations- Informations- Konzentration Komplettbearbeitung flexible Automatisierung
Fertigungsprozeß (Logistik) stabile Produktion Qualität durch Inspektion	(Fertigungsprozeß) Logistik An- und Auslauf Qualität durch Prozeßregelung
hierarchische bürokratische Strukturen ein großer Regelkreis nacheinander	Netzwerk- Gruppen- Strukturen viele kleine Regelkreise miteinander

Wirtschaftlich: Durch Menge oder Vielfalt

Das Dogma vom stets planbaren Wachstum

Wie weit so ein unerschütterlicher Glauben an das Dogma des planbaren Wachstums führen kann, zeigt das Beispiel General Motors (GM). Wie seine Unternehmensberater Ackoff, Funkhouser und Rothberg analysiert hatten,[11] gehörte gerade die Planung zu den herausragenden Aufgaben leitender Angestellter und sei für Unternehmen mit langen Vorlaufzeiten von entscheidender Bedeutung. So nähme die Trassierung von Transportwegen, der Bau chemischer Fabriken und nicht zuletzt die Entwicklung neuer Autoserien viele Jahre in Anspruch. Ganz allgemein müsse sich ein Unternehmen, das in die Zukunft hineinwachsen wolle, für das Wachstum – so es denn prognostiziert sei – frühzeitig vorbereiten.

General Motors wollte daraufhin den wirtschaftlichen Abschwung auf dem Automarkt von 1980 dazu nutzen, ein Investitionsprogramm im Umfang von 30 Milliarden Dollar aufzulegen. Denn die Analysten, auf die sich das Haus berief, sagten voraus, daß damit GM – schon bisher ein Gigant – zum einzigen amerikanischen Automobilhersteller mit einer vollständigen Produktpalette aufsteigen würde.

Doch die Zukunft verlief nicht so wie geplant: Schon nach zwei Jahren mußte GM sein Investitionsprogramm – dessen Gesamtkosten bereits auf 40 Milliarden Dollar angestiegen waren – drastisch drosseln. Weder der Absatzeinbruch, noch die Welle der Werksschließungen konnte aufgehalten werden. Auch das ehrgeizige Ziel, die Monopolstellung zu erreichen, mußte fallengelassen werden.

Zu Beginn des Jahres 1987 blieb dem amerikanischen Automobilhersteller wiederum nichts anderes übrig, als seine Werksschließungen fortsetzen, weil die Importe – vor allem japanische – einen Teil des Marktes eroberten und überdies eine wachsende Anzahl ausländischer Autofirmen eigene Betriebsstätten in den USA errichteten.

Leider lebt das Beispiel fort: Das Jahr 1992 hat eine rezessive Phase eingeläutet, in der selbst die Hochburg des Automobils – Europa mit Deutschland an der Spitze – eklatante Markteinbrüche hinnehmen mußte. Zudem sind auch – und das erstmals – die japanischen Autobauer von der schweren Krise betroffen. Deren Absatzkurven zeigen ebenfalls dramatisch nach unten.

War die Zukunft nicht vorhersehbar? Hat das Wachstum eine Grenze, die von notorisch-optimistischen Managern nicht wahrgenommen wird?

Es ist nicht zu übersehen, daß sich die Weltwirtschaft gnadenlos differenziert hat. Deutlich hebt sich der wohlhabende Norden vom überschuldeten Süden ab. Während in den Entwicklungsländern auf lange Zeit überhaupt kein Markt in Sicht ist, ist er in den Industrienationen restlos verteilt und übersättigt.

Fazit: Das Ziel der Produktion – die immer bessere Befriedigung von Kundenbedürfnissen ohne Rücksicht auf begrenzte Ressourcen – hat in eine Sackgasse geführt. Daß stets eine Innovation die andere jagt, wie es der Ökonom Schumpeter apostrophierte[12], erlaubt nun eine völlig neue Deutung: Dynamik ist das Produktionsziel. Bewegung muß gewährleistet werden. Auch wenn der Markt zu und Rezession angesagt ist.

Ganz offensichtlich findet ein Paradigmenwechsel statt: Weg vom quantitativen Wachstum der Produktion hin zum qualitativen Wachstum. Es scheint nicht mehr ausschlaggebend zu sein, traditionell-betriebswirtschaftliche Kriterien und Ziele zu erreichen.

Galten bisher die unverrückbaren Marksteine der Ökonomie – strategische Eroberung, Pflege und Erweiterung von Märkten durch innovative Produkte, durch ein attraktives Preis-Leistungs-Angebot, durch gute Verarbeitung, hohe Lebensdauer und Zuverlässigkeit, summa summarum durch hohe Effektivität, Effizienz und Qualität –, so kommt es in Zeiten beinharter internationaler Konkurrenz darauf an, unter allen Bedingungen die Produktionsfähigkeit zu erhalten.

Nicht mehr die Menge der erzeugten Produkte wird im Wettbewerb zum entscheidenden Faktor, sondern Präsenz, Flexibilität und Dynamik des Unternehmens: Merkmale des qualitativen Wachstums. Nur durch ständige Veränderung

gelingt es, die notwendigen Faktoren permanent aktiv zu halten. Je nach Aufgabe und Zeitpunkt verändern sich die Elemente, um immer wieder optimal wirken zu können. Dieses Wechselspiel verschiedener Faktoren und Funktionen – der Fraktale – ist Voraussetzung zur Erreichung der strategisch-taktischen Ziele der fraktalen Fabrik.

Aufgabe der Unternehmensführung muß es dabei sein, die Betriebsabläufe so zu organisieren, daß Reaktionen auf Störgrößen schnell und kompetent erfolgen. Weil jedoch die Erfassung aller möglichen Daten an der Peripherie und ihre Zentralisierung zeitraubend, wenig selektiv und noch weniger effektiv wäre, könnte die daraufhin gefällte zentrale Entscheidung nur suboptimal ausfallen. Deshalb ist es für die fraktale Fabrik charakteristisch, daß diejenigen die Entscheidung fällen müssen, die davon auch unmittelbar betroffen sind.

In jeder Abteilung ist deshalb darüber nachzudenken, welche Informationen man wem schuldet und welche Information man von anderen braucht. Alle Informationsströme müssen in erheblichem Maße horizontal fließen, von Abteilung zu Abteilung statt nur nach oben. Die zukünftige Fabrik verkörpert ein Informationsnetzwerk, in dem die Manager und Spezialisten den Geschäftsprozeß kennen und verstehen. Wie die Mitglieder eines geschlossenen Teams müssen alle Bescheid wissen, gemeinsam handeln und sich dabei

Abkehr von der strengen „Pyramidenhierarchie": Organisation in Gruppen mit hoher
Selbstverantwortung und Selbststeuerung ist gefragt –
auch beim Umgang mit (fast) autonomen Montageanlagen.

an den Bedürfnissen und der Leistungsfähigkeit des Betriebes orientieren.[13]

Die Japaner haben bereits Erfahrungen damit sammeln können. Ihre Verbesserungsphilosophie Kaizen wird dort schon seit mehr als 30 Jahren praktiziert. Wie Wissenschaftler des Massachusetts Institute of Technology (MIT) herausgefunden haben[14], ist nicht zuletzt deshalb die europäische Industrie in Zugzwang geraten:

- Automobilhersteller in Japan brauchen für die Montage eines Fahrzeuges im Durchschnitt 16,8 Stunden, europäische Produzenten 45,5 Stunden.
- In Japan treten pro 100 Autos durchschnittlich 60 Montagefehler auf, bei europäischen Herstellern 97.
- Fehlen in japanischen Autowerken durchschnittlich fünf Prozent der Mitarbeiter, feiern in Europa 12,1 vom Hundert zu Hause.

Als eine der wesentlichen Ursachen für diese eklatanten Unterschiede sehen die Experten nämlich an, daß fast 70 Prozent der japanischen Fabrikarbeiter in Teams schaffen, in Europa aber gerade mal 0,6 Prozent. Louis Hughes, Europa-Chef von Ford, zeigt sich vom Erfolg der „Gruppenarbeit" begeistert: „Das kann für Beschäftigte und Unternehmen, für Gewerkschaften und Arbeitgeber vergleichbare Auswirkungen haben wie einst die Einführung des Fließbandes." Ohne es zu wissen, greift der Ford-Lenker den Zusammenhang zwischen Kaizen –

Prinzipien der Fraktalen Fabrik

Selbstorganisation

Selbstähnliche Zielrichtungen

Transparenz von Abläufen und Zustandsgrößen

Motivation als zentraler Gestaltungsgrundsatz

Kooperation statt Konfrontation

Verinnerlichung von Zielen

Qualitätsbewußtsein als Selbstverständnis

Keine Wettbewerbsgrenze an der Unternehmungsgrenze

Methoden in der Fraktalen Fabrik

Schaffung von Bewegungsräumen mit Freiheitsgraden

Dynamische Organisationsstrukturen (Evolution)

Selbstoptimierung

Beschreibung von Abläufen und Abbildung von Zuständen

Bedarfsgerechter Ressourceneinsatz

Bedarfsgerechte Kommunikation

Unternehmerisches Verständnis, Denken und Handeln aller Mitarbeiter

Motivationsregelkreis

der selbstoptimierenden Funktion – und den entsprechenden Elementen – den Fraktalen – auf.

Ist Kaizen einfach Teamwork? Die Gruppenarbeit, auch *Lean Production* (schlanke Produktion) genannt, ist Teil des *Lean Managements* und *Lean Manufacturings*. Sie verknüpft auf elegante und effiziente Art die Vorteile der Fließbandfertigung mit der Flexibilität und Qualität handwerklicher Arbeitsweise. Grundzellen sind dabei autonome Teams, in denen ein jeder zu fortwährender Verbesserung (*Kaizen*) aufgefordert wird. Durchschnittlich werden in japanischen Automobilkonzernen pro Mitarbeiter und Jahr nicht nur fast 100 Verbesserungsvorschläge angenommen sondern fast ebensoviele auch unternehmensweit umgesetzt.

Wie funktioniert das? Der Gruppe wird zum einen für ihren Arbeitsbereich volle Verantwortung eingeräumt. Zum anderen kommen permanente Verbesserungsvorschläge zum Arbeitsablauf, zur Steigerung der Produktion oder – noch wichtiger – zur Reaktion auf veränderte und meist verschlechterte Umfeldbedingungen aus dem inneren Aktionsfeld des Kollektivs heraus und werden nicht mehr von oben nach unten befohlen. Solche für Fraktale charakteristischen Merkmale wie Selbststrukturierung und Selbstoptimierung werden wiederum deutlich.

Flexibilität entsteht auch dadurch, daß man sich im Kollektiv untereinander hilft und unterstützt. Entscheidend ist die Gesamtproduktivität der Gruppe. Nicht nur die unmittelbare Fertigung, sondern darüber hinaus Qualitätskontrolle und Materialbewirtschaftung gehören zum Verantwortungsbereich des Teams. Alles zusammen fördert ein ganzheitliches und unternehmerisches Vorgehen des Teams.

Die neue und motivierende Selbstbestimmung geht so weit, daß das Team über Arbeitseinsatz, Urlaub oder Schulungsmaßnahmen selbst entscheidet. Nicht einmal der gewählte Gruppensprecher hat die bislang übliche Vorgesetztenkompetenz. Sondern er fungiert lediglich als Moderator bei Gruppengesprächen und vertritt schließlich die kollektive Meinung nach außen.

Der einzelne selbst wird zum unternehmerisch denkenden und handelnden, mündigen Mitarbeiter. Auch darin findet die Vision der fraktalen Fabrik ihre Bestätigung.

Weil die Idee so plausibel ist, reklamieren bereits einige deutsche Unternehmen für sich die Philosophie der Lean Production. Schon quer durch alle Branchen – von Bosch über BMW, Mercedes-Benz, oder VW über den Augsburger Computerhersteller NCR bis hin zur Zulieferindustrie – wird die *innere Selbstorganisation der Fabrik* betrieben.[15]

Hans-Jürgen Warnecke, Chef der Fraunhofer-Gesellschaft und wackerer Vorkämpfer für die fraktale Fabrik, freut sich: „Diese Entwicklung ist der richtige Weg. Denn herkömmliche Organisationsstrukturen sind am Ende und müssen abgelöst werden, weil sie viel zu träge sind, um künftig im Wettbewerb zu bestehen." Und mit dieser Meinung steht er nicht allein.[16]

Gerade in der Gruppenarbeit glaubt der Ordinarius für Industrielle Fertigung und Fabrikbetrieb an der Universität in Stuttgart-Vaihingen Analogien zwischen den geometrischen Strukturen von Mandelbrotmengen und den Fraktalen der Fabrik wiederzuerkennen: Kleine, flexible, sich selbst organisierende Einheiten, die eigenverantwortlich entscheiden und dabei hocheffizient seien. In dem Maße, wie sich die kleinen Teams schnell auf veränderte Umfeldbedingungen einstellen könnten, würde das gesamte Unternehmen auf Kundenwünsche oder geänderte Markt –

beziehungsweise Standortverhältnisse reagieren.

Selbstoptimierung, Selbstorganisation und Dynamik im Auge doziert Warnecke: „Jeder im Unternehmen muß sich so verhalten wie das Unternehmen als Ganzes. Er ist Dienstleister für seinen Kollegen und wird auch daran gemessen."

Warneckes verschmitzter Blick richtet sich auf so manchen liebgewordenen Chefsessel: „Diese Selbstähnlichkeit ist auch das Maß dafür, ob jemand überflüssig ist oder nicht." Im übrigen würde es das Prinzip der Selbstorganisation aber verbieten, ein festes System über die Fabrik zu stülpen. Schließlich muß nach dem gewichtigen Professor das Prinzip der Dynamik gewährleistet sein: „In der fraktalen Fabrik der Zukunft gibt es nichts Beständigeres als den Wandel."

Folgende Seite:
Man solle verwitterte Mauern betrachten, hat schon Leonardo da Vinci empfohlen:
Nicht-intentionale Gebilde, Zufallsformen als Inspirationsquelle
künstlerischer Schöpfung angesichts des heutigen Urbanismus.

Michael Mönninger

CHAOS IN DER STADT – EINE NEUE THEORIE KREMPELT DEN URBANISMUS UM

Die unübersehbare Fülle von Modellen zur Beschreibung der neuzeitlichen Stadtentwicklung hat der englische Architekt Cedric Price einmal auf den einfachsten bildlichen Nenner gebracht. Er verglich die drei Hauptstadien des Stadtwachstums mit drei Zubereitungsarten des gemeinen Hühnereis. Die Stadt vom Mittelalter bis zum Spätbarock liegt innerhalb ihrer Befestigungsmauern wie der Dotter eines gekochten Eis in einer festen Schale. Von der industriellen Revolution Mitte des 18. Jahrhunderts über die Stadterweiterungen des 19. Jahrhunderts bis zu den Trabantenstädten der Nachkriegszeit nimmt die Stadt die Form eines Spiegeleis ein, in der der kostbare Dotter noch klar konturiert ist, aber von zerfließenden Rändern gerahmt wird. Die heutige postindustrielle Stadt bildet das letzte Stadium: das Rührei, in dem Zentrum und Peripherie unterschiedslos verwoben sind und sich formlos nach allen Seiten ausdehnen.[1] Zwar ist das Ei-Modell von Price völlig unwissenschaftlich, aber es er-

innert doch entfernt daran, daß alle Wissenschaften bislang auf der Suche nach einfachsten Gesetzmäßigkeiten waren. Die Chaostheorie heute dagegen sucht nicht mehr das Wesen von Regel und Gesetz, sondern die Wirrnis des Zufalls. Die Modelle der Chaostheorie sind deshalb genauso komplex wie die von ihr untersuchten Formbildungen. Umso erstaunlicher ist der Siegeszug dieser esoterischen und hochabstrakten Wissenschaft durch alle Bereiche des Alltagslebens. Zwar gibt es das Mandelbrotsche Apfelmännchen noch nicht als Tapetenmuster in Designer-Läden, aber in den Köpfen hat es sich als Leitornament längst festgesetzt. Das Chaos wird zum Schlüsselbegriff der Postmoderne und bezeichnet zumeist den Punkt, an dem das Denken freiwillig aussetzt.

In einer Zeit der Verunsicherung und Verwirbelung politischer, ökonomischer, sozialer und auch ästhetischer Zusammenhänge verheißt das Chaos zwar keinen festen Boden unter den Füßen. Aber man versteht es immerhin als kreativ brodelndes Übergangsstadium, als magische Antizipation eines Zustands, von dem man zwar nicht weiß, was er bringen wird, aber immerhin erhofft, daß er etwas Neues sein wird.[2] Holisten, New-Age-Anhänger, neue soziale Bewegungen und selbst die Verfechter der Deregulation und Privatisierung in Staat und Wirtschaft vertrauen neuerdings in die produktive Kraft chaotischer Selbstbildungsprozesse.

Fatalisten des *Wassermann-Zeitalters* ziehen am gleichen Strang wie Marktwirtschaftler mit ihrem Glauben an die „unsichtbare Hand" von Adam Smith: Nicht mehr Ordnung, Rationalisierung und Kontrolle steuern soziale Prozesse von außen, sondern selbsttätige Kräfte von innen.

Die Theorie des Rühreis

Da schießen Erkenntnisse von Synergetik, Kybernetik und poststrukturalistischer Dezentrierung des Subjekts heillos durcheinander, und je mehr die Begrifflichkeit ausfranst, desto unwiderstehlicher wird die Anziehungskraft dieser faszinierenden Metapher des Gegenwartsdenkens.

Die Übertragung der Chaostheorie auf Architektur und Städtebau ist bislang meist eine ähnliche krude Operation wie die Bildprägung von der „Rührei-Stadt". Weil der erschreckende Zustand heutiger Ballungsräume nur noch als völlige Abwesenheit jeder planenden Instanz verstanden werden kann, geht man

dazu über, diese Siedlungsgebilde als bewußtlose, quasi-natürliche Gestaltwerdung zu begreifen. Avantgarde-Architekten haben dafür bereits kühne Metaphern gefunden.

So spricht der holländische Architekt Rem Koolhaas angesichts heutiger Stadtzentren von *Galapagos-Inseln der Architektur*, auf denen die „Geschöpfe einer anderen Evolution" entstanden sind; verstreute Vorstadtsiedlungen bezeichnet er gar als „urbanes Plankton". Die Ordnungsliebe der traditionellen Architektur ist gescheitert. Riesige Gebiete auf der Welt entwickeln sich längst ohne jeden planerischen Beistand. Diese Gebilde sieht der Holländer nicht länger als Resultat architektonischer Doktrinen an, sondern als „simultane Formationen geologischer Schichten, zu deren Interpretation ein Champollion, Schliemann, Darwin und Freud zugleich nötig wären".[3] Von Mandelbrot oder Prigogine ist bei ihm zum Glück noch nicht die Rede.

Noch vor der prinzipiellen Frage, ob Chaos-Begriffe auf den Urbanismus anwendbar sind, muß man eine Unterscheidung treffen: ob diese Operation in deskriptiver oder normativer Absicht geschieht. Will man unseren heutigen Rührei-Städten auf die Spur kommen und ihren Charakter beschreiben, oder sucht man vielleicht hinter der subjektlosen Selbsttätigkeit eine höhere Ordnung, ein neues Anti-Paradigma der Gestaltung als Handlungsstrategie?

Groß ist die Gefahr, daß Planer vor der Eigendynamik der Stadtauflösung lustvoll kapitulieren und sich mit dekonstruktivistischen architektonischen Formen dieser Entropie sogar noch mimetisch anverwandeln. Deshalb muß man sich entscheiden, ob man die architektonische Müllkultur heutiger Ballungszentren als Emanation des Hegelschen Weltgeistes („Das Wirkliche ist das Wahre") begreift, oder ob man, wie romantisch oder reaktionär auch immer, normativ wertend diese planlosen Siedlungsgebilde attackiert und ihre Defizite, Mißbildungen und Strukturmängel aufgreift.

Nicht-intentionale Schönheit

Das Studium von bewußtlosen, natürlichen Gestaltungen, wie viele es angesichts des heutigen Urbanismus empfehlen, hat schon in Leonardo da Vincis *Traktat über die Malerei* einen Vorläufer: Man solle verwitterte Mauern, Asche oder Wolkenformationen betrachten, in denen die Einbildungskraft Schlachtszenen, Landschaften oder Monstren ausmachen könne – eine Art früher *Rorschach-Test*. Nicht-intentionale Gebilde und Zufallsformen waren schon immer produktives Gegenbild und damit Inspirationsquelle künstlerischer Schöpfung gewesen. Sie speisten die revolutionäre Energie der gesamten modernen Kunst und deren Leitphilosophie, des Surrealismus. Schönheit, hat Lautreamont gesagt, sei die zufällige Begegnung eines Regenschirmes und einer Nähmaschine auf einem Sezier-

tisch. Das haben die Surrealisten später übernommen. Sie gingen weiter als Leonardo und meinten, vereinfacht gesagt, die Realität sei häßlich per definitionem. Schönheit existiere nur in dem, was nicht real sei. Erst der Mensch habe die Schönheit in die Welt gebracht, indem er Realitätsfragmente kombinierte, die in der Wirklichkeit nicht vorkommen. Um das Schöne zu produzieren, müsse man sich so weit wie möglich von der Natur entfernen.

Was bei den Surrealisten noch reine Gedankenimplosionen waren, ist längst Wirklichkeit geworden. Die Menschen haben ihre besondere Schönheit in die Welt gebracht, indem sie Stadt und Land nach ihrem Bilde gestaltet haben. Die surrealistischen Sinnzerstörungs-Phantasien und Traumschlafepidemien waren bloß Fingerübungen. Um das Schöne zu produzieren, ließe sich heute im Gegenteil sagen, muß man sich möglichst nahe an die Realität halten. Das Wirkliche ist das Surreale. In der verstädterten Welt kehrt eine andere, zweite Natur wieder: das absichtslose Zufallsprodukt im Zeichen des Chaos.

Es ist übrigens auffällig, daß gerade zu jenem Zeitpunkt, da die Gefährdung des Naturhaushaltes und der Biosphäre deutlich wird und allerorten Weltuntergangsstimmung grassiert, ausgerechnet solche Naturmetaphern das Denken beherrschen. Siegfried Kracauer hat einmal diese surreale Sicht auf die Stadt am treffendsten formuliert: „Man kann zwischen zwei Arten von Stadtbildern unterscheiden: den einen, die bewußt geformt sind, und den andern, die sich absichtslos ergeben. Jene (bewußt geformten/*Anmerkung des Verfassers*) entspringen dem künstlerischen Willen, der sich in Plätzen, Durchblicken, Gebäudegruppen und perspektivischen Effekten verwirklicht, die der Baedecker gemeinhin mit einem Sternchen beleuchtet. Diese dagegen entstehen, ohne vorher geplant worden zu sein. Sie sind keine Kompositionen, ... sondern Geschöpfe des Zufalls, die sich nicht zur Rechenschaft ziehen lassen. Wo immer sich Steinmassen und Straßenzüge zusammenfinden, deren Elemente aus ganz verschieden gerichteten Interessen hervorgehen, kommt ein solches Stadtbild zustande, das selber niemals der Gegenstand irgendeines Interesses gewesen ist. Es ist so wenig gestaltet wie die Natur und gleicht einer Landschaft darin, daß es sich bewußtlos behauptet. Die Stadt verdichtet sich zu einem Bild, das herrlich wie ein Naturschauspiel ist ... Diese Landschaft ist ungestellt ... ohne Absicht sprechen sich in ihr Gegensätze aus, Härte, Offenheit, Nebeneinander, Glanz. Die Erkenntnis der Städte ist an die Entzifferung ihrer traumhaft hingesagten Bilder geknüpft."[5]

Während Kracauer noch von einem deskriptiven Blick auf die Stadt, einem ästhetischen Interpretationsmuster als künstlerischer Strategie spricht, beginnt sich das heutige Chaos-Denken normativ zu einer neuen Planungsstrategie zu entwickeln. Es geht nicht mehr darum, Zufall und Unordnung einzudämmen, sondern ihren Kräften gemäß zu reagieren. Das liegt freilich auch am radikalen Wandel des Gegenstands. Zwischen dem Stadtbild von Berlin 1931 und dem Anblick von Tokio 1993 gibt es keine Gemeinsamkeiten mehr. Tokio weist nicht einmal mehr Reste von „bewußt geformten" oder von einem „künstlerischen Willen" durchdrungenen Gestaltungselementen auf.

Chaosstadt Tokio

Tokio ist der Lieblingsgegenstand fortschrittlicher Stadtforscher. Es soll hier zunächst versucht werden, die japanische Hauptstadt auch ohne das mathematisch-physikalische Vokabular der Chaostheorie zu beschreiben. Tokio ist wegen seiner Instabilität und Kurzlebigkeit eine posturbane Stadt, eine „weiche" Struktur, in der die urbanistische *Software* – die Verkehrsströme und Menschenmassen, die Informationskanäle und Zeichensysteme – über die gebaute *Hardware* dominiert. Das nennen die Naturwissenschaftler „persistent instability". In kaum einer anderen zivilisierten Metropole der Welt gibt es eine derart rücksichtslose Ausbeutung des bewohnbaren Raumes, keine andere Stadt hat dieses Maß an Zerstückelung und Verdichtung erreicht.

Während westliche Städte sich aus definierbaren Bauobjekten und Freiflächen, aus der komponierten Kon-

Vor dem Rührei: Alte, gewachsene Stadtstrukturen wie hier in Siena orientieren sich zumeist „organisch" um einen zentralen Platz.

trastordnung von geschlossenen und offenen Räumen zusammensetzen, schmilzt Tokio immer mehr zu verkeilten Hauszwickeln und deformierten Resträumen zusammen, die keiner historischen Typologie mehr folgen. Weil die Baukosten nur einen Bruchteil der Grundstückskosten betragen, gibt es Architektur fast zum Nulltarif. Häuser werden so schnell errichtet und wieder entfernt, daß nach einer Berechnung des städtischen Planungsamtes die Stadt alle zwanzig Jahre komplett neu entsteht. Und die hohen Erbschafts- und Eigentumssteuern zwingen die Besitzer, bei jedem Wechsel einen Teil ihrer Grundstücke zu verkaufen, so daß der Stadtboden in immer winzigere Parzellen zerfällt.

Die japanische Hauptstadt ist ein gleichsam fraktales Gebilde aus dreiundzwanzig semiautonomen Stadtbezirken, die auf der Mikroebene wie multiple Dörfer organisiert sind und im großen Maßstab das entsetzlichste Durcheinander der gesamten Erde abgeben. Tokio wird bereits als die Hauptstadt des 21. Jahrhunderts bezeichnet. Der englische Architekturavantgardist Peter Wilson vergleicht den Ballungsraum Tokio mit einem Hologramm, das noch in jedem Bruchstück einen Teil des Ganzen enthält. Zutreffender wäre freilich die Bezeichnung *selbstähnliche Struktur* oder *Fraktalität*.

In der Tat könnte man diese Elemente an Tokios Stadtstruktur studieren. Tokio ist die Stadt mit der geringsten sozialen und funktionalen

Entmischung. Selbst in Luxusgegenden leben einfache Leute; alle Stadtbezirke sind unterschiedslos ineinander verwoben und bilden dennoch völlig eigenständige Metropolen; jede U-Bahnstation ist ein Mikrokosmos sämtlicher städtischer Funktionen; ja sogar jedes beliebige Geschäftshaus weist eine konsequente Typologie nicht der Form, sondern der Nutzungen auf, die vom Fitneß-Center im Souterrain über die Ladengalerie bis zu Restaurants, Clubs und Wohnungen unter dem Dach reichen – die Bandbreite eines ganzen Stadtviertels unter einem einzigen Dach, und das tausendfach.

Der Architekt Kisho Kurokawa in Tokio spricht von *holonischen Strukturen* und *anti-hierarchischem Wachstum* und hat vom französischen Philosophen Gilles Deleuzes das Bild der Rhizome entlehnt, jenen wuchernden Wurzelgeflechten in der Natur, die sich ohne zentrierende Ordnung ausbreiten. Er benutzt auch gern Deleuzes verwandten Terminus des *organlosen Körpers*, der ein amorphes Wachstum indifferenter Teile bezeichnet, ein sich selbst produzierendes Produkt, das nichts als seinen eigenen Abraum, seine eigene Schlacke erzeugt.[6]

Der Architekt Kazuo Shinohara hat als einer der ersten Planer die Chaostheorie aus der Mathematik und Physik auf Tokio zu übertragen versucht. Er wirft die Frage auf, warum eine Stadt sich im kleinen Maßstab des einzelnen Hauses aus rationalen und kontrollierten Detailentscheidungen zusammensetzt, aber auf der Gesamtebene der Stadt nur Zufälligkeit, Lärm und Chaos produziert. In seinem Aufsatz *Chaos and Machine*[7] zog er in Anlehnung an Ilya Prigogine die Parallele zur Natur: „Jedes lebendige System besitzt ein instabiles, chaotisches Subsystem, das fluktuiert. Man kann unmöglich vorhersagen, ob sich das System in Chaos auflösen wird oder sich zu einer fortgeschritteneren Organisationsebene weiterentwickelt." Shinohara spricht von der *Schönheit der progressiven Anarchie*, die nicht Ausdruck von Armut und Unfähigkeit, sondern Grundlage für den Komfort und die Vitalität Tokios ist. Die Dynamik der unzähligen neuen Firmengründungen im derzeitigen Wirtschaftsboom sind für ihn untrennbar mit visuellem Chaos verbunden.

Zur Undurchdringlichkeit der städtebaulichen Gesamtordnung in Tokio kommt hinzu, daß jedes einzelne Haus von einer unendlichen Fülle an Sekundär-Architekturen überwuchert wird. Man sieht keine Gebäude mehr, sondern nur noch Symbole, Plakate, Straßenschilder, Neonzeichen, Reklametafeln, Warenauslagen, Wegweiser, Automaten. Und darüber schwebt wie eine Ersatznatur das undurchdringliche Metall-Efeu der oberirdisch verlegten Telefon- und Stromleitungen. Was Roland Barthes in seiner Tokio-Studie als *Reich der Zeichen*[8] beschrieb, ist eher der reine optische Overkill, ein brüllender Angriff auf das Auge, das nicht mehr liest, son-

dern die Umwelt wie ein Tastorgan haptisch erfaßt.

Daß Tokio eine Stadt ohne faßbare Gestalt ist, rührt auch davon her, daß es wegen der ausgeprägten demokratischen Selbstverwaltung der Stadtbezirke keine übergreifende Generalplanung gibt. Bevor man sich über die unzähligen architektonischen Schreckensgebilde aufregt, fällt zunächst die grauenerregende Abwesenheit einer jeglichen städtebaulichen Ordnung auf, die noch von der Unfähigkeit der Architekten zu architektonischer Kohärenz übertroffen wird. Es gibt keine zwei benachbarten Gebäude, geschweige denn Ensembles, die in Grundriß, Höhe oder Geschoßteilung irgendeinen Dialog aufnähmen. Die Formen der Häuser sind zumeist keine aktive ästhetische Entscheidung, sondern ergeben sich rein passiv aus der maximalen Ausnutzung des zulässigen Raumvolumens und der Geschoßhöhe. Daß bei diesen starren Rahmenrichtlinien der ökonomischen Formbedingtheit trotzdem visuelles Chaos entsteht, darf fast schon wieder als Wunder gelten. Anders als im Westen glauben japanische Architekten nicht mehr, in diesem urbanistischen Fegefeuer noch für Ruhe und Ordnung sorgen zu können. Die Kraft des Faktischen wird für sie zur Norm.

Der Architekt Toyo Ito in Tokio hat nicht nur die Bauformen, sondern auch die Lebensgewohnheiten der Stadtbewohner studiert. Die ungeheure Vitalität Tokios führt er al-

Tokio ist, wie viele andere „Megastädte", im uferlosen und strukturlosen Wachstum des Rührei-Modells begriffen.

lerdings nicht auf die mysteriöse Kreativität des Chaos zurück, sondern schlicht auf die beengten Wohnverhältnisse, die aus den exorbitanten Mietpreisen zwischen 35 und 100 Mark pro Quadratmeter resultieren. Eine vierköpfige Familie verfügt über vierzig bis maximal sechzig Quadratmeter Wohnfläche. „Die Menschen leben in dem Widerspruch zwischen ihren kalten, winzigen Appartments und der Illusion der glitzernden Metropole, weshalb sie alle Aktivitäten außerhalb des Hauses verlagern." Sie essen in Restaurants und Bars, treffen sich in Clubs, Kinos, Theatern und Spielhallen, baden und erholen sich in Sportzentren und Saunen – und für die Liebe gibt es im ganzen Land dreißigtausend öffentliche *Love-Hotels*.

Für Toyo Ito sind die Bewohner Tokios längst Nomaden geworden: „Sie leben nicht mehr in festen Häusern, sondern an ständig wechselnden Intensitätspunkten der Stadt." Er hat die neue Mode der jungen Städter beobachtet, die sich mit wehenden Schleiern und Umhängen wie islamische oder indianische Wüstennomaden kleiden. Die häusliche Enklave, sagt Architekt Ito, dient vielen nur noch zum Schlafen und Kleiderwechseln: „Da fast alle privaten Bedürfnisse in der Öffentlichkeit befriedigt werden, ist ganz Tokio ein einziger Innenraum ohne Außenseite – es ist unmöglich, sich außerhalb der Stadt zu bewegen." Ein Raumgefüge, in dem man sich im-

mer „innen" fühlt, ist für Toyo Ito die ideale Architektur.

Das entspricht ganz dem japanischen Gemeinschaftsideal des ausgeprägten Gruppenlebens. Der Sinn für die öffentliche Ordnung ist derart stark ausgeprägt, daß Tokio trotz allem „Chaos" zu den saubersten und sichersten Städten der Welt zählt. Ein verblüffender Ausdruck dieser sozialen Intimität ist, daß die Menschen sich nicht scheuen, in U-Bahnen, auf Straßenbänken, im Taxi, Restaurant oder Büro zu schlafen.

Über seine eigene Entwurfsarbeit sagt Ito: „Bauen in Tokio ist wie Spielfiguren auf einem Brett zu verschieben. Alles ist nur temporär, relativ und phänomenologisch zu verstehen." Seine eigenen Häuser – offene, zeltartige Hangars und fragile Strukturgitter – reagieren direkt auf diese Bedingungen. Seine federleicht erscheinenden High-Tech-Gebilde – die japanische Antwort auf den deutschen Naturbaumeister Frei Otto – überhöhen sogar die Flüchtigkeit der Objekte und erweitern die Wahrnehmung des Umfeldes um jenen immateriellen Kontext wie die Neonlichter, die Bewegung auf den Straßen und die Witterung. „Welchen Kontext gibt es sonst in einem endlosen Spiel wenn nicht die Konstellation des Augenblicks" fragt Ito. Wie man funktionierende Häuser in Tokio entwirft, erklärt er mit einem physikalischen Vergleich: „Man setzt einen Pflock in einen Strom, dessen Wirbel sich mit den Strömungen anderer Pflöcke verbinden. Ruhe gibt es nur im Zentrum dieser Strudel und im stehenden Wasser". Er zieht daraus den Schluß, daß ein Architekt so etwas wie „Filter" und „Widerstände" bauen muß, um die Bewegung sichtbar und durch erzwungene Ruhemomente zugleich erlebbar zu machen. Von seiner hochintelligenten, deskriptiven Bestandsaufnahme geht Ito über zu einer normativen Planungsstrategie. Man könnte diese Entwurfshaltung zynisch nennen, weil sie die tägliche Stadtkatastrophe akzeptiert und baulich unterstützt.

Fraktal oder Bionisch?

Wenn man das Wegesystem, die Infrastruktur, die Baukörper und die Stadtfelder Tokios mit siedlungsgeographischem Instrumentarium untersuchen würde, wie es die Forschungsgruppen um Frei Otto und Klaus Humpert in Stuttgart mit europäischen und afrikanischen Städten gemacht haben, könnte man die Metaphern vom fraktalen, selbstähnlichen und rekursiven Stadtaufbau Tokios wissenschaftlich fundieren. Allerdings fehlen japanischen Städten die beiden wichtigsten Stadien der europäischen Baugeschichte: die Befestigungsphase (das gekochte Ei) und die Sprengung der Mauern in der Industrialisierung (das Spiegelei). Japanische Städte sind keine Stadtstaaten gewesen, weshalb sie weder öffentliche Versammlungsplätze noch Verteidigungsmauern besitzen.

Die Städte wuchsen nicht zentripetal wie in Europa um eine privilegierte Mitte herum, sondern breiten sich damals wie heute zentrifugal (rühreiartig) als „gefaltete", additive Gewebe aus. Sie wurden nicht als abstrakte Planmodelle rücksichtslos der Topographie übergestülpt, sondern haben sich das Relief der Natur einverleibt. Winzige Unebenheiten determinieren oft den Grundriss ganzer Stadtfelder. Die so entstandenen Wegelabyrinthe wurden zudem als Schutz vor Feinden weiter verkompliziert. Bis auf die beiden chinesisch inspirierten Rastergrundrisse von Kyoto und Nara ist in Japan das hierarchische Ordnungsdenken der europäischen Masterpläne, der Schachbrett- oder Radialstädte unbekannt. Die Gefahr ist groß, daß man in Unkenntnis der völlig anderen kulturellen Tradition des japanischen Städtebaus die ungewöhnlichen Konfigurationen als Chaos mißversteht und tiefere Strukturbildungen übersieht.

Für die Stuttgarter Forscher um Klaus Humpert ist das Idealbild der europäischen Planstadt (*Behälterstadt*) nur ein kurzlebiger Sonderfall in der Geschichte menschlicher Siedlungstätigkeit. „Das Bild der historischen Stadt mit klarer Grenze spukt auch heute noch bei Architekten unreflektiert in den Köpfen herum. Stadtrand und Stadteingang werden immer wieder baulich herbeigesehnt, sind im Prinzip aber doch schon lange tot."[9] Sie haben das Verhältnis von Umfang und Fläche heutiger

Siedlungen untersucht. Der Kreis als die geometrische Figur mit der kleinsten Außenfläche nimmt bei weiterem Wachstum überproportional mehr an innerer Fläche als an äußerem Umfang zu. Humpert und Kollegen haben sechzig Ballungsräume der Welt im Maßstab 1:500 000 aufgezeichnet und das Verhältnis von besiedelter Fläche und gesamter Umrißline berechnet. Dabei haben sie trotz aller geographischen und kulturellen Unterschiede Gemeinsamkeiten entdeckt: „Je größer das Gebilde, desto zerklüfteter wird die Struktur, wobei der Umfang proportional zur Fläche zunimmt. Anzahl und Größe der Einschlüsse (das heißt Freiflächen/*Anmerkung des Verfassers*) nehmen dabei ebenfalls zu. Die das Kerngebiet umgebenden Siedlungsinseln nehmen mit zunehmender Entfernung an Größe ab und Anzahl zu."[10]

Großstädte produzieren also trotz aller Verdichtung ein beständiges Randwachstum sowohl innen als auch außen, so daß eine endliche Fläche von einer tendenziell unendlichen Kontur gerahmt wird. Diesen Chaos-Befund führen die Forscher auf das schlichte Siedlermotiv zurück, daß jede Parzelle Abstand und freie Sicht haben will, also auch in zentraler Lage die Vorteil der Peripherie, des Freiflächenanschlusses.

Radikaler vergleichen die Untersuchungen von Frei Ottos Institut die Wege- und Parzellenstruktur von ungeplanten afrikanischen und asiatischen Siedlungen mit natürlichen Formbildungen. Wohlgemerkt untersuchen diese Forscher nicht Chaosbildungen, sondern bionische Formen, was sehr oft verwechselt wird. Die Wissenschaftlerin Eda Schaur hat zwei grundlegende formbildende Faktoren untersucht: Besetzung von Flächen und Verknüpfung der Flächen durch Wege. Bei der Analyse von Nachbarschaftszahlen der Parzellen und von Minimalwegen stellt sie Analogien zu Flüssigkeitsblasen, Rißbildungen und Blattversorgungssystemen fest. Sie kommt zu dem Schluß, daß ungeplante Siedlungen der Struktur von Flüssigkeitsblasen und dem Sechsecksraster von Bienenwaben näherkommen als dem planimetrischen Quadratraster.[11]

Ähnliche Ergebnisse legt auch die Humpert-Gruppe vor. Zwar werden orthogonale Strukturen ausdrücklich auch als selbsttätige Formbildungen in archaischen Gesellschaften bezeichnet, wenn aus dem Zwang zur Verdichtung optimale Flächen- und Wegeerschließungen notwendig werden. Denn das Quadratraster besitzt offenkundige Vorteile: durchlaufende Fugen, keine tote Ecken, selbstähnliche Unterteilbarkeit, Kompaktheit, Formelastizität und serielle Aufbaubarkeit (Dimensionssprung). Was die Forscher von Frei Otto jedoch über die Vorvergangenheit archaischer Siedlungen konstatieren, wird bei der Humpert-Gruppe zur Zukunftsbestimmung moderner Stadtauflösung: „Mit dem Nachlassen des Dichtedrucks weicht auch der Zwang des rechten Winkels. Wir haben

*Wie der Plan einer mittelalterlichen Stadt erscheint das Adermuster eines Blattes –
Vorbild für ein „biologisches" Stadtbild?*

möglicherweise mit dem allgemeinen Auflösungs- und Verdünnungsprozeß, der die Entwicklung der modernen Großstadtagglomeration bestimmt, das Ende dieses *Roten Fadens* in der Gestaltbildung von Häusern, Städten und Kulturlandschaften erreicht. Die *dichten Packungen* der menschlichen Zivilisation können sich auflösen – steht uns eine unorthogonale, eine biomorphe Epoche bevor?"[12].

Das Abdanken der Verantwortung

Wenn man die neue entdeckte Planlosigkeit und quasi-Natürlichkeit heutiger Stadtentwicklung, die Wurzeln von nicht-intentionaler Ästhetik in Surrealismus und Moderne, die extreme Konfiguration des Tokioter Stadtkörpers und schließlich die bionischen und fraktalen Studien der Stuttgarter Städteforscher zusammen betrachtet, ergeben sich wichtige neue Aspekte der Stadtanalyse. Allerdings dürfte eine weitere Ausbreitung des populärwissenschaftlichen Chaosdenkens auf soziale Prozesse verheerende Folgen haben. Zu leicht liefert sich die heutige Gesellschaft damit das intellektuelle Mittel, ihre wirklichen Probleme nicht zu denken. Wenn deterministische Gesetze nicht mehr gelten, dann liegt nicht unbedingt selbsttätiges Chaos vor, sondern ein Mangel an Information. Leichtsinnig wirken deshalb die Forderungen der Stuttgarter Humpert-Gruppe: „Für den Städtebau sind die größeren, völ-

lig determinierten Systeme unbrauchbar, da sie die rigide Disziplinierung aller Mitglieder verlangen."[13] Und: „Es ist unmöglich, städtebauliche Planung gegen die naturähnliche Eigengesetzlichkeit stadtbildender Prozesse zu betreiben."[14]

Dem ist entgegenzuhalten, daß die Städte erst destruktive Faktoren wie Mißwirtschaft, Korruption, Bodenspekulation, Eigennutz, Dummheit und Umweltzerstörung in den Griff bekommen müssen und erst danach die Hände in den Schoß legen können, um dem selbsttätigen urbanen Wachstum wie einem Naturschauspiel beizuwohnen. Die Ursachen für *urban sprawl* sind keine Naturgesetze, sondern rivalisierende Administrationen in Kernstädten und Randgemeinden, die sich mit Lockangeboten für Neuansiedler gegenseitig ausstechen und die planlose Zersiedlung anheizen.

Wer Städte wie Termitenhaufen betrachtet, redet nur dem Abdanken menschlicher Verantwortungsbereitschaft das Wort. Unmißverständlich wendet sich Ilya Prigogine gegen diesen Fatalismus: „Die menschliche Gesellschaft kann sich, anders als eine Tierpopulation, Ziele geben. Die Zukunft ist nicht vorgegeben, sie wird auch gemacht."[15]

Den ästhetischen Reiz der Naturhaftigkeit der Stadt hat Milan Kundera einmal gleichermaßen schwärmerisch wie resignativ beschrieben: „Stundenlang spazierten sie durch New York: nach jedem Schritt bot sich ihnen ein neuer Anblick, als wanderten sie auf einer Serpentine in einer faszinierenden Gebirgslandschaft ... Sabina mußte an ihre Bilder denken, dort stießen auch Dinge aufeinander, die nicht zusammengehörten: ein Hüttenwerk mit einer Petroleumlampe im Hintergrund; oder eine andere Lampe, deren altmodischer Schirm in feine Scherben zersplittert war: die Scherben schwebten über einer öden Moorlandschaft. Franz sagte: ‚In Europa war die Schönheit immer intentionaler Art. Es gab immer eine ästhetische Absicht und einen langfristigen Plan, nach dem jahrzehntelang an einer Kathedrale oder einer Renaissancestadt gebaut wurde. Die Schönheit von New York hat einen ganz anderen Ursprung. Es ist eine nicht-intentionale Schönheit. Sie ist ohne die Absicht des Menschen entstanden, wie eine Tropfsteinhöhle. Formen, die für sich betrachtet häßlich sind,

geraten zufällig und ohne jeden Plan in so unvorstellbare Nachbarschaften, daß sie plötzlich in rätselhafter Poesie erstrahlen.‘ Sabina sagte: ‚Nicht-intentionale Schönheit. Gut. Man könnte aber auch sagen: Schönheit aus Irrtum. Bevor die Schönheit endgültig aus der Welt verschwindet, wird sie noch eine Zeitlang aus Irrtum existieren. Die Schönheit aus Irrtum, das ist die letzte Phase in der Geschichte der Schönheit.‘ "[16]

Man sollte die Hoffnung nicht aufgeben, daß auch in unseren chaotischen Rührei-Städten noch Konsens zu erreichen sein wird: daß der Städtebau die größte kollektive Kunstleistung der Menschheit ist. Das Chaos in den Städten ist nicht selbsttätig, es wird gemacht. Wer im Zeichen der Chaosmode in die Stadtauflösung einwilligt, nimmt damit in Kauf, daß das steinerne Buch des kulturellen Erinnerungsvermögens ausgelöscht wird.

Folgende Seite:
Die Börse als Inbegriff psychologisch gesteuerter Instabilität: Heute arbeiten
Börsenberater bereits mit Modellen des deterministischen Chaos.

Stephan Wehowsky

VOM ENDE DER VERNUNFT –
DAS GESELLSCHAFTLICHE CHAOS

Zum Beginn der 90er Jahre gab es kaum eine Akademie, kaum einen Kurort, der nicht in seinen Vortragsangeboten das Thema des Chaos geführt hätte. In Scharen strömten die Leute herbei, um die wunderbare Botschaft zu hören: Das Chaos ist gar nicht dasjenige Chaos, das die Ordung bedroht und uns mit ihr zusammen verschlingt. Es sei vielmehr, so erklärten Wissenschaftler verschiedener Disziplinen, der Beginn eines Prozesses, in dem auf nachvollziehbare Weise Ordnung entstehe. Auch Theologen fühlten sich berufen, an der Verkündung der neuen Heilsbotschaft mitzuwirken: Fürchtet euch nicht – jedenfalls nicht vor dem Chaos, denn aus dem Chaos ist alles entstanden, was dem Menschen das Leben lebenswert macht.

Die Theologen – hatten sie nicht schon immer gesagt, daß am Anfang das Chaos war? Waren in diesem Fall die Wissenschaftler die Nachzügler, die lediglich in einer modernen Theoriesprache das wiederholten, was die Menschheit immer schon gewußt hat? Ist das der Grund dafür, daß die Menschen nicht genug von der neuen alten Botschaft bekommen konnten, daß das Chaos nicht der Feind der Ordnung, sondern die Voraussetzung für sie ist?

Eine neue Theorie setzt sich durch

Natürlich wäre es ein gravierendes Mißverständnis, die Chaostheorien der modernen Wissenschaften mit den alten Mythen vom Chaos zu verwechseln. Denn die Mythen des Christentums und der anderen Religionen erzählen ja gerade davon, wie aus der Unordnung erst durch die ordnende Kraft eines Gottes die bewohnbare Welt entsteht. Das Chaos verwandelt sich also nicht von selbst, sondern es wird durch eine übernatürliche Kraft strukturiert. Von allein folgte nach religiöser Auffassung aus dem Chaos nichts anderes als Chaos.

Der ordnenden Kraft Gottes aber stellen sich die Menschen nach religiöser Auffassung immer wieder entgegen – und produzieren neues Chaos. Nur mit dem zweiten Teil dieser Mythen könnte man die modernen Chaostheorien in Verbindung bringen. Allerdings kommen jene Theorien über die Ordnung, die aus der Unordnung entsteht, ohne einen Gott aus, der gewissermaßen aufräumt, indem er straft und belohnt und in die Geschichte der Menschen und ihrer Welt eingreift. Das Provozierende an den neuen Theorien ist für religiöse Menschen gerade, daß sich die Ordnung „selbst organisiert", also in den Abläufen der Materie und der Gesellschaft bereits angelegt ist.

Doch ist es nicht nur Hoffnung, die die Attraktivität der Chaostheorien erzeugt. Resignation, Angst, Verzweiflung, Zynismus werden durch die Einsicht virulent, daß sich unsere Gesellschaft nicht planen und schon gar nicht vernünftig organisieren läßt. Diese Erkenntnis hat sich mit großer Selbstverständlichkeit durchgesetzt und zeugt damit von einer mentalen Revolution. Die Gesellschaft läßt sich nicht nach den Prinzipien der Vernunft steuern: Dieser Satz ist der Abschied von den Idealen der Aufklärung. Nicht umsonst hat es einen von der Öffentlichkeit kaum bemerkten erbitterten Kampf zwischen den Sozialwissenschaftlern Jürgen Habermas und Niklas Luhmann gegeben, der sich im Kern genau um diese Frage drehte: Gibt es eine Vernunft, die letzte Instanz für die Steuerung der Gesellschaft ist, oder sind da ganz andere Mechanismen am Werke, die sich prinzipiell nicht mit Kriterien der Vernünftigkeit erfassen lassen? Luhmann, der der letzteren Meinung anhängt, hat den Kampf gegen Habermas unauffällig, aber überzeugend gewonnen.

Das Ende der Vernunft und die Turbulenz der Geschichte

Eine Antwort auf diese Fragen lautet kurz und brutal: Die Vernunft sagt der Vernunft, daß sie für die Nicht-Steuerbarkeit der Gesellschaft nicht verantwortlich ist, nicht sein kann und es auch nie und nimmer sein wird. Die Aufklärung mit ihren Ideen ist also passé, und was bleibt, ist der Zynismus. So jedenfalls haben Philosophen wie Peter Sloterdijk oder Politikwissenschaftler wie Ralf Dahrendorf jene Theorien etikettiert, die die gesellschaftlichen Prozesse von der Vernunft losgelöst betrachten und beschreiben – eine Emanzipation, die sich die Aufklärer wohl nicht vorgestellt hätten. Wo Vernunft geleugnet wird, da gibt es letztlich keine Verantwortung mehr, da ist sich jeder selbst der Nächste und schaut achselzuckend auf eine Welt, in der es mehr und mehr Menschen immer schlechter geht. „Sag' ja zu Murphy's Law", ließe sich der Zynismus der gesellschaftlichen Chaostheoretiker umschreiben. Murphy's Law ist dasjenige Gesetz, nach dem alles, was schiefgehen kann, irgendwann tatsächlich schiefgehen wird.

Es werden in der Gesellschaft also Opfer in großer Zahl produziert, von den Beobachtern hingenommen, und die Theorie des Chaos ist zunächst gar nicht geeignet, Hoffnung und Trost zu spenden.

Deswegen haben die Menschen immer wieder versucht, den Gefahren des realen Chaos auzuweichen, indem sie Pläne schmiedeten und Entwicklungen in Gedanken vorwegnahmen. Sie reagierten also „vernünftig". Die Chaostheorie wiederum zeigt, daß Pläne und Ideen aber nicht einfach solange in der Realität umgesetzt werden, bis die Realität den gedanklichen Entwürfen entspricht und ihre Schattenseiten verloren hat. Vielmehr erzeugen Theorien bei ihrer Realisierung neue Realitäten, die man bei der Entwicklung der Ideen noch gar nicht erahnen konnte. Und umgekehrt wirken Veränderungen in der Realität auf die menschliche Wahrnehmung zurück und können wiederum sein Handeln bestimmen. In der Umgangssprache sagt man: Der Mensch macht bei seinem Handeln Erfahrungen. Die Erfahrungen verändern den Menschen, und manche Dinge erscheinen ihm in einem neuen Licht.

Die Rückkoppelungen, die sich in den Erfahrungen ausdrücken, ermutigen nicht dazu, dem Chaos durch planendes Handeln begegnen zu wollen. So ist es beim Problem der Arbeitslosigkeit, der Umweltzerstörung und der Armut. Grob vereinfacht lassen sich hier einige Rückkoppelungs-

prozesse beschreiben: Wirtschaftswachstum soll möglichst vielen Menschen Beschäftigung und Anteil am Konsum sichern. Allgemeine Wohlfahrt ist schließlich das Programm moderner Staaten. Um dies einigermaßen zu bewerkstelligen, akzeptieren die Staaten ein gewisses Maß an Inflation, um nicht durch zu hohe Zinsen den Wirtschaftsprozeß zu blockieren. Mit den Preisen steigen auch die Kosten für menschliche Arbeitskraft, Arbeit wird also so teuer, daß sie die Produktionskosten immer stärker belastet. Entweder wird also rationalisiert, oder aber die Produktion wird erhöht: entweder also Arbeitslosigkeit und Armut oder aber eine höhere Umweltbelastung.

Je mehr Arbeitslosigkeit und Armut, desto höhere Staatsausgaben im sozialen Bereich – bei sinkenden Steuereinnahmen, denn je ärmer die Bevölkerung, desto schlechtere Absatzmöglichkeiten für die Industrie. Rezession nennt man das. Hinzu kommen immer höhere Kosten für Umweltsanierung und Gesundheit, denn die ständige Steigerung der Produktion hat auch ihren Preis, selbst wenn ihn Produzent und Konsument zunächst nicht einrechnen. Je weniger Geld der Staat nun für diesen Bereich erübrigen kann, desto höher werden die Kosten sein, die die Zukunft in diesem vernachlässigten Sektor anhäuft. Oder aber manche Staaten werden durch Klimaveränderungen, die eine Folge der industriellen Produktion sind, so in Mitleidenschaft gezogen, daß ihr Funktionieren immer mehr in Frage gestellt wird. Die Überschwemmungskatastrophen in Bangladesch haben hier ersten Anschauungsunterricht gegeben.

Manche Rückkoppelungsprozesse lösen manchmal auch einen Schwung in der gewünschten Richtung aus. So berichtet der amerikanische Ökonom Brian Arthur von der Stanford University, daß die Bildaufzeichnungssysteme VHS und Betacam etwa zur gleichen Zeit, zu vergleichbaren Preisen und mit ähnlichem technischen Komfort und Zuverlässigkeit auf den Markt kamen. Nun wurde aber das VHS-System, obwohl technisch eher ein bißchen schlechter, etwas mehr verkauft als der Konkurrent Betacam. Schon orderten die Videotheken entsprechende VHS-Kassetten. Das verstärkte wiederum die Nachfrage nach VHS-Recordern.[1]

Autonomie im Chaos

Woran liegt es aber, daß uns die meisten Erfahrungen, die wir mit dem Chaos machen, eher negativ als positiv zu sein scheinen? Warum kann die Gesellschaft, die sich doch aus überwiegend vernünftigen und wohlwollenden Menschen zusammensetzt, so wenig gegen chaotische Entwicklungen mit ihren negativen Auswirkungen tun? In den Augen des Soziologen Niklas Luhmann liegt das an der Tatsache, daß jedes System – seien es nun einzelne Menschen, eine Bank oder ein Rechtssystem – autonom ist, also seine eigene Methode hat, sich in

der Umwelt zurechtzufinden, sich zu entwickeln und am Leben zu bleiben. Die Wechselwirkung, die es mit anderen Systemen eingeht, erfolgt nach den Regeln, die das jeweilige System für seine eigene Fortsetzung – der Soziologe Luhmann spricht von *Autopoiese* – entwickelt hat und befolgen muß. Es gibt also keine übergreifende planende Vernunft, die alle Systeme gewissermaßen aneinanderschweißen und steuern könnte.

In diesem Sinne gibt es dann keine allgemein verbindlichen Maßstäbe mehr. Wie ein Interpret Luhmanns treffend formuliert hat: Die Systemtheorie Luhmanns komme „ohne Subjekt, ohne Vernunft" aus.

Das Augenmerk hat sich ganz darauf gerichtet, wie die einzelnen Systeme mit ihrer Umwelt in Verbindung treten, um selber am Leben zu bleiben. Ziele, die sich für alle Systeme gleichzeitig festsetzen ließen, gibt es also nicht mehr – es fehlte ja auch jede zentrale Instanz in der Gesellschaft, die sie durchsetzen könnte. Die Ziele der Aufklärung und der Revolutionen waren, so betrachtet, eine Illusion weniger Revolutionäre und Intellektueller, die ihre Sicht der Gesellschaft fälschlich für allgemeingültig hielten.

Chaos, wo man hinschaut

Das Chaos betrifft uns alle, und Theorien, die nicht hinreichend mit chaotischen Entwicklungen rechnen, können die Welt noch gefährlicher machen, als sie ohnehin schon ist. Deswegen weisen heute gerade kritische Geister auf die Gefahren hin, die sich hinter scheinbar perfekter Planung verbergen. Bizarre Rückkoppelungen, mit denen keiner rechnen konnte, zeigen, wieviel gefährlicher die Welt dadurch wird, daß die Menschen immer komplexere Systeme hervorbringen, die scheinbar immer besser geplant sind.

„Kleine Ursache – große Wirkung" lautet die schon vor jeder Chaosforschung bekannte Devise. Doch durch die moderne Betrachtungsweise läßt sie sich als chaostypisch klassifizieren: Auch im Chaos können sich kleinste Fluktuationen nach dem Schmetterlingseffekt zu ungeahnten Katastrophen auswachsen. Besonders drastisches Beispiel ist etwa der aus dem Falkland-Krieg bekannt gewordene Untergang des britischen Zerstörers *Sheffield*.[2] Eine Excout-Rakete, die in das Schiff einschlug, explodierte zwar selbst nicht, traf aber die Kombüse und setzte das Öl der Friteuse in Brand, was zum Untergang führte.

Es scheint, als ließen sich aus solchen oft kurios klingenden Vorfällen tatsächlich nicht mehr Schlußfolgerungen ziehen, als daß immer wieder halt unglaubliche Zufälle am Werke sind. Chaostheoretiker aber erkennen an diesem Beispiel weit mehr. Da ist zunächst die Tatsache, daß eine kleine Ursache weit überdimensionale Wirkungen erzielt. Eine Reihe von kleinen, in ihrer Kombination sogar unwahrscheinlichen Abweichungen vom Normalfall entfalten gewissermaßen

eine Hebelwirkung, die ein komplexes System außer Gefecht setzen.

Komplexe Systeme sind durch Zufälle solcher Art leicht zu stören. Das jedenfalls ist die Erfahrung, die in Kriegen immer wieder gemacht wird. Ein Angreifer hat gegenüber einem Verteidiger nämlich den Vorteil, daß er mit weniger komplexen Systemen arbeitet als der Verteidiger. So ist eine Rakete weniger komplex als ein Zerstörer wie die *Sheffield* mit ein paar Hundert Mann Besatzung. Oder ein Stoßtrupp ist weniger störbar als eine Verteidigungslinie mit ihren komplexen Befehlsstrukturen. Der Stoßtrupp arbeitet vielleicht autonom, während der Verteidiger komplizierte Informations- und Befehlsstränge zwischen verschiedenen Orten und Hierarchien hat. Dabei gehen Informationen verloren, entstehen Mißverständnisse und Irrtümer. Allein durch das Chaos, das der Angreifer anrichtet, hat er schon einen Vorteil errungen. Daß das so ist und in die moderne Kriegführung eingeplant werden kann, hängt also nicht mit Zufällen zusammen, sondern mit der mathematisch genau beschreibbaren Tatsache, daß komplexere Systeme störanfälliger sind als einfachere.

Dafür sorgen zusätzlich Rückkoppelungsprozesse, die es auch zwischen Systemen geben kann, die eigentlich gar nichts miteinander zu tun haben. Der Raketenmotor entzündet das Öl, die dadurch entstehende Hitze sorgt dafür, daß auch der letzte Liter Treibstoff optimale

Militante Ordnung als Auslöser für einen kreativen Prozeß:
In der ersten russischen Revolution kommt es 1905 zur Meuterei auf dem
Schlachtschiff „Potemkin", dem Schiff mit den besten Waffen und der höchsten
Disziplin in der kaiserlichen russischen Flotte.

Wirkung entfaltet, und der Schmelzprozeß des Aluminiums erhöht die gesamte Hitze nochmal. Oder die miteinander vernetzt sind, wie die Wirtschaft mit dem Sozialsystem, mit dem Staat und mit der Ökologie. Gerät eines dieser Systeme in einen Abwärtstrend, kann es die anderen beeinträchtigen, und die sorgen wiederum dafür, daß es insgesamt noch schneller abwärts geht.

Glücklicherweise werden nur wenige Menschen Zeugen oder sogar Opfer eines Desasters, wie es sich auf der *Sheffield* abgespielt hat. Doch fürchten viele Menschen zu Recht, daß durch Rückkoppelungsprozesse zunächst kleine Fehler in großtechnischen Anlagen katastrophale Auswirkungen haben können. Es ist das Verdienst des Amerikaners Charles Perrow, daß er diese Gefahren genau unter die Lupe genommen hat.[3] So zeigt sich etwa bei Atomkraftwerken, daß eine Panne nicht immer isoliert auftritt, sondern andere Systeme in Mitleidenschaft ziehen kann – etwa durch Kabelbrände –, so daß ein zunächst kleiner Ausfall immer schwerer beherrschbar wird. Ein Beispiel von Hunderten: „Selbst das Auswechseln von Glühbirnen bringt bei diesen hochentwickelten, komplexen System Gefahren mit sich. 1978 sollte ein Arbeiter an einer Schalttafel von Block 1 in der Reaktoranlage Rancho Secco in Clay Station, Kalifornien, eine Glühbirne auswechseln. Als ihm die Birne versehentlich aus der Hand fiel, verursachte sie bei einigen Meßfühlern

und Schaltungen einen Kurzschluß. Zum Glück waren die Steuerungen für den Reaktorschnellschluß nicht betroffen, und der Reaktor schaltete sich automatisch ab. Aber der Ausfall einiger Meßfühler bedeutete, daß die Bedienungsmannschaft den Zustand der Anlage nicht feststellen konnte, und es gab eine rapide Abkühlung des Reaktorkerns. ... Ein Sprecher der NRC sagte dazu: „Wäre die Anlage nicht erst zwei oder drei, sondern 10 bis 15 Jahre unter Vollast in Betrieb gewesen, hätte der Reaktordruckbehälter platzen können." (*New York Times*, 26. 9. 1981)[4]

Aber auch im Alltag gibt es negative Rückkoppelungen: Sie sind für den einzelnen äußerst unangenehm, sie können aber für eine Vielzahl von Menschen geradezu zur Katastrophe führen, wenn sie in großtechnischen Anlagen vorkommen.

Chaos: eine neue Sicht der Kausalität

Diese Beispiele können einen schier um den Verstand bringen – so verrückt geht es zu auf dieser Welt. Chaotische Situationen oder Entwicklungen haben die Eigenart, daß es schwer ist, sie kausal zu beschreiben. Weswegen ist die *Sheffield* hochgegangen? Weil es an dem Abend Pommes geben sollte? Oder weil die Rakete nicht richtig funktionierte? Oder: Weswegen hat man im Büro seinen Chef verärgert? Weil man sich beim Rasieren geschnitten hat? Oder, um auf ein früheres Beispiel zurückzukommen: Weswegen steigt die Inflationsrate? Weil die Arbeitslosigkeit zunimmt und deswegen die Zinsen nicht zu niedrig sein sollten? Oder weil die Zinsen niedrig sind, und daher die Preise mit der Nachfrage steigen?

Man kann diese Fragen alle mit Ja oder Nein beantworten: Die Antwort ist nie ganz richtig oder ganz falsch. Irgendetwas wird dabei aber immer außer acht gelassen. Dieses „Etwas" sind genau diejenigen Elemente, die in den Chaostheorien eine Rolle spielen. Rückkoppelungsprozesse, Bildung von Zyklen, Anreicherung von Komplexität, Selbstorganisation. In einem ersten Bild kann man sich die Verflechtung und Bildung chaotischer Strukturen wie ein Netz vorstellen. Da ist es auch nicht sinnvoll, die Fäden isoliert zu betrachten, denn das Netz erfüllt seine Funktion nur im Zusammenwirken der einzelnen Elemente. Und wenn wir uns das Netz nicht wie in einem Basketballkorb vorstellen, sondern etwas abstrakter als Verflechtung von frei schwebenden Elementen zum Beispiel bei einem Planetensystem, dann entdecken wir, daß Kausalität überhaupt nicht mehr als eine Wirkung gedacht werden kann, die nur eine Richtung hat.

Denn der Mond wirkt mit seiner Schwerkraft ebenso auf die Erde, wie diese auch ihn in seiner Bahn beeinflußt. Und beide sind eingebettet in das Spiel der Gravitationskräfte der anderen Planeten, mit denen sie zusammen ein System bilden. Deswegen genügen schon kleinste Abweichungen vom Normalzustand eines Elementes, um das ganze System zu verändern, es vielleicht sogar ins Trudeln zu bringen.

Das gilt auch für die Gesellschaft. Sie bildet ein Netz von Abhängigkeiten und gegenseitigen Beeinflussungen. Dieses Netz läßt sich nicht an einer Stelle zusammenraffen. Das Scheitern der Diktaturen aller Art hat das immer wieder bewiesen. Die Tatsache, daß es keine zentrale Steuerungsinstanz für die Gesellschaft geben kann, erklärt auch, warum die Gesellschaft im Laufe ihrer Entwicklung immer komplizierter wird und dem einzelnen immer mehr Möglichkeiten zur Entfaltung bietet. Diese „Zunahme von Komplexität", wie die Chaostheoretiker sagen, entsteht dadurch, daß die einzelnen Systeme in sich selbst und in der Wechselwirkung miteinander immer neue Möglichkeiten „entdecken", die sie in ihre Programme einbeziehen.

„Sie differenzieren sich aus", heißt es in unschönem Soziologendeutsch, aber was gemeint ist, wird dadurch klar: Wie in der selbstorganisierten Evolution der Natur entstehen in der Gesellschaft immer komplexere Gebilde, die das Gesamtsystem zu immer mehr Variationen des Agierens befähigen. Auch hier wird deutlich, daß eine zentrale, planende Instanz zu diesem Variantenreichtum, der unsere Gesellschaften heute kennzeichnet, gar nicht fähig gewesen wäre. Ist dieser Variantenreichtum vernünftig? Wozu hätte eine zentrale Instanz ihn planen sollen? Nein, der Reichtum der Welt geht gerade daraus hervor, daß es keine vereinheitlichende Instanz gibt, heiße sie nun Gott, Urprinzip, Kaiser oder Politbüro.

Von Tieren und Menschen

Zwischen den komplexen Organisationen der Tiere und denen der Menschen besteht aus der Sicht mancher Chaostheoretiker daher kein prinzipieller Unterschied. Die Menschen sind ebenso ein Produkt der Evolution wie alle anderen Lebewesen und gehorchen demnach denselben Gesetzen. Soziobiologie heißt die Forschungsrichtung, die sich explizit zur Aufgabe gemacht hat, menschliche Populationen und Verhaltensweisen unter dem Gesichtspunkt biologisch beschreibbarer Organisation zu deuten.

Für diese Betrachtungsweise gibt es eine Reihe von Anhaltspunkten. Gruppen von Tieren und Menschen können vor gleichen Problemen stehen, die sie zu ähnlichen Reaktionsmustern zwingen. Berühmt geworden ist der Räuber-Beute-Zyklus: So gibt es auf Neufundland Luchse, die vor allem Schneeschuhhasen jagen. Sind sie dabei zu erfolgreich, gibt es eines Tages keine Hasen mehr, und die Luchse müssen sich andere Opfer suchen, in diesem Fall Karibu-Kälber. Dadurch wiederum können sich die noch übriggebliebenen Schneeschuhhasen wieder vermehren. Sollten einmal alle Beutetiere in ihrem Bestand vermindert sein, würde auch die Zahl der Luchse zurückgehen. Das System von Jägern und Gejagten tendiert also immer dazu, in Ungleichgewichtszustände überzugehen und in ein Gleichgewicht zurückzuschwingen.[5]

Beim Menschen gibt es ähnliche Zyklen, die sich am besten in der Wirtschaft beobachten lassen. So sinkt der Preis für ein Produkt, das im Übermaß angeboten wird, oder ein Produkt, das im Verhältnis zu gleichwertigen Konkurrenzprodukten zu teuer ist, verschwindet vom Markt. Das gilt zum Teil für die menschliche Arbeitskraft, die durch Maschinen substituierbar ist. Wo aber Steuerungsmedien wie der Markt in den menschlichen Gesellschaften oder die Jäger in der Welt der Tiere fehlen, kommt es zu hypertrophen Entwicklungen. Wir sehen das sehr eindrücklich am dramatischen Bevölkerungswachstum. Den fehlenden Steuerungsmechanismus müßte der Mensch in einer kulturellen Leistung ersetzen. Den reichen Industrieländern ist das gelungen.

Nun kennt die Natur nicht nur die Gleichgewichts- und Nichtgleichgewichtszustände, in denen sich verschiedene Populationen miteinander befinden, sondern es geht auch darum, wer im Konkurrenzkampf um Lebensraum und Nahrung überlebt: das Problem der Evolution also. Welche Merkmale haben jene Grup-

*Manche Rückkopplungen ermutigen nicht dazu, dem Chaos durch planendes Handeln
begegnen zu wollen. Das gilt für Arbeitslosigkeit, Armut und Umweltzerstörung.
Auch das Kulturerbe, wie diese zerfressenen Domplastiken, wird so bedroht – durch uns.*

pen, die sich als besonders lebensfähig erweisen, was motiviert die einzelnen Mitglieder dazu, ihr Eigeninteresse zugunsten der Gruppe zurückzustellen? Die Untersuchungen solcher Fragen haben zum Beispiel gezeigt, daß eine zu perfekte Organisation von Gruppen die Möglichkeit flexibler Anpassung an neue Herausforderungen durch die Umwelt mindert.[6] Von der Chaostheorie aus betrachtet, kann dieses Resultat nicht verwundern: Die Störbarkeit einer Organisation wächst ja mit ihrer Komplexität, weswegen der Angreifer (der Störer) immer einen Vorteil hat. Auch ist es bemerkenswert, daß entgegen landläufigen Vorurteilen nicht derjenige am besten überlebt, der am rücksichtslosesten seine Vorteile sucht. Vielmehr zeigen Untersuchungen, daß Pflanzen und Tiere aus auf den ersten Blick unverständlichen Gründen auf Vorteile verzichten. So gibt es das Phänomen der *zurückhaltenden Räuber* oder *prudent predators*, die überwiegend alte, kranke oder ganz junge Beuteorganismen, die für die Fortpflanzung keine große Rolle spielen, fressen und auf die besten Stücke verzichten. Würden sie allerdings anders agieren, vernichteten sie auf lange Sicht ihre eigene Lebensgrundlage. Dieses Evolutionsprinzip des *survival value of imperfection*s deutet auf sehr komplexe Steuerungsmechanismen hin, die mehrere Systeme aneinander zu koppeln vermögen.[7]

So erhellend solche Untersuchungen auch sind, so kann es sehr irr

tumsträchtig sein, wenn die Ergebnisse ohne methodische Vorbehalte auf den Menschen übertragen werden. Denn der Mensch unterscheidet sich von Tieren, Pflanzen und Organismen durch seine Art der Reflexion. Schließlich ist er es, der die Theorie von der Evolution entwickelt hat, nicht irgendein Tier. Er projiziert sein Wissen in die Natur. Es wäre ein Trugschluß, wenn er die so gewonnenen Ergebnisse wieder auf sich selbst zurückprojizieren würde, ohne zu bedenken, daß er anders ist als die Natur.

Lernen aus der Natur

Dennoch gibt es gewichtige Argumente dafür, aus der Natur zu lernen. Der Astrophysiker Peter Kafka[8] plädiert sogar dafür, die Natur stärker zu imitieren, indem wir uns ihre Prinzipien zu eigen machen: das langsame Ausprobieren einer Vielfalt von Formen. Die Eile, mit der wir uns für einige wenige Lösungen entschieden, führe dazu, daß wir mit jeder Lösung mehr Probleme erzeugten als beseitigten.

Dafür, daß der Mensch ein Wesen geworden ist, das wie kein anderes die Erde bedroht, gibt es eine Erklärung, die unmittelbar mit der Entstehung des Lebens zu tun hat. Da spielt nämlich ein Prozeß eine Rolle, den der Göttinger Nobelpreisträger Manfred Eigen als *Hyperzyklus* beschrieben hat: Komplexe Moleküle verfügen über die Fähigkeit, anderen

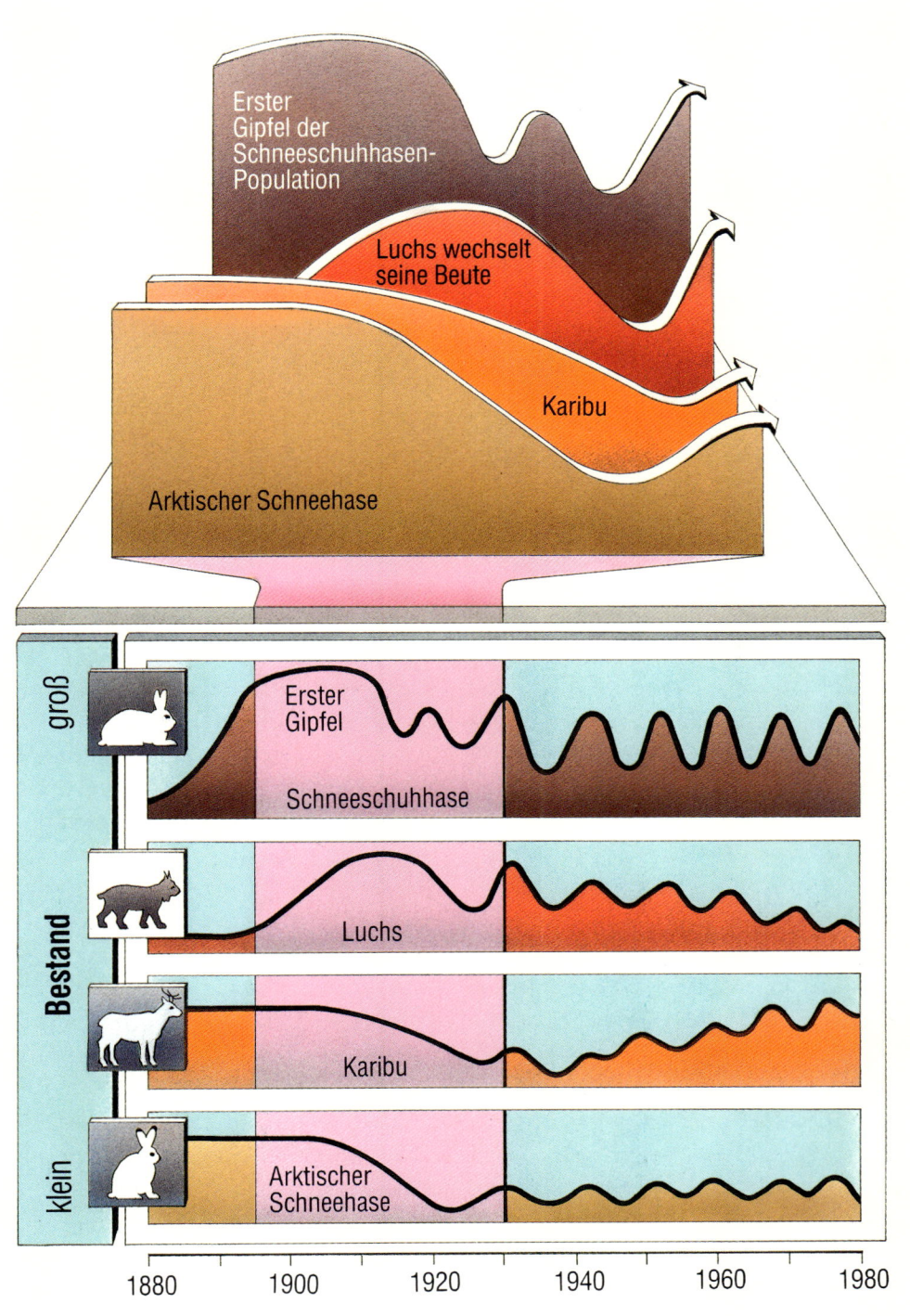

Die wechselvolle Populationsbeziehung zwischen den „Opfern" Schneeschuhhasen, Karibus, arktischen Schneehasen und räuberischen Luchsen erforschte der kanadische Biologe Arthur Bergerud auf Neufundland. Als Schneeschuhhasen als leichte Beute knapp wurden (ab 1910), labten sich die Luchse vermehrt an den Karibu-Kälbern und arktischen Scheehasen. So pendelte sich ein Rhythmus ein, dessen Takt von der Population der Schneeschuhhasen bestimmt wurde.[9]

Molekülen bei ihrer Bildung ihre eigenen Informationen einzuprägen (Autokatalyse), so daß der Aufbau von Komplexität nicht immer bei Null beginnen muß. In der sogenannten Kreuzkatalyse werden Enzyme gebildet, die diesen Prozeß beschleunigen und vorantreiben. Der Münchner Umweltaktivist Lothar Mayer sieht hier eine Entsprechung zur menschlichen Gesellschaft: „Im exponentiellen Fortschritt von Wissenschaft und Technik zeigt sich eine verblüffende Homologie zu diesem Hyperzyklus: Die menschliche Kultur mit ihrer Fähigkeit zur Überlieferung durch Sprache und Schrift ermöglicht es, auf dem erworbenen Schatz von Erfahrung, Wissen und Techniken auf- und weiterzubauen (Autokatalyse), und die gleichzeitigen Fortschritte in verschiedenen Wissens- und Technikbereichen … ermöglichen, befruchten und beschleunigen sich gegenseitig."[10]

Die Kriminalität – eine Form der Selbstorganisation?

Betrachtet man die Kriminalität von der Chaostheorie aus, dann ergeben sich einige bemerkenswerte Einsichten – auch in die Probleme der Staaten, die wachsende Kriminalität wirksam zu bekämpfen.

Kriminelle, die aus schierer Gewinnsucht handeln, nutzen in der Regel Lücken aus, die ihnen die Gesellschaft läßt. Sie handeln zum Beispiel mit Rauschgift, weil Rauschgift in Form von Heroin, Kokain und ähnlichen Stoffen verboten ist und sie daher relativ viel Geld von den Abhängigen abpressen können. Aus diesem Grunde haben Theoretiker wie der Wirtschaftswissenschaftler Milton Friedmann gefordert, Rauschgifte aller Art zu legalisieren. Dann, so ihr Argument, fielen die Preise, und das Geschäft würde für die Verbrecher uninteressant. Ein Rückkoppelungsprozeß wäre unterbunden. Es gäbe natürlich auch eine andere Möglichkeit, die näherläge und sicherlich wünschenswerter wäre, denn sie enthielte ein weit geringeres Risiko: die direkte Bekämpfung der Rauschgiftkriminalität durch den Staat. Das haben die Staaten ja auch seit Jahrzehnten mit großer Anstrengung versucht, aber ihre Gegner haben sich als zu stark erwiesen. Dadurch ist der Effekt erzeugt worden, daß sich die Öffentlichkeit an die Tatsache der Rauschgiftkriminalität gewöhnt hat und zumindest teilweise eine Legalisierung des Genusses und auch des Handels fordert. Ein merkwürdiger Zirkel. Denn das, was einmal moralisch abgelehnt und juristisch verfolgt wurde, wird eines Tages möglicherweise allein deshalb als legal und moralisch nicht verwerflich betrachtet, weil die Sanktionen nicht mehr greifen.

Ein weiterer Effekt kommt hinzu. Die immensen Gelder, die die Händler mit Rauschgift „verdienen", werden nicht in irgendwelchen Verstecken aufbewahrt, sondern in ganz legale Geschäfte investiert. Das geschieht, um Geld zu „waschen". Diese

Technik hat gleich mehrere Effekte. Einmal werden die Verbrecher zu einer wirtschaftlichen Macht, die ganze Betriebe ruinieren können. Außerdem vermögen sie Politiker und Parteien von ihren Geldmitteln abhängig zu machen. Je mächtiger sie nun werden, desto eher können sie sich in der Öffentlichkeit blicken lassen. Sie erscheinen schließlich als ebenso honorig wie andere einflußreiche Leute. Soziologen wie der italienische Mafia-Experte Pino Arlacchi haben deshalb schon Überlegungen angestellt, ob die kriminelle Praxis nicht zuletzt die äußerste Konsequenz eines ungezügelten Kapitalismus ist.

Die Mathematik der Gesellschaft

Niklas Luhmann spricht gerne davon, daß sich die gesellschaftlichen Systeme in einem Blindflug befänden, denn sie können nur indirekt etwas von ihrer Umwelt erfahren. Jedes System beobachtet nur sich selbst, kann aber aus dieser Selbstbeobachtung Schlüsse auf die Umwelt ziehen. Die Wirtschaft beobachtet zum Beispiel den Geldumlauf, und wenn der gestört ist, entwickelt sie Vermutungen, woran das liegen könnte. Ob die Vermutungen zutreffen, zeigt sich für die Wirtschaft dann daran, ob die Störung im Geldumlauf behoben werden konnte.

Komplexe Systeme, die sich gewissermaßen blind steuern, bieten der Statistik und den Modellen, die aus den Naturwissenschaften gewonnen wurden, gute Ansatzpunkte zur Interpretation und zur Prognostik. Denn der störende Faktor *Subjektivität* scheint hier keine besonders große Rolle mehr zu spielen; das Individuum ist in den chaostheoretischen Modellen nicht mehr der letzte Bezugspunkt der Gesellschaft. Es ist lediglich ein System unter Milliarden von anderen. Deswegen sind in den vergangenen Jahren vermehrt naturwissenschaftlich orientierte Methoden in die Sozialwissenschaften eingedrungen.

Am meisten Wirbel haben jene Theoretiker verursacht, die die Möglichkeit des Ausbruchs von Kriegen mit Hilfe chaostheoretischer, mathematischer Modelle errechnen wollten. Der berühmteste und in der Öffentlichkeit unbeliebteste Prognostiker war Hermann Kahn, der im Jahre 1960 sein Buch „On Thermonuclear War" veröffentlichte. Da wimmelte es nur so von Hekatomben von Kriegstoten, und es entstand der Eindruck, als könne sich dieser Dr. Seltsam von der Denkfabrik RAND-Corporation nicht genug *Wargasms* – wie die Kritiker in einem eindeutigen Wortspiel meinten – leisten. Doch ganz so einfach lagen die Dinge nicht. Denn der Futurologe Kahn versuchte herauszufinden, ob die vielgepriesene *Balance of Power* auf Dauer halten würde, was sie versprach: Frieden durch Abschreckung. Und in seinen tausenden von Szenarien und Rechnungen kam er zu dem Ergebnis, daß dieses System ein hohes Maß an Stabilität aufweist.[11]

Die Berechnungen Herman Kahns beruhten auf einer stillschweigenden Voraussetzung. Der subjektive Faktor der Führer der Großmächte nämlich durfte nicht so durchschlagend sein, daß alle anderen Parameter der Modelle dadurch überlagert wurden. In dem Geflecht von Faktoren, das er annahm, waren die Führer der Großmächte so eingebettet, daß sie nicht einfach „durchdrehen" konnten. Das ist logisch, denn wenn der subjektive Faktor als dominant angesehen wird, dann läßt sich nichts mehr statistisch berechnen. Die Chaostheorie aber geht genau den entgegengesetzen Weg: Sie versucht, den subjektiven Faktor der Entscheidungsträger im System der Interessen, der wechselseitigen Abhängigkeiten und Drohungen zu neutralisieren.

So ganz dumm ist das nicht. Denn die Subjektivität wird durch diese Faktoren stark moduliert. So kommt es, daß sich die Entscheidungen der Staatspräsidenten, Kanzler und Minister auch dann verblüffend ähneln, wenn sie aus verschiedenen Parteien kommen und vor ihrer Wahl die unterschiedlichsten Programme verkündet haben. Zwischen einem Helmut Schmidt und einem Helmut Kohl sind die Unterschiede so groß nicht. Die *objektive* Seite ihres Handelns – man kann sie auch Sachzwänge nennen – erlaubt es offensichtlich, mit mathematischen Mitteln Prognostik zu betreiben.

Das geschieht nicht immer zur Freude der Politiker. Die beiden Physiker Alvin Saperstein und Gottfried Mayer-Kress haben mit ihren Berechnungen, daß das SDI-Programm bei allen denkbaren Varianten und politischen Entwicklungen in neun von zehn Fällen zu größerer Instabilität führt, bei Industrie, Militärs und den ihnen ergebenen Politikern keineswegs eitel Freude ausgelöst.

Was leisten diese Modelle und Berechnungen aber wirklich? Beeindruckend anzuschauen sind „Crisis Cubes", in denen Faktoren, die zu einem Kriegsausbruch führen, und solche, die eher stabilisierend wirken, so angeordnet sind, daß der obere Teil wie Schmetterlingsflügel aussieht.[12] Hebt sich einer dieser Flügel über ein bestimmtes Niveau, dann herrscht der totale Krieg. Manche Wissenschaftler haben mit diesen Modellen den Ausbruch des Ersten und auch des Zweiten Weltkriegs nachvollzogen.

Gegenüber den Versuchen, mit Extrapolationen aus der Wirklichkeit Voraussagen zu fabrizieren, lassen sich nun zwei prinzipielle Einwände erheben. Der eine liegt im chaostheoretischen Modell selbst begründet. Denn das beruht ja auf der Überlegung, daß schon kleinste Änderungen eines Zustandes große Folgen für das gesamte System haben können; Murphy's Law ist sozusagen die Grundlage dieser Sicht der Wirklichkeit. Die Welt ist, wie der Kybernetiker Heinz von Foerster sagt, eben keine „triviale Maschine", die bei gegebenen Inputs immer dasselbe macht und deren Verhalten man daher exakt vorhersagen kann. Sie ist

Komplexe Prozesse der Selbstorganisation in der Grube:
Goldgräber in Serra Pelada (Brasilien)

völlig anders, als Laplace glaubte, als er 1814 schrieb: „Würde eine übermenschliche Intelligenz den gegenwärtigen Zustand aller Teilchen des Universums kennen, ... nichts mehr wäre ungewiß, und Zukunft und Vergangenheit wäre sichtbar vor ihren Augen."[13] Nach chaostheoretischer Sicht würde keine noch so übermenschliche Intelligenz unter Berücksichtigung aller Daten, die einen gegebenen Weltzustand ausmachen, die weitere Zukunft vorhersagen können. Denn es ergeben sich aus den möglichen und dann zum Teil tatsächlich eintretenden Ereignissen Bifurkationen, Verzweigungen, die für die weitere Entwicklung jeweils spezifische Vorgaben machen. Daher kann niemand wissen, welche Faktoren sich genau verändern werden und wie das System dann letztendlich reagiert. Die Prognostiker behelfen sich damit, daß sie ihre Computer Hunderte, wenn nicht Tausende von Varianten rechnen lassen. Welche aber nachher zutrifft, läßt sich nicht sicher ermitteln. Also gibt es zugleich immer mehrere Prognosen – die eine kann die andere daher aufheben. Oder, wie in einem Gespräch einmal der Wissenschaftstheoretiker Karl Raimund Popper ironisch meinte: Jemand, der viel vorhersage, habe eine hohe Trefferquote, weil irgendetwas schließlich immer eintrete. Auch gilt: Eine gute Vorhersage ist die, deren prognostizierte Katastrophe deswegen nicht eintritt, weil die Vorhersage ernst genommen worden ist.

Aber klingt das nicht völlig unlogisch? Kybernetiker würden zwar sagen, daß solche Rückkoppelungsprozesse in ihren Modellen die Grundlage sind. Wie sehr aber solche Rückkoppelungsprozesse den Sinn von Prognosen in Frage stellen, hat der Amerikaner Donald MacKay herausgearbeitet: „Als Bedingung einer erfolgreichen Vorausbestimmung der Entscheidung eines Menschen gilt, daß die Möglichkeit bestehen muß, die Auswirkung einer Voraussage einer Entscheidung auf die Entscheidung selbst zu berücksichtigen. Da diese Auswirkungen aber erst dann bekannt sein könnten, wenn die Vorhersage bereits formuliert wäre, die Formulierung der Voraussage aber schon die Kenntnis ihrer Auswirkungen auf die Entscheidung voraussetzen müßte, kann eine Entscheidung nie endgültig vorausbestimmt werden."[14]

Sind dann solche Vorhersagemodelle reiner Humbug? Sicher nicht, denn sie haben dann einen guten Sinn, wenn es zum Beispiel darum geht, *Annahmen* über die Zukunft zu prüfen. So beruhte das – inzwischen abgesetzte – SDI-Projekt auf bestimmten Annahmen über den Rüstungswettlauf. Diese Annahmen können mit prognostischen Methoden zumindest in Zweifel gezogen werden. Eine Hypothese also wird mit anderen Hypothesen in Beziehung gesetzt. Was am Ende wirklich passieren wird, weiß natürlich kein Mensch, aber vielleicht läßt sich wenigstens ein teurer und risikoreicher Weg vermeiden.

Wie leicht aber mathematisierte Verfahren an der Wirklichkeit der Gesellschaft vorbeigehen können, zeigt das Beispiel der Wirtschaftswissenschaften. Der Finanzwirtschaftler George Soros hat sich immer wieder über das Bestreben seiner Fachkollegen lustig gemacht, der Öffentlichkeit mit möglichst vielen und komplizierten Formeln, die die Wirtschaftsprozesse beschreiben sollen, zu imponieren. Wo aber bleiben da die subjektiven Faktoren, die sich der Mathematisierung entziehen? Trocken bemerkt er:

„Leider sind deterministische Theorien nur möglich, wenn die Sache, mit der sie sich beschäftigen, vom subjektiven Denkprozeß getrennt werden kann .... Marktpreise werden durch Kauf- und Verkaufsentscheidungen der Teilnehmer bestimmt, die auf besonders gearteten Erwartungen beruhen. Besonders geartet sind sie, weil sie nämlich gerade die Sache beeinflussen, auf die sie sich beziehen. Diese Besonderheit macht aus den verschiedenen Methoden der Wirtschaftstheorie Nonsens, ...

„Wie kann man sagen, der zukünftige Zustand der Geschäfte entspreche gegenwärtigen Erwartungen, wenn man genauso korrekt sagen könnte, die gegenwärtigen Erwartungen hätten den künftigen Zustand der Geschäfte verursacht?"[15] Wie recht Soros hat, wird ganz besonders bei der Praxis der Kreditvergabe deutlich. Wenn Banken, oft nur von der Stimmung getrieben, nervös werden, können Betriebe, ganze Wirtschaftszweige oder sogar ganze Volkswirtschaften zusammenbrechen. Mit mathematisch exakten Vorhersagen hat das alles nichts zu tun.

Für manche Soziologen ist das äußerst ärgerlich, denn um eine möglichst „objektive" Wissenschaft machen zu können, wäre es notwendig, die Methoden von solchen subjektiven Zufällen zu emanzipieren. Zum Beispiel könnte man versuchen, den Prozeß der öffentlichen Meinungsbildung quantitativ zu beschreiben. So imponierend dabei die Formeln aussehen, die beschreiben sollen, wie groß etwa eine Gruppe sein muß, um den Meinungsbildungsprozeß von Individuen oder einer anderen Gruppe zu beeinflussen, so mager sind aber letztlich die Ergebnisse.[16] Das kann auch nicht anders sein, denn wenn Wissenschaftler tatsächlich die Wunderformel für die Manipulation der öffentlichen Meinung gefunden hätten, dann würden alle Politiker und Betriebe der Wirtschaft nach denselben Methoden verfahren – und außer Langeweile nichts erreichen.

Vielleicht hätte jemand, der ein den mathematischen Vorstellungen widersprechendes anderes Setting erfinden würde, allein auf Grund des Neuigkeitswertes einen Vorteil. Wir kennen solche Effekte zum Beispiel aus der Werbung. Wie wenig sicher quantitative Verfahren im Bereich der Meinungsbildung tatsächlich sind, haben in den vergangenen Jahren manche grandiosen Fehleinschätzungen der Meinungsforschungsinstitute in bezug auf Wahlresultate gezeigt.

Folgende Seite:
Für die Astronomen des 15. Jahrhunderts, Wissenschaftler und Philosophen in einem, gab es keine „Zwei Welten". Kann „das Chaos" dazu beitragen, Natur- und Geisteswissenschaften wieder zusammenzuführen?

Martin Carrier, Jürgen Mittelstraß

CHAOS, WISSENSCHAFT, NATUR UND GEIST – ÜBER DIE ZWEI KULTUREN

Die mythische Welt und die rationale Welt, die aus ihr entstand, sind mit Dualismen gepflastert: Himmel und Erde, Gut und Böse, Menschen und Götter, Erlösung und Verdammnis, Geist und Natur. Dualismen machen die Welt einfach, und das Denken auch. Sie machen deshalb auch vor der Wissenschaft nicht halt, nicht nur in theoretischen Dingen, sondern auch in wissenschaftssystematischen Dingen. Ausdruck dafür ist die sogenannte Zwei-Kulturen-These, die die Welt der Wissenschaften in die Naturwissenschaften (einschließlich der Ingenieurwissenschaften) auf der einen Seite und in die Geisteswissenschaften (einschließlich der Sozialwissenschaften) auf der anderen Seite teilt. Sie stammt von Charles Percy Snow, einem Physiker, Romancier und hohen britischen Staatsbeamten, wurde 1959 in einer eher beiläufigen Rede formuliert[1] und liegt seither wie ein wissenschaftsideologischer Fluch auf einer der beiden Kulturen, nämlich der geisteswissenschaftlichen.

Wenn Snow recht hat, dann ist das Verhältnis der beiden Kulturen, der naturwissenschaftlichen und der geisteswissenschaftlichen, zueinander durch gegenseitige Ignoranz und wechselseitige Verarmung gekennzeichnet. In dieser Kennzeichnung kommen die Geisteswissenschaften bedeutend schlechter weg als die Naturwissenschaften. Diese, die Naturwissenschaften, ‚haben die Zukunft im Blut‘ und die moderne Welt in der Hand, jene, die Geisteswissenschaften, offenbar allein die Vergangenheit. Die eine ist *science*, Messen und Wiegen, die andere *literature*, Bildung und Erinnerung. Der naturwissenschaftliche Verstand blickt nach vorne, der geisteswissenschaftliche Verstand blickt zurück. Der eine hat Umgang mit der Wirklichkeit der modernen Welt, der andere mit dem Reich der Schatten, wobei der ständige Gang in die Unterwelt, wo nach alter Vorstellung die Schatten wohnen, die Geisteswissenschaften selbst hat erbleichen lassen.

Die Zwei-Kulturen-These

Derartige Unterscheidungen und Beurteilungen zeugen allerdings eher vom Umgang mit einem philosophischen Hammer als mit dem wissenschaftlichen Florett. Sie sind zu einfach und zu einseitig, nicht nur weil sie die eine Seite, die Geisteswissenschaften, aus der Welt der Wissenschaft zu drängen scheinen, sondern weil sie diese Welt wiederum zu einfach, zu dualistisch machen. Die Zwei-Kulturen-These und ihr verzagter Ableger, die sogenannte Kompensationstheorie, nach der den Geisteswissenschaften nur noch kompensatorische Aufgaben angesichts der durch den Fortschritt des naturwissenschaftlichen Verstandes auftretenden Modernisierungsschäden zukommen[2], sind in Wahrheit ungeeignet, ein Begreifen der modernen Wissenschaftsentwicklung zu leisten bzw. dieser Entwicklung eine für Wissenschaft und Lebenswelt förderliche Perspektive zu geben. Die eine, die Zwei-Kulturen-These, bricht einen unnötigen Streit vom Zaum, die andere, die Kompensationstheorie, schließt einen falschen Frieden.

Wenn aber eine (zu) einfache Ordnung ungeeignet ist, den Wissenschaftsprozeß zu erklären, dann darf auch einmal dem Gedanken nachgegangen werden, ob nicht in der Unordnung der Schlüssel zur (nicht mehr dualistisch eingeschränkten) Ordnung liegt. Die reinste Form der Unordnung aber ist das Chaos, von dem schon die Griechen sagten, daß aus

ihm, ursprünglich der finsteren Kluft zwischen Himmel und Erde, alles entstand, um sogleich mit dem dualistischen Ordnungmachen zu beginnen. Als dessen Meister gilt dann mit seinen fundamentalen Unterscheidungen, etwa zwischen Idee und Wirklichkeit, Seele und Körper, Platon. Auch die Geistesgeschichte liebt den Gegensatz und das Zählen bis zwei.

Die Annahme, daß eine wieder ernstgenommene Unordnung und mit ihr die moderne Chaostheorie einen konstruktiven Blick auf Struktur und Theorieform der Wissenschaft erlauben, der hellsichtiger ist als die Zwei-Kulturen-These, bedeutet nun nicht, daß die Chaostheorie direkt auf die Wissenschaft angewendet werden soll, auch wenn sich dem kritischen Betrachter des Wissenschaftsgeschehens selbst diese extreme Option gelegentlich aufdrängen will. So ist etwa im gutachterlichen Streit über die Sicherheit großtechnischer Anlagen oder über die gesundheitliche Unbedenklichkeit chemischer Substanzen die Ordnung wissenschaftlicher Meinungen allem Anschein nach von kräftigen, ,unordentlichen' Schwankungen oder Fluktuationen beherrscht und trägt die Abfolge der im Namen der Wissenschaft geäußerten Meinungen häufig deutlich irreguläre Züge. Und dies ist in einem Maße der Fall, daß man den Eindruck nicht los wird, daß die Wissenschaft hin und wieder das Chaos selbst verkörpert, über das sie spricht.

Die von der Chaostheorie möglicherweise nahegelegten Einsichten in die Struktur der Wissenschaft entstammen insgesamt keiner solchen direkten Anwendung; sie sind vielmehr metaphorischer Natur. Worum es geht, ist der Aufweis von Analogien zwischen bestimmten Charakteristika und Konsequenzen der Chaostheorie auf der einen Seite und wesentlichen Strukturmerkmalen der Wissenschaft auf der anderen. Dabei ist überdies klar, daß es nicht erst der Chaostheorie bedurfte, um zu den im folgenden dargelegten Überlegungen zu gelangen. (Allerdings ist es eben auch ein Gewinn, wenn man aus einem weiteren, hier dem chaostheoretischen Blickwinkel bestätigt findet, was sich bereits aus anderen Zugangsweisen ergibt.) Diese Überlegungen lassen sich vorab auf zwei Thesen bringen:

These 1: Statt in dualistischer Weise aufgespalten, tritt uns die Wissenschaft in großer Vielgestalt entgegen; Wissenschaft ist farbig, nicht schwarzweiß.

These 2: Hinter der inhaltlichen Vielgestalt steckt eine strukturelle und methodische Einheitlichkeit; in dieser ist die Einheit der Wissenschaft verkörpert.

Die Chaostheorie bietet eine Gelegenheit, diese thesenhaft formulierten Merkmale der Wissenschaft deutlicher hervortreten zu lassen.

Chaos und die Vielfalt der Wissenschaften

Eine wichtige, allgemeinere Konsequenz der Chaosforschung ist die Erschütterung oder Auflösung traditioneller Unterscheidungen. So ist die Unterscheidung zwischen deterministischen, also nach festen Regeln in vorhersehbarer Weise ablaufenden Prozessen und zufälligen, keinem Gesetz folgenden Prozessen durch die Entdeckung des deterministischen Chaos ins Wanken geraten. Das Chaos – eben das besagt der Begriff des deterministischen Chaos – besetzt ein zuvor nicht vermutetes Territorium zwischen beiden Bereichen. Chaotische Prozesse sind deterministisch, da sie strengen kausalen Gesetzmäßigkeiten folgen. Doch obgleich uns die relevanten Gesetzmäßigkeiten erschöpfend bekannt sind, mißlingt eine Prognose der Systementwicklung, da diese Entwicklung durch winzige Schwankungen in den Anfangsbedingungen drastisch beeinflußt wird.

Wie Bernd-Olaf Küppers in seinem Beitrag über Chaos und Geschichte deutlich macht[3], gilt zwar weiterhin, daß gleiche Ursachen gleiche Wirkungen haben; aber es gilt eben nicht mehr, daß ähnliche Ursachen auch ähnliche Wirkungen haben. Die grundsätzliche Vorhersagbarkeit bleibt dann praktisch folgenlos, wenn wir die für eine Vorhersage erforderlichen Anfangsbedingungen niemals mit hinreichender Genauigkeit ermitteln können.

Diese Auflösung der traditionellen Grenzziehung zwischen Determinismus und Zufälligkeit geht einher mit der Erschütterung der Unterscheidung zwischen dem Einfachen

Freitod im Krater: Empedokles (in einer Aufführung der Schaubühne) auf der Suche nach der Göttlichen Einheit im „großen Akkord mit allem Lebendigen" angesichts einer von der Natur entfremdeten Gesellschaft.

und dem Komplizierten. So stellen zwei gekoppelte Pendel im Prinzip ein sehr einfaches und überschaubares Arrangement dar, für das die einschlägigen Gesetze seit Jahrhunderten gut bekannt sind. Aber erst in den letzten Jahrzehnten wurde klar, daß bei einer solchen Anordnung in einem bestimmten Bereich von Anfangsbedingungen, nämlich den Systemanregungen mittlerer Stärke, chaotische, also nicht mehr vorhersehbare Schwingungszustände vorliegen können. Was einfach scheint, kann tatsächlich höchst komplex sein.

Wenig tröstlich ist in diesem Zusammenhang auch, daß sich das, was immer schon kompliziert schien, als noch viel komplizierter herausstellen mag. Ein Beispiel dafür ist das Wetter. Irgendwie haben wir alle immer schon die Unvorhersagbarkeit des Wettergeschehens angenommen und sind darin selten enttäuscht worden. Aber die Aufdeckung deterministisch-chaotischer Prozesse im meteorologischen Geschehen hat nun gezeigt, daß die Zuverlässigkeit von Wettervorhersagen nicht nur praktischen, sondern auch prinzipiellen Beschränkungen unterliegt. Diese Beschränkungen treten auf, obgleich die zugrundeliegenden Gesetze gut bekannt und deterministischer Natur sind.

Das Phänomen des deterministischen Chaos lehrt daher, daß aus der Kombination einfacher Grundelemente hochkomplexe und überraschende Erscheinungen hervorgehen können. Obwohl das Naturgeschehen aus einfachen Bestandteilen bestehen mag, ist die Welt der Erscheinungen doch vielfältig und unüberschaubar. Auch wenn die einschlägige Situation und die in ihr wirksamen Gesetze nach menschlichem Ermessen vollständig bekannt sind, hält die Natur zahllose Überraschungen bereit. Einer in diesem Sinne komplexen Welt aber kann eine Wissenschaft nicht gerecht werden, die sich etwa in starrer Fixierung auf die traditionellen Forschungsformen der Grundlagenforschung und der angewandten Forschung nur mit den Elementen oder nur mit den Erscheinungen und deren Nutzung befaßt. Auch hier, in wissenschaftssystematischen Dingen, haben wir es im Grunde wieder mit zu einfachen dualistischen Verhältnissen zu tun.

Worauf es in dieser Lage, wiederum wissenschaftssystematisch formuliert, ankommt, ist eine *grundlagenorientierte Anwendungsforschung*. Das deterministische Chaos ist ein Phänomen von grundsätzlicher Bedeutung, das – wie die Beiträge dieses Buches zeigen – in vielerlei Hinsicht nicht nur theoretisches, sondern auch praktisches Gewicht gewonnen hat. Dieses Phänomen stellt damit auch die Grenze zwischen den traditionellen Forschungsformen, die in der Unterscheidung zwischen Grundlagenforschung und angewandter Forschung ebenfalls dualistisch angelegt waren, in Frage. Es zeigt ebenfalls, daß die Welt vielfältiger ist, als sie dem an traditionellen Unterscheidungen orientierten Auge erscheint.

Mit Blick auf die Zwei-Kulturen-These hat dies zur Konsequenz, daß nicht nur die Geisteswissenschaften – was sich leicht zeigen ließe –, sondern auch die Naturwissenschaften keinen monolithischen Block bilden, sondern sich in vielfältiger Weise ausdifferenzieren. Ein erstes Ergebnis ist daher, daß die Wissenschaft nicht durch eine dualistische Struktur, sondern durch Multiplizität und Vielgestalt gekennzeichnet ist. In diesem Sinne gibt es mehr als zwei Kulturen.

Chaos und die Einheit der Wissenschaft

Auch in einem ganz anderen, dem bisher erläuterten gerade entgegengesetzten Sinne trägt das Phänomen des deterministischen Chaos zu einer Auflösung traditioneller Grenzziehungen bei. Gemeint ist die Einheit der Gesetze hinter der Vielfalt der Phänomene. Man erkennt dies bereits daran, daß ein und dasselbe physikalische System in Abhängigkeit von den jeweils vorliegenden Randbedingungen chaotisches oder nicht-chaotisches Verhalten zeigen kann. Die gleichen Gesetze können also unter verschiedenen Umständen zu drastisch unterschiedlichem Verhalten führen.

Diese einheitsstiftende Wirkung der Gesetze kommt bei einem anderen Aspekt chaotischen Verhaltens noch sehr viel deutlicher zum Ausdruck. Hierbei geht es darum, daß

Phänomene, die ihrer realen physikalischen Natur nach völlig verschieden sind, gleichwohl den gleichen abstrakten Gesetzmäßigkeiten unterliegen können. Chaos ist nicht gleichbedeutend mit gänzlicher Regellosigkeit, sondern weist wiederkehrende, reguläre Kennzeichen auf. Wie der Beitrag von Peter Richter über Physik zwischen Chaos und Ordnung deutlich macht[4], gibt es nur eine kleine Zahl von Entwicklungswegen zum Chaos. Diese Wege können auf allgemeine und abstrakte Weise gekennzeichnet werden. Der springende Punkt ist, daß sich die solchermaßen abstrakt charakterisierten Entwicklungswege bei vielen physikalisch unterschiedlichen Systemen realisiert finden. Ähnlich trifft man auf das charakteristische Phänomen der Selbstähnlichkeit bei dem Anschein nach so verschiedenartigen Vorgängen wie der Entwicklung der Baumwollpreise und den Störungen von Telefonleitungen (vergleiche den Beitrag von Christoph Drösser über Fraktale[5]).

Alle Beiträge dieses Buches machen deutlich, daß Chaos eine in vielen Wirklichkeitsbereichen auftretende Besonderheit ist. Gekoppelte Pendel zeigen es ebenso wie Herzstrom- oder Hirnstromkurven. Entsprechend weist Barbara Ritzert in ihrem Beitrag über Chaos in der Medizin[6] darauf hin, daß es in der Chaosforschung nicht um die Ermittlung der spezifischen Einzelheiten besonderer Prozeßverläufe geht, sondern um das Aufzeigen prinzipieller Zusammenhänge zwischen solchen Prozeßverläufen. Die Chaosforschung stellt folglich einen integrativen Forschungsansatz dar, auf dessen Grundlage die Verbindungen und Gemeinsamkeiten zwischen im einzelnen ganz unterschiedlichen Prozeßverläufen erkennbar werden.

Wissenschaftstheoretisch gesprochen handelt es sich beim Chaos um ein sogenanntes *supervenientes* Merkmal. Dazu eine Definition: Ein Merkmal s ist supervenient zu einer Menge physikalischer Eigenschaften P, wenn

(1) s nicht selbst konkret-physikalischer Natur ist, also physikalisch unterschiedliche Systeme s aufweisen können, und wenn

(2) Unterschiede in s stets mit Unterschieden in P einhergehen (wenn auch nicht umgekehrt).

Chaos findet sich bei physikalisch unterschiedlichen Systemen, und das Auftreten oder Nicht-Auftreten von Chaos hängt stets mit physikalischen Unterschieden im jeweiligen System zusammen.

Ein anderes Beispiel für einen supervenienten Begriff ist der evolutionsbiologische Begriff der Fitness, also der mittlere Reproduktionserfolg der Mitglieder einer biologischen Spezies. Fitness kann sich bei unterschiedlichen Spezies auf ganz unterschiedliche Weise konkretisieren. Beim Zebra mag etwa erhöhte Fitness auf längeren Beinen und einer dadurch erhöhten Laufgeschwindigkeit beruhen, bei der Kakerlake hingegen auf der Resistenz gegen ein Schädlingsbekämpfungsmittel. Jedoch liegen auf jeden Fall Fitnessunterschiede nur dann vor, wenn auch physikalische beziehungsweise physiologische Unterschiede bestehen.

Der Vorzug supervenienter Begriffe besteht in der Möglichkeit der Formulierung supervenienter Gesetze. Solche Gesetze verknüpfen superveniente Merkmale und sind damit auf physikalisch ganz verschiedene Situationen anwendbar. Im evolutionsbiologischen Beispiel lassen sich Fitnesswerte mit der Entwicklung der Größe der entsprechenden Population verknüpfen. Ein solches supervenientes Gesetz gilt dann in gleicher Weise für Zebras wie für Kakerlaken. Und genau dies ist sinngemäß auch bei den Gesetzen des Chaos der Fall. Auch sie treffen auf eine physikalisch heterogene Kollektion von Anwendungsfällen zu. Chaos findet sich eben in gleicher Weise bei gekoppelten Pendeln, Hirnströmen und beim Wetter. Die Gesetze des Chaos beziehen sich dabei auf Merkmale, die um eine Stufe abstrakter sind als die gewöhnlichen physikalischen Eigenschaften. Aus diesem Grunde erscheint in ihrem Lichte einheitlich, was sich auf der unmittelbar physikalischen Ebene disparat darstellt. Insofern lehrt uns die Chaosforschung, die Einheit hinter der Vielfalt zu erkennen.

Diese Einsicht kann nicht ohne Auswirkung auf die Struktur der Wissenschaft bleiben. Chaos manifestiert sich in einer Vielzahl von Phänomen, die traditionell ganz unterschiedlichen Disziplinen zuzurechnen sind. Wie die Beiträge in diesem Buch verdeutlichen, trifft man auf chaotische Phänomene zum Beispiel in Physik, Biologie, Medizin, Soziologie und Ökonomie. Angesichts dieser disziplinär heterogenen Realisierungen läßt sich die innere Einheitlichkeit chaotischer Phänomene daher auch nicht durch einen eingeschränkt disziplinären Ansatz, sondern nur durch einen interdisziplinären oder besser – weil auch Interdisziplinarität noch die Unverletzbarkeit disziplinärer Ordnungen voraussetzt – transdisziplinären, nämlich die Grenzen der Disziplinen in Forschungsdingen selbst in Frage stellenden Ansatz verdeutlichen. Chaos ist ein nur transdisziplinär begreifbares und ein nur transdisziplinär umfassend behandelbares Phänomen.

Die Chaosforschung zeigt, daß scheinbar Verschiedenartiges doch die gleichen Strukturen zum Ausdruck bringen kann. Pointiert formuliert: Im Chaos manifestiert sich beispielhaft die inhaltliche Einheit der Wissenschaft. Es ist dieser einheitsstiftende Gesichtspunkt, der ebenfalls eine Überwindung der Zwei-Kulturen-These nahelegt, indem er, methodisch gewendet, die Einheit der wissenschaftlichen Vernunft in der Vordergrund rückt. Brückenschläge über den Snowschen Graben hinweg gibt es dabei auch jenseits des Chaosbegriffs viele. Man denke nur an die Auflösung des früher oft kultivierten Gegensatzes

zwischen den Naturwissenschaften als der vorurteilsfreien Betrachtung der Tatsachen und den Geisteswissenschaften als gekennzeichnet durch einen hermeneutischen Zirkel, der das komplexe Zusammenspiel von Vorverständnis und erreichtem Verständnis in hermeneutischen Zusammenhängen betrifft. Es hat sich längst gezeigt, wie wichtig auch und gerade in den Naturwissenschaften Vorverständnisse bei der Interpretation eines Naturphänomens sind und auf welch komplexe Weise Vorverständnis und schließlich erreichtes Verständnis miteinander zusammenhängen.

Naturwissenschaften und Geisteswissenschaften rücken also zusammen, und dies keineswegs nur aus theorie-immanenten Gründen. Denn die Naturwissenschaften und die Geisteswissenschaften sind Ausdruck derselben Rationalität, die die moderne Welt geschaffen hat. Wer diese Welt in Natur und Geist zerlegt, um sich entweder auf der einen Seite, nämlich als Naturwissenschaftler, oder auf der anderen Seite, nämlich als Geisteswissenschaftler, festzusetzen, hat sie schon verloren. In diesem Sinne gibt es nicht zwei Kulturen, sondern nur eine Kultur. Das bedeutet nicht, daß hier ein neuer Monismus vertreten würde, der zudem noch im Chaos die schon verloren geglaubte Einheit der Wissenschaft und Einheit der Welt zu finden meint.

Ins Auge gefaßt ist vielmehr ein Programm, das die Einheit der Wissenschaft und die Einheit der Welt, die weder physikalisch noch philosophisch einfach zu haben ist, in der Einheit der wissenschaftlichen Rationalität wiederzugewinnen sucht. Chaos ist ein Begriff, der nicht an die Stelle dieser Einheit treten soll, aber ihre methodische Wirklichkeit verdeutlichen könnte.

Folgende Seite:
Den Saal Abencerrajes der maurischen Alhambra überwölbt die Muqarnaskuppel –
eine geniale Symbiose von geometrischem Chaos und architektonischer Ordnung.

ANMERKUNGEN

Beitrag Carrier/Mittelstraß

1 Ch. P. Snow, The Two Cultures and a Second Look. An Expanded Version of the Two Cultures and the Scientific Revolution, Cambridge, 2. Auflage, 1964 (dt. Die Zwei Kulturen. Literarische und naturwissenschaftliche Intelligenz, Stuttgart 1967). Zu dem hier verwendeten Begriff der Geisteswissenschaften vgl. J. Mittelstraß, Glanz und Elend der Geisteswissenschaften, Oldenburg 1989 (Oldenburger Universitätsreden 27).

2 O. Marquard, Über die Unvermeidlichkeit der Geisteswissenschaften, in: ders., Apologie des Zufälligen. Philosophische Studien, Stuttgart 1986, S. 105.

3 dieses Buch, S. 80ff.

4 dieses Buch, S. 34ff.

5 dieses Buch, S. 57ff.

6 dieses Buch, S. 124ff.

Beitrag Heitger

Literaturverzeichnis:

Baecker, D.: Fehldiagnose „Überkomplexität". In: gdi-impuls 4/1992.

Beck, U.: Risikogesellschaft (Suhrkamp-Verlag, Frankfurt 1986).

Bechmann, G. (Hrsg.): Risiko und Gesellschaft (Westdeutscher Verlag 1993).

Boos, F., Exner, A., Heitger, B.: Soziale Netzwerke sind anders. In: Organisationsentwicklung 11/92, Nr. 1 (Verlag Organisationsentwicklung und Management AG, Zürich 1992).

Boos, F., Heitger, B.: Strategien des Wandels in Krisenzeiten. In: Nagel, R.: Consulting 1993 (Falter Verlag, Wien 1993).

Davidow, M.: The Virtual Organisation (Harpers Business 1992).

Fisch, R., Boos, M. (Hrsg.): Vom Umgang mit Komplexität in Organisationen. (Universitätsverlag, Konstanz 1990).

Gerken, G.: Manager ... die Helden des Chaos. (Econ-Verlag, Düsseldorf 1992).

Gottlieb Duttweiler Institut/Forschergruppe Neuwaldegg: Unternehmenserfolge auf dem Weg ins 21. Jahrhundert. (G. Duttweiler Institut, Wien 1991).

Heitger, B.: Chaotische Organisationen – organisiertes Chaos? Der Beitrag des Managements lernenden Organisation. In: Sattelberger (Hrsg.): Die lernende Organisation. (Gabler Verlag, Wiesbaden 1991).

Heitger, B., Schmitz, C., Zucker, B.: ... Über den Stab brechen. Zur Zukunft interner Dienstleister. In: Managerie. 2. Jahrbuch (Carl Auer Verlag, 1993).

Königswieser, R., Lutz, C. (Hrsg.): Das systemisch evolutionäre Management. Der neue Horizont für Unternehmer. 2. üb. Auflage (Orac-Verlag, Wien 1992).

Königswieser, R.: Die Risikogesellschaft aus systemischer Sicht. In: Gester, Heitger,

230

Schmitz (Hrsg.): Managerie. 1. Jahrbuch (Carl Auer-Verlag, 1992).

Luhmann, N.: Ökologische Kommunikation (Westdeutscher Verlag, 1986).

McKenna, Regis: Relationship Marketing (Century Business, 1992).

Peters, Tom: Jenseits der Hierarchien (Econ-Verlag, Düsseldorf 1993).

Reich, R.: Die Zukunft der Arbeit. Drei Leistungsklassen. In: gdi-impuls 3/1991.

Savage, C.: Fifth Generation Management. Integrating Enterprises through Human Networking. In: Digital Press, 1990.

Senge, P.: The fifth Discipline – the Art and Practice of the learning Organization. (Doubleday, New York 1990).

Taylor, F. W.: The Principles of Scientific Management (Harper, New York 1911).

Weick, K.: Der Prozeß des Organisierens (Suhrkamp-Verlag, Frankfurt 1988).

Willke, H.: Die „normale" Engstirnigkeit der Teilsysteme. In: gdi-impuls 3/1989.

Wimmer, R.: Zur Eigendynamik komplexer Organisationen. In: Fatzer, G. (Hrsg.): Organisationsentwicklung in der Zukunft (Ed. Humanistische Psychologie, 1992).

Beitrag Küppers

1 Weber, M.: Gesammelte Aufsätze zur Wissenschaftslehre. Tübingen 1922/88.

2 Gadamer, H.-G.: Wahrheit und Methode. Tübingen 1960/90.

3 Küppers, B.-O.: Entropie, Evolution und Zeitstruktur. In: Die sterbende Zeit, edd. D. Kamper und Ch. Wulf. Frankfurt 1987.

4 Küppers, B.-O.: Physik der Geschichte? Paderborner Universitätsreden 25. Paderborn 1991.

5 Küppers, B.-O.: Kann es eine physikalische Theorie historischer Prozesse geben? Philosophia Naturalis (im Druck).

6 Eigen, M.: Self-organization of matter and the evolution of biological macromolecules. Naturwissenschaften 58, 465 (1971).

7 Küppers, B.-O.: Molecular Theory of Evolution. 1983/85.

8 Küppers, B.-O.: Chaos und Komplexität. Über eine Revolution in der Wissenschaft. In: Evolutionäre Wege in die Zukunft, edd. H. Balck und R. Kreibich. Stuttgart 1991.

9 Polanyi, M.: Life's irreducible structure. Science 160, 1308 (1968). (Dt.: Die irreduzible Struktur des Lebendigen. In: Leben = Physik + Chemie?, ed. B.-O. Küppers, München 1987/90).

10 La Mettrie, J. O. de: L'homme machine, 1748. (Dt.: Der Mensch eine Maschine, Leipzig 1909).

11 Küppers, B.-O.: Understanding Complexity. In: Emergence or Reduction?, edd. A. Beckermann, H. Flohr und J. Kim. Berlin 1992.

12 Haken, H.: Die Selbstorganisation der Information in biologischen Systemen aus der Sicht der Synergetik. In: Ordnung aus dem Chaos, ed. B.-O. Küppers, München 1987/91.

13 Küppers, B.-O.: Der Ursprung biologischer Information, München 1986/90.

14 Hawking, S. W.: The boundary conditions of the universe. In: Astrophysical Cosmology, edd. H. A. Brück, G. V. Coyne and M. S. Longair. Pontificia Academia Scientiarum, Vatikan 1982.

15 Küppers, B.-O.: Wohin führen die Wissenschaften? Jahrbuch 1991 des Wissenschaftszentrums Nordrhein-Westfalen, Düsseldorf 1992.

Beitrag Löser

1 vgl.: Müri, P.: Chaos Management. München: Heyne, 1989; Laske, S.: Führung zwischen Ordnung und Chaos. In: Pieper, R., Richter, K.: Management: Bedingungen, Erfahrungen, Perspektiven. Wiesbaden: Gabler, 1990; Turnheim, G.: Chaos und Management. Wien: Manz, 1991; Warnecke, H.-J.: Die Fraktale Fabrik: Revolution der Unternehmenskultur. Berlin; Heidelberg; New York: Springer, 1992.

2 vgl.: Mandelbrot, B.: Die fraktale Geometrie der Natur. Basel: Birkhäuser, 1987; Probst, G.: Selbst-Organisation. Berlin: Paul Parey, 1987; Prigogine, I., Stengers, I.: Dialog mit der Natur. München: Piper, 1990; GEO Wissen: Chaos und Kreativität. 2/1990; Haken, H., Wunderlin, A.: Die Selbstrukturierung der Materie: Synergetik in der unbelebten Welt. Braunschweig: Vieweg, 1991.

3 Durch arbeitsteilige Organisation, bei der jeder Handgriff und Arbeitsschritt genau ausgedacht und berechnet wurde, gelang es Ford, die Produktion seiner Autos von 18 664 Wagen im Jahr 1909/10 auf 1 250 000 Wagen im Jahr 1920/21 zu steigern und gleichzeitig den Verkaufspreis von 950 $ auf 355 $ zu senken. S.: Ford, H.: Mein Leben und Werk. Leipzig: Paul List, 1923.

4 vgl.: Wildemann, H. (Hrsg.): Fabrikplanung: Neue Wege – aufgezeichnet von Experten aus Wissenschaft und Praxis. Frankfurt am Main: Frankfurter Allgemeine, 1989.

5 Taylor, F.W.: Die Grundsätze wissenschaftlicher Betriebsführung (Nachdruck von 1919). München: Raben, 1983.

6 nach Okino, N. (Universität Kyoto), zit. nach Warnecke, H.-J.: a.a.O..

7 vgl. z.B.: Mesina, M., Bartz, W. J., Wippler, E.: CIM-Einführung: Rationalisierungschancen durch die Anschaffung und Integration von CA-Komponenten. Ehningen b. Böblingen: expert, 1990.

8 vgl.: Haefner, K.: Mensch und Computer im Jahr 2000: Ökonomie und Politik für eine hunan computerisierte Gesellschaft. 3. Aufl.; Basel, Boston, Stuttgart: Birkhäuser, 1986; Gazdar, K.: Informationsmanagement für Führungskräfte: Konkrete Perspektiven für Wirtschaft, Verwaltung und Politik. Frankfurt am Main: Frankfurter Allgemeine, 1989; Jörg, G.: Power to the people: Die gesellschaftliche Revolution durch den PC. München: mvg-Verlag, 1992.

9 Warnecke, H.-J.: a.a.O..

10 ManagerMagazin: Geist auf Vorrat, 8/91.

11 Funkhouser, G. R.; Rothberg, R. R.: Das Dogma vom Wachstum: Gefahren und Chancen wirtschaftlicher Expansion. Frankfurt am Main: Frankfurter Allgemeine; Wiesbaden: Gabler, 1989.

12 Schumpeter, J. A.: Capitalism, Socialism and Democracy. 3d ed. New York: Harper Torchbooks, 1950.

13 Drucker, P. F.: Neue Realitäten. Düsseldorf, Wien, New York: Econ, 1990; Drucker, P. F.: So funktioniert die Fabrik von morgen. In: Harvard Manager 1/1991, 8.

14 Womack, J. P.; Jones, D. T.; Roos; D.: Die zweite Revolution in der Automobilindustrie. Frankfurt am Main, New York: Campus, 1991.

15 Deser, F.: Die Rolle des Chaos im Evolutionsprozeß von Organisationen und Anwendungsmöglichkeiten am Beispiel des Gruppenarbeitskonzepts der Mercedes-Benz AG. Diplomarbeit. Lehrstuhl Psychologie I. Universität Mannheim, 30. Juni 1992.

16 Gerken, G.: Manager... Die Helden des Chaos: Wenn alle Strategien versagen. Düsseldorf, Wien, New York, Moskau: Econ, 1992.

Beitrag Mönninger

1 Cedric Price im Gespräch mit Philipp Oswalt, in: Arch + 109/110, Aachen 1991, S. 52.

2 Rainer Paslack, Die Karriere des Chaos zum Schlüsselbegriff, in: Kursbuch 98, Das Chaos, Rotbuch-Verlag, Berlin 1989, S. 121–138.

3 Jacques Lucan, OMA Rem Koolhaas, Electa, Paris 1990, S. 158.

4 zit. nach: Bernhard Holeczek, Zufall als Glücksfall, in: Zufall als Prinzip, Edition Braus, Heidelberg 1992, S.16.

5 Siegfried Kracauer, Aus den Fenster gesehen, in: Straßen in Berlin und Anderswo. Verlag das Arsenal, Berlin 1987, S. 40f.

6 Kisho Kurokawa, Intercultual Architecture, Academy Edition, London 1991. S. 187.

7 Kazuo Shinohara, Chaos and Machine, in: Japan Architect Nr. 5/1988, Tokio, S. 25–32.

8 Roland Barthes, Im Reich der Zeichen. Suhrkamp-Verlag, Frankfurt 1981.

9 Klaus Humpert, Klaus Brenner, Das Phänomen der Stadt als fraktale Struktur, in: Das Phänomen der Stadt. Arbeitsbericht 47. Städtebauliches Institut der Universität Stuttgart 1992, S. 231.

10 ebenda, S. 239.

11 Eda Schaur, Ungeplante Siedlungen. Mitteilungen des Instituts für leichte Flächentragwerke, IL 39, Stuttgart 1992.

12 Humpert, Phänomen der Stadt, a.a.O., S. 186.

13 ebd., S. 226.

14 ebd., S. 384.

15 Ilya Prigogine, Isabelle Stengers, Dialog mit der Natur, Piper-Verlag, München 1986, S. 305.

16 Milan Kundera, Die unerträgliche Leichtigkeit des Seins. Hanser-Verlag, München 1984, S. 97 f.

Beitrag Richter

Danksagung:
Der Inhalt dieses Beitrags entstand in der gemeinsamen Arbeit meiner Forschungsgruppe „Nichtlineare Physik" am Institut für Dynamische Systeme der Universität Bremen. Besonders danken möchte ich Dr. Hans-Joachim Scholz, Dr. Andreas Wittek und Holger Dullin, die den größten Teil der verwendeten Computergraphiken erstellten.

Beitrag Wehowsky

1 GEO-Wissen, Chaos + Kreativität, Mai 1990, 183.

2 Afheldt, Horst, Der Konsens – Argumente für die Politik der Wiedervereinigung Europas –, Nomos Verlagsgesellschaft Baden Baden, 1989, 119f.

3 Perrow, Charles, Normale Katastrophen, Campus Verlag, Frankfurt 1987.

4 Perrrow, ebd., 72.

5 vgl. u. a. Bertgerud, Arthur T., Die Populationsdynamik von Räuber und Beute, in: Spektrum der Wissenschaft, 2/84, 82ff.

6 Markl, Hubert, Biologie der sozialen Organisation, in: Gerok, W. (Hrsg), Ordnung und Chaos in der belebten und unbelebten Natur, Hirzel Verlag, 1989, 386.

7 Ott, Jörg, Systemtheorie und Ökologie, in: Kratky, Karl W./Bonet, Elfriede Maria (Hrsg), Systemtheroie und Reduktionismus, Wiener Studien zur Wissenschaftstheorie, Band 3, Wien 1989, 264.

8 Kafka Peter, Das Grundgesetz vom Aufstieg. Vielfalt, Gemächlichkeit und Selbstorganisation: Wege zum wirklichen Fortschritt, Hanser 1989.

9 Spektrum der Wissenschaft, 2/84.

10 Mayer, Lothar, Ein System siegt sich zu Tode. Der Kapitalismus frißt seine Kinder, Publik-Forum Dokumentation, 1992, 29.

11 Casti, John L., Searching for Certainty, What Scientists can know about the future, William Morrow and Company, inc., New York o. J., 307f.

12 ebd., 312 ff.

13 zitiert nach Heinz von Foerster, Kausalität, Unordnung, Selbstorganisation, in: Kratky, Karl W. und Wallner, Friedrich (Hrsg), Grundprinzipien der Selbstorganisation, Wissenschaftliche Buchgesellschaft, Darmstadt 1990.

14 MacKay, Donald, On the Ligical Indetermenacy of a Free Choice, in: Mind 69 (1960), 32–40, hier zitiert nach Heinz von Foerster, ebd, 81.

15 Georges Soros, Eine neue These zum Funktionieren der Kapitalmärkte, in: Club of Rome, Die Herausforderung des Wachstums, Scherz, Bern, München, Wien 1990, 112f.

16 Vgl. u. a. Hermann Haken, Synergetics, Springer Verlag, Heidelberg, New York, 1983[3], 327ff.

DIE AUTOREN

**Dr. habil.
Reinhard Breuer**

Geboren 1946 in Regensburg. Studium der Theoretischen Physik an den Universitäten von Würzburg, Michigan (Ann Arbor), Maryland, Oxford. 1973 Promotion in Würzburg mit einer Arbeit über die *Schwarzen Löcher* – jene „Gräber" schwerer Sterne, die Astrophysikern noch immer manches Rätsel aufgeben. Als Wissenschaftlicher Mitarbeiter im Max-Planck-Institut für Astrophysik in München habilitierte sich der Autor 1979 in Theoretischer Physik und arbeitete danach als Gastprofessor an den Universitäten von Mexico-City, Jena, Oxford, Padua und Catania.

Von 1984 bis 1990 Redakteur des Magazins *GEO*; seitdem Leiter des Bereiches Technologie-Publikationen der Daimler Benz AG in Stuttgart. An der Universität Tübingen lehrt der Autor Theoretische Physik.

Buchveröffentlichungen:
Kontakt mit den Sternen, Frankfurt 1978
Das Anthropische Prinzip, München 1981
Der lautlose Schlag (mit H. Lechleitner), München 1982
Die Pfeile der Zeit, München 1984
Mensch + Kosmos, GEO-Buch, Hamburg 1990
Immer Ärger mit dem Urknall, Reinbeck 1993

**Dr. habil.
Martin Carrier**

Geboren 1955 in Lüdenscheid. Studium der Physik, Philosophie und Pädagogik in Münster. Dort 1984 Promotion in Philosophie. Ab 1984 zunächst wissenschaftlicher Mitarbeiter und später Akademischer Rat an der Universität Konstanz. Dort 1989 Habilitation in Philosophie. Arbeitsgebiete: Wissenschaftstheorie und Philosophie der Physik.

Christoph Drösser

Geboren 1958 in Leverkusen. Freier Wissenschaftsjournalist und Diplommathematiker. Der Autor lebt in Hamburg und arbeitet vorwiegend für NDR, WDR, *Die Zeit* und verschiedene Magazine. 1993/94 Fellow des *Knight Science Journalism Fellowship* am Massachussetts Institute of Technology in Cambridge (USA).

Dr. Barbara Heitger

Geboren 1958 in Münster. Geschäftsführende Gesellschafterin der Beratergruppe Neuwaldegg, Wien. Berät seit vielen Jahren Unternehmen im deutschsprachigen Raum vor allem in Fragen der Strategieumsetzung. Zentrales Anliegen der Beratungstätigkeit der Autorin ist es, die Interdependenzen zwischen strategischen Zielen und der Unternehmensidentität herauszuarbeiten. Die Steuerung und Organisation von Unternehmen sind für die Autorin daher auch ein aktuelles Forschungsthema.

Dr. Dr. habil. Bernd-Olaf Küppers

Geboren 1944 in Bayreuth. Studium der Physik und Philosophie in Göttingen und Bonn. Diplom in Physik an der Universität Göttingen. Promotion in Biophysikalischer

Chemie an der Technischen Universität Braunschweig. Habilitation in Philosophie an der Universität Heidelberg. Von 1971–1992 Grundlagenforschung am Max-Planck-Institut für Biophysikalische Chemie in Göttingen. Naturwissenschaftlicher Forschungsschwerpunkt: Physik der Selbstorganisation (insbesondere Theorie der Lebensentstehung, biologische Informationstheorie). Seit 1991 Privatdozent für Philosophie an der Universität Heidelberg. Philosophischer Forschungsschwerpunkt: Theoretische Philosophie (insbesondere Wissenschaftstheorie und Naturphilosophie). Ferner: wissenschaftlicher Berater der Stiftung Weimarer Klassik (seit 1993), im Sommer 1993 Gastprofessur an der Technischen Universität Nagaoka.

Buchveröffentlichungen:
Molecular Theory of Evolution, 1983
Der Ursprung biologischer Information, 1986
Natur als Organismus, 1992
Als Herausgeber: *Leben = Physik + Chemie?*, 1987
Ordnung aus dem Chaos, 1987

Dr. Dr. Reinhard Löser

Geboren 1951 in Pössneck in Thüringen. Studium der Physik in Eriwan, St. Petersburg und Berlin, danach an verschiedenen Hochschulen und im Forschungsmanagement mehrerer Institutionen tätig. Promotion in Physik, Habilitation in Volkswirtschaft an der Technischen Universität in Ilmenau. Seit 1988 ist der Autor im Journalismus tätig, war Redakteur bei *HighTech* und *TopBusiness* und Blattmacher eines Ingenieurmagazins. Heute Redenschreiber des Forschungsvorstandes eines großen Technologiekonzerns.

Franz Mechsner

Geboren 1953 im Saarland. Studium der Neurobiologie. Der Autor arbeitet seitdem vor allem als – mehrfach mit Preisen ausgezeichneter – Schriftsteller und Journalist. Lebt in der Nähe von Göttingen.

**Professor
Dr. Jürgen Mittelstraß**

Geboren 1936 in Düsseldorf. Studium der Philosophie, Germanistik und Evangelischen Theologie. 1961 Promotion, 1968 Habilitation in Erlangen. Seit 1970 Ordinarius für Philosophie an der Universität Konstanz.

Gründungsmitglied der Academia Europaea (London) · und der Berlin-Brandenburgischen Akademie der Wissenschaften. 1989 Leibnitz-Preis der Deutschen Forschungsgemeinschaft, 1992 Arthur-Burkhardt-Preis.

Michael Mönninger

Geboren 1958 in Paderborn. Nach Volontariat in einem wissenschaftlichen Buchverlag in Frankfurt Studium der Philosophie, Germanistik, Soziologie und Musik; 1985 Magisterprüfung. Bereits während des Studiums schrieb der Autor regelmäßig Feuilletons und Reportagen für Frankfurter Tageszeitungen und Hamburger Wochenblätter. Seit Herbst 1986 Redakteur der Frankfurter Allgemeinen Zeitung mit Schwerpunkt Re-

portagen. 1989 Kritikerpreis der Bundesarchitektenkammer. 1990 Stipendiat des Marshall-Fund in den Vereinigten Staaten. Verantwortlich im Feuilleton für Architektur, Denkmalschutz und Design.

Buchveröffentlichungen:
Das neue Berlin – Zur Baugeschichte der Hauptstadt, Frankfurt 1991
Japan Design, Köln 1992

**Professor
Dr. Peter Richter**

Geboren 1954 in Fallingbostel. Studium der Physik in Göttingen und Marburg. Anschlie-

ßend machte sich der Autor als Mitarbeiter von Manfred Eigen am Göttinger Max-

Planck-Institut für Biophysikalische Chemie mit der Theorie der Evolution vertraut. 1980 Wechsel an die Universität Bremen als Professor für Theoretische Physik und Leiter der Arbeitsgruppe Nichtlineare Physik am Institut für Dynamische Systeme.

Außer mit fraktalen Geometrien befaßte sich der Autor mit der Chaos-Physik, die zur Renaissance der Mechanik führte. Vorsitzender der Olbers-Gesellschaft, einem der größten deutschen Vereine von Amateurastronomen.

Barbara Ritzert

Geboren 1954 in Worms. 1975–1980 Studium der Biologie in Gießen, danach Robert-Bosch-Stipendiatin für Wissenschaftsjournalismus. 1981–1985 Leiterin der Stabsstelle Presse- und Öffentlichkeitsarbeit der Medizinisch-Pharmazeutischen Studiengesellschaft

in Mainz; danach bis 1988 Redakteurin bei der *Münchener Medizinischen Wochenschrift*. Seitdem als freie Medizinjournalistin tätig, unter anderem für *Die ZEIT, Süddeutsche Zeitung, Bild der Wissenschaft, GEO*, Rundfunk und Fernsehen. Lebt in München.

Dr. Stephan Wehowsky

Geboren 1950 in Bremen. Studium der Theologie, Philosophie und Politikwissenschaft 1970–1976 in Bochum und Marburg, dort 1979 Promotion in Evangelischer Theologie. Danach Tätigkeiten an der Uni-

versität und in Buchverlagen. Der Autor arbeitet derzeit als freier Journalist vor allem für die *Süddeutsche Zeitung* und die *Neue Zürcher Zeitung* und lebt in München und Zug (Schweiz).

Friedrich Cramer
Chaos und Ordnung
Die komplexe Struktur des Lebendigen
320 Seiten mit 80 Abbildungen

Hermann Haken/Maria Haken-Krell
Erfolgsgeheimnisse der Wahrnehmung
Synergetik als Schlüssel zum Gehirn
264 Seiten mit 176 Abbildungen

Arno Penzias
Phantasie und Information
Verständnis für unsere High-Tech-Welt
207 Seiten mit 6 Zeichnungen

Pedro Waloschek
Reise ins Innerste der Materie
Mit HERA an die Grenzen des Wissens
280 Seiten mit 110 Abbildungen und 7 Tabellen

Donella Meadows/Dennis L. Meadows/Jorgen Randers
Die Neuen Grenzen des Wachstums
Die Lage der Menschheit:
Bedrohung und Zukunftschancen
319 Seiten mit 99 Schaubildern und Diagrammen
(Programm auch auf Diskette lieferbar)

Thiagar Devendran
Das Beste aus dem Mathematischen Kabinett
Eine unterhaltsame wie lehrreiche Reise
durch die Gefilde des mathematischen Denkens
141 Seiten mit 178 Grafiken

DVA